教育部高职高专规划教材

生物监测

第二版

周凤霞　主编

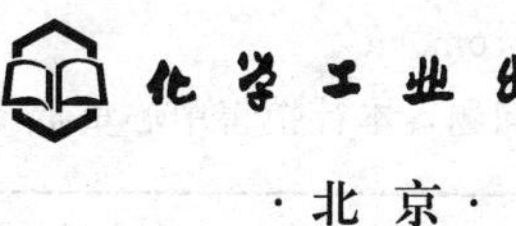

化学工业出版社

·北京·

本书从生物的个体、种群、群落、生态系统等层次介绍了利用水生生物群落监测水体污染，水体初级生产力的测定，水体中细菌指标的检测，水体污染的毒性试验，环境三致物的生物检测，大气污染的生物监测。

在本书编写过程中，着力体现实用性和实践性，使理论与实践相结合，试图做到文字流畅，结构明晰，以便于学生更好地学习和掌握有关知识。此外，本书还附有浮游生物主要种类图、着生硅藻主要种类图、底栖动物主要类群图，供教师和学生在教学和实践过程中参考。

本书供高职高专学校环境监测以及相关专业的学生使用，也可供从事环境保护工作的科研技术人员参考。

图书在版编目（CIP）数据

生物监测/周凤霞主编．—2版．—北京：化学工业出版社，2011.12（2019.2重印）
教育部高职高专规划教材
ISBN 978-7-122-12740-2

Ⅰ．生… Ⅱ．周… Ⅲ．生物监测-高等职业教育-教材 Ⅳ．X835

中国版本图书馆 CIP 数据核字（2011）第224096号

责任编辑：王文峡　　文字编辑：周　倜
责任校对：王素芹　　装帧设计：杨　北

出版发行：化学工业出版社（北京市东城区青年湖南街13号　邮政编码100011）
印　　装：大厂聚鑫印刷有限责任公司
850mm×1168mm　1/32　印张9½　字数253千字
2019年2月北京第2版第3次印刷

购书咨询：010-64518888　　售后服务：010-64518899
网　　址：http://www.cip.com.cn
凡购买本书，如有缺损质量问题，本社销售中心负责调换。

定　　价：29.00元　

前　言

《生物监测》第一版于2006年出版，至今已经有5年了。5年来，作为教育部高职高专规划教材，被广大相关的高职院校和环保科技人员采用，深受广大使用者好评。生物监测作为环境监测的重要分支，具有物理、化学监测所不能比拟的优越性，因此越来越受到重视，国家也出台了一些相应的国家标准。尤其是近几年职业教育的不断深入，生物监测的教学内容、教学模式和教学目标等都在不断进行改革，以培养适应环保职业岗位需求的高素质技能型人才。因此，适时修改、更新《生物监测》的内容，就显得十分必要。

作者总结了这5年来教学和科研实践经验，在广泛听取教师和学生意见的基础上，阅读了大量的参考资料，对教材进行了如下几方面的修改和更新。

1. 按照项目教学和任务驱动式教学的方式修改了本书的体例格式；

2. 项目一中增加了2个技能训练内容，即着生生物监测法和PFU监测法；

3. 项目二中增加了1个阅读材料，即碘量法测定水中溶解氧，该阅读材料与本项目中的任务二相配套，供学生在实际操作时参考；

4. 项目三“水体中细菌指标的检测”部分按照新的国家标准（GB/T 5750.12—2006）进行了修改，增加了操作示意图，以便于学生在实际操作时参考；

5. 项目六中增加了1个技能训练内容，即植物静态熏气试验；

6. 本书项目一是利用水生生物群落监测水体污染，要求能识别常见的水生生物种类，因此，在附录中增加了浮游生物主要种类图和着生硅藻主要种类图。

本教材经修改和更新后，更加明确了教学目标和教学方法，体现了高职教育的应用特色和能力本位。可供高职高专环境类专业使用，也可供其他专业师生和从事环境保护工作的科技人员参考。

本书按照项目教学的模式进行编写，共包含6个项目，每个项目下又有不同的任务。本书第二版由长沙环境保护职业技术学院的周凤霞和湖南省监测中心站的尹福祥编写。全书由周凤霞统稿。

由于编者水平有限，书中难免有疏漏或不妥之处，恳请广大同仁、读者批评指正。

编　者

2011年11月

第一版前言

生物监测是环境监测的一个分支学科，它是以生物的个体、种群和群落等各层次对环境污染所产生的反应来阐明环境的污染状况，从生物学角度为环境质量的监测和评价提供依据。生物监测是一种既经济、方便，又可靠、准确的监测方法。实践证明，长期生长在污染环境中的抗性生物，能够忠实地“记录”污染的全过程，能够反映污染物的历史变迁，提供环境变迁的证据；而对污染物敏感的生物其生理学和生态学的反应能够及时、敏感地反映较低水平的环境污染，提供环境质量的现时信息；生物还能监测出低浓度污染物的累积效应，能综合地反映环境的污染状况。因此，生物监测具有综合性、长期性（连续性）、灵敏性、累积性和经济性等特点，这是任何物理、化学监测所不能比拟的。但也并不是说生物监测就能取代物理监测、化学监测，它们都有各自的特点，生物监测能够弥补物理监测、化学监测的缺陷，物理监测、化学监测也能弥补生物监测的缺陷，因此，只有将它们相互配合，才能给环境一个正确的评价。

生物监测是环境监测专业的一门专业课程。目前，关于生物监测的教材和专著都很少，一般是在一些相关的书籍中设一个章节，在内容方面比较零散，不够系统、详细、深入。因此，我们编写了这本生物监测教材，作为高职高专的国家规划教材，供环境监测以及相关专业的学生使用，也可供环境保护工作者参考。

高等职业教育面向生产和服务第一线，培养实用型的高级专门人才。因此，本书的指导思想是突出高职特色，着力体现实用性和实践性，使理论与实践相结合。在编写过程中，努力反映新知识、新技术。在每章列出学习指南，章后给出本章考核要求，以便于学生更好地学习和掌握有关知识。此外，本书还附有常见底栖动物图，供老师和同学们在教学和实践过程中参考。浮游生物和着生生物图可参考周凤霞、陈剑虹主编的《淡水微型生物图谱》（化学工业出版社出版发行）。

本书主要介绍了水污染的生物群落监测、水体初级生产力的测定、水中的细菌学测定、水体污染的毒性试验、环境三致物的生物检测、大气污染的生物监测。

本书共分七章，第一章～第三章、第六章、第七章由周凤霞编写，第四章、第五章由姚珺编写，全书由周凤霞统稿。

在本书编写过程中，化学工业出版社给予了热情的支持和帮助，在此表示衷心的感谢。此外，编者还谨向被本书引用为参考资料的专家和作者表示衷心的感谢。

鉴于编写水平和时间的限制，本书存有疏漏和不足之处，真诚希望有关专家及老师和同学批评指正。

编　者

2005 年 4 月

目　录

概　述

学习指南　生物都是直接或间接地从环境中吸收营养物质，当环境受到污染后，生物在吸收养分的同时，也要吸收并积累一些有害物质，从而使其本身也遭到污染危害，人们食用被污染的生物后又会间接受到危害。因此，生物监测是环境监测的重要组成部分。通过对概述的学习，要掌握生物监测的定义、生物监测的特点，了解生物监测的主要方法。

一、生物监测的概念和范畴

环境监测（environmental monitoring）是监测环境质量的一门学科，随着这门学科的发展，从中逐渐产生出一些分支学科，其中生物监测（biological monitoring）越来越突出，比之物理监测和化学监测更有形成一门独立的分支学科的趋势。究其原因，无非是生物监测就其研究对象和研究方法而言有其特殊性，就其重要性而言，它更能综合地监测环境，更密切地反映以人类为中心的环境质量之故。近年来，有关生物监测的研究论文越来越多，以致许多关于环境科学的文摘期刊已经将它列为一个独立的栏目，其范围之广已有让人把握不住的倾向；许多专著已经将它列为一个章节，而关于生物监测的定义及其范畴则各抒己见，莫衷一是。这种现象，一方面反映出近年来环境科学正处于飞速发展的阶段，另一方面又说明环境科学的许多分支（包括生物监测）尚未成熟，其概念和范畴有待于探讨。本章引用的是最新的看法。

生物监测的范畴，从环境角度看，应包括大气污染生物监测、水体污染生物监测、土壤污染生物监测和食品污染生物监测；从污染源角度看，应包括物理、化学污染的生物监测和对生物污染（biological pollution）的监测；从监测手段看，包括生物材料检测、指示生物（indicator organism）的研究和生物监测器（biomonitor）的应用、群落结构调查、生物污染源检测和生物测试（bioassay）。

生物监测是应用生物学方法对环境质量的跟踪性检测，它是通过生物的分布状况，生长、发育、繁殖状况，生理生化指标以及生态系统的变化，来研究环境污染的情况以及污染物的毒性。从这一基本出发点出发，对生物监测可做如下定义："利用生物个体、种群或群落的状况和变化及其对环境污染或变化所产生的反应，阐明环境污染状况，从生物学角度为环境质量的监测和评价提供依据"。这一定义与《中国大百科全书》环境科学中的定义略有不同。《中国大百科全书》（2002）环境科学册将生物监测定义为："利用生物个体、种群或群落对环境质量及其变化所产生的反应和影响来阐明环境污染的性质、程度和范围，从生物学角度评价环境质量状况的过程"。因为生物本身的状况和变化也是环境质量的一个方面，能阐明环境（生物）污染状况，所以，生物监测定义也应将这一点考虑进去。或者更简单地定义为：以生物个体、种群或群落为研究对象、材料或手段而进行的反映环境质量的监测。

二、生物监测的任务

生物监测的基本任务可以概括为3个方面。第一，对环境的污染现状进行监查（survey），包括污染物类型和污染程度的鉴别和测定、污染对生物的直接危害症状及程度的测定。其中，对人类健康构成严重威胁的"三致物"（致癌、致畸、致突变物质）的检测显得尤为重要。第二，对环境的污染状况进行监视（surveillance），这需要在一定期间内对环境污染物的类型、程度和危害进行重复监查，此项任务可为环境污染状态变化或污染物的消长提供动态记录。第三，对环境污染状况进行监控（control），即不断地将环境现状的监测资料与先前所设定的环境标准进行比较。这可以及时发现超标污染物的类型及程度，并为制定管理措施提供依据。通过实施这3个方面的监测措施，人们对环境质量状况及其变化可获得明确的基础资料，并可以此为依据制定出合理的控制措施。当然，为圆满完成这些任务，生物监测必须与理化监测进行有效的结合。

三、生物监测的特点

生物监测与理化监测方法不同。理化监测主要是利用物理方法、化学方法或各种仪器对环境进行监测，其优点是速度快、灵敏度高，不仅能确定环境中污染物的种类，而且还能准确地测定出它们的含量。但是这类监测技术也有它的不足之处：它所测定出来的结果只能代表采样当时的情况，不能反映环境已发生的变化；而且，理化监测只能测出环境中污染物的种类和含量，但不能说明这些污染物对环境的影响。污染物对环境的影响只有通过生物才能反映出来，于是随着环境科学的发展，就产生了生物监测这门分支学科。生物监测与理化监测相比有它自己的特点。

1. 综合性

环境中有各种各样的因子，污染物的成分也多种多样，理化监测只能测定出环境中污染物的种类和含量，但不能确切说明它们对生物的影响。因为各种污染物之间可能存在相互作用，如协同作用、拮抗作用。有些污染物单独存在时对生物毒性很小或没有毒性，但和其他污染物同时存在时，其毒性会加大，这就是协同作用。例如，测定出水中铬的含量是0.001mg/L，它单独存在时对生物没有毒性，但是如果水体中还同时存在砷、汞时，它们之间就会产生协同作用，使铬的毒性加大。另外，许多污染物单独存在时毒性较大，但合在一起，毒性却减小，这就是拮抗作用。例如，SO_2 和 NH_3 在一起就会产生拮抗作用。生物即是接受综合影响，而不是个别因子的作用，所以生物能反映环境中各因子、多成分综合作用的结果，能阐明整个环境的情况。

2. 长期性（连续性）

环境中污染物的浓度并不是恒定的，这主要是由于工业污染物和生活垃圾的排放量不稳定所造成的。而且，环境中污染物的浓度也会随时间或其他环境条件的变化而发生改变。理化监测的结果（除利用自动连续监测仪外）只能代表采样前后该环境的情况，不能反映环境的变化以及污染物对生物体造成毒害的长期效应。环境污染是连续的、变化的，不仅一年四季有变化，一天之中也有变化。而生活在该环境内的生物，由于长期生活在该环境条件下，环境的变化都汇集在其体内，它能把采样前几年，甚至几十年的情况都反映出来。例如，利用树木的年轮可以监测出一个地区几年或几十年前的污染情况。另外，一些化学性质比较稳定的污染物，排放到环境中后，对生物的远期影响如何，也只有通过生物监测才能进行评价。

3. 累积性

生物生活在环境中，可以通过各种方式从环境中吸收所需要的各种营养元素。例如，植物主要通过根和气孔吸收，动物主要通过取食和呼吸吸收。除一些生命所必需的元素外，如果环境中存在污染物质，生物也能吸收，并在体内累积，使其体内污染物的浓度比环境中的高很多倍，甚至有些在环境中含量很低、用化学方法都无法测出的微量物质，在生物体内可大量存在。这一现象称为生物浓缩（bio-concentration），又称生物富集（bio-enrichment）。低浓度污染容易造成麻痹，然而，如果在人体中长期累积，至一定限度就会出现中毒。这种累积现象随着食物链中营养级的提高而在生物体内逐步增加，这一现象称为生物放大（bio-magnification）。有些污染物在环境中存在的浓度不至于对生物产生影响，但通过生物积累后，就会对生物产生伤害。例如，水体中 DDT 的浓度为 0.000003mg/L，在水中经过浮游生物吞食富集后，浮游动物体内的浓度是 0.04mg/kg（累积 1.3 万倍）；捕食浮游动物的小鱼，体内浓度为 0.5mg/kg（累积 17 万倍）；大鱼再吃小鱼，DDT 在大鱼体内进一步累积，浓度增加到 2.0mg/kg（累积 67 万倍）；若大鱼被水鸟吞食，水鸟体内浓度可达 25mg/kg（累积 833 倍）；人如果食用了这些海中生物，DDT 可在人体内进一步累积达 1000 万倍以上。又如在日本发生的著名的“水俣病”事件就是由于排放到水体中的汞沿水生生物食物链逐级浓缩累积，人食用了含汞的水产品（如鱼）后所造成的。以上过程，用常规的物理、化学方法监测分析水质是得不出结果的，只有通过生物监测，通过对食物链上的各营养级进行分析，才能对水体进行全面的评价。生物的富集能力，可以用来监测环境，也可用来处理废物，保护环境。

4. 灵敏性

有些生物对污染物的反应非常敏感，某些情况下，甚至用精密仪器都不能测出的某些微量污染物对生物确有严重的危害，通过生物监测就可以清楚地反映出来。例如，浓度低达 0.29μg/L 的有机磷农药马拉硫磷，在 48h 内可以使一种叫隆腺溞的浮游生物死亡。又如，鱼脑中的乙酰胆碱酯酶对有机磷农药非常敏感，在有机磷农药的浓度为 10^{-6}～10^{-5} mg/L 时，乙酰胆碱酯酶的活性就会受到抑制，使鱼类出现中毒现象。因此，可以用鱼脑中乙酰胆碱酯酶活性的变化来监测有机磷农药。

5. 经济性

应用生物作环境监测器比物理、化学监测要经济得多。监测仪必须配备相应的采样器。一台大容量的气体采样器价格也是相当昂贵的。仪器在使用当中要消耗能量，使用前后需保养、维修和校准。这类精密复杂仪器的保养和维修除了费用昂贵以外，还需要一定的维修水平，并不是任何地方都能找到维修点的。所以条件落后的边远地区就无法使用这类仪器，而这类仪器又是环境监测所必需的工具。即使所有监测点都有条件保养和维修，仅就配备这些仪器的代价而言也是惊人的（一般情况下难以实现）。比较起来，用指示生物作为生物监测器，其费用就少得多，而且省去了操作、保养和维修的麻烦。这样就可以随处设点，将这些监测点与中心监测站配合，即构成经济、有效的监测网。

此外，对生物污染的监测完全属于生物学问题，这是物理方法和化学方法所不能代替的。

从以上几个特点可以看出，污染物的毒性只有通过生物才能反映出来，缺少生物监测的数据，就不能真实地反映情况。所以生物监测很重要，也越来越受到人们的重视，国内外都开展了不少工作。但生物监测还是一门新的学科，目前还处于发展阶段，除了以上特点外，也有它的不足之处，如专一性问题、定量化问题、规范化问题等。尽管存在这些问题，但随着环境科学的发展，生物监测的重要性必定会迅速表现出来。但也并不是说理化监测就不重要，两者同样重要，各有优缺点，而且只有两者相互配合，相互弥补，才能对环境进行全面的、正确的评价。

四、生物监测的局限性

1. 易受各种环境因素的影响

环境中的物理、化学和生物因素能影响监测生物的各种反应，并与人为胁迫引起的反应相互混淆。对于此类情形，监测人员很难从监测数据区分自然环境的影响和人为胁迫的影响。首先，人为胁迫与自然因素交互作用而影响监测生物的反应。例如，臭氧对斑豆的伤害程度（伤斑面积大小）与光照强度密切相关，在相同臭氧浓度条件下，光照强度越大，植物体伤斑面积越大；与干燥空气相比，在露、雾或细雨条件下二氧化硫对监测生物有更强的伤害作用；在土壤中增施微量元素硼能显著增加氟化氢对葡萄的伤害。其次，自然因素引起的生物损伤类似于人为胁迫引起的损伤。例如，霜冻或矿质营养缺乏所引起的植物症状类似于二氧化硫引起的伤害症状；植物病毒感染引起的病症类似于臭氧伤害产生的伤斑。

2. 可能受到监测生物生长发育状况的影响

一般来说，不同生物个体间对同一种胁迫的反应或多或少是有差异的。除了遗传背景外，监测生物的反应差异可能来源于个体的生理状况及发育期的不同。例如，个体的健康状况对胁迫反应有影响，受病虫害侵袭（健康状况差）的个体易受污染物损害而表现出伤害症状；高等植物气孔关闭时对大气污染物的抵抗力较强，所以在一天之内植物体对同一浓度的大气污染物也会显示出不同的敏感性；处于不同发育期的个体其敏感性相差亦较大，如水稻在抽穗、扬花及灌浆期对污染反应最敏感。

3. 费时且难确定环境污染物的实际浓度

监测生物对污染物的反应通常必须在污染物达到靶位点（器官、组织或细胞），干扰其正常生理代谢功能并产生可检测症状（或效应）时才表现出来。这需要一定的时间。特别当环境污染物浓度较低时，监测生物出现可检测症状的时间可能更长。此外，在没有精确确定浓度-反应曲线的条件下，仅根据监测生物的反应不能确定环境污染物的实际浓度，只能比较各个监测点（含对照点）之间的相对污染水平。

鉴于上述生物监测的优点和局限性，在实际应用中可以将其与理化监测配合运用，达到扬长避短、相互补充、准确监测的目的。此外，监测生物的规范化、监测条件（培养条件、观测时间等）的标准化、浓度-反应曲线的精确化（含供比较用的准确标准图谱）以及监测人员的专业化（如具有扎实的毒理学、生理学、分类学等知识）均可以在一定程度上弥补生物监测之不足。

五、生物监测的主要方法

生物监测方法的建立是以环境生物学理论为基础的。根据监测生物系统的结构水平、监测指标及分析技术等，可以将生物监测的基本方法大致分为四大类，即生态学方法、生理学方法、毒理学方法及生物化学成分分析法。每一类基本方法可包括许多具体监测技术。

1. 生态学方法（生物群落法）

此类方法主要是以污染物引起的群落组成和结构变化及生态系统功能变化为指标监测环境污染状况。在未受污染的地区，生态系统处于自然状态，其结构与功能基本上是稳定的。但是，当生态系统受到污染胁迫后，其物种组成可能发生变化：敏感物种消失，抗性物种增加，个别强抗性物种成为群落中的优势种。随着结构的变化，生态系统功能也发生相应变化，包括能流（如种群和群落的生产率和呼吸率）、物质循环（如各种营养物质的生物地球化学循环）以及各种生态调节机制（如各物种种间相互关系）的改变。生态系统结构与功能的变化可以用各种参数表述，而这些参数即可作为一个监测指标。例如，描述群落结构状况的多样性指数即可作为一个监测指标。常用的方法有污水生物系统法（由柯尔克维茨和马松提出并由其他研究者改进）、人工生物群落法（如 PFU）、指示生物法及初级生产力（如黑白瓶）测定等。

2. 生理生化方法

此类方法是以污染物引起的生物个体行为、生长、发育以及各种生理生化变化为指标监测环境污染状况。在一定的浓度范围以内，污染物没有致死作用和致病作用，但可能干扰机体的某些生理功能，使其偏离正常状态。例如，受到一定浓度污染物影响，动物的回避反应和游泳能力等行为反应，呼吸、耗氧量及生长率等生理反应或者酶活性和肝细胞的糖原转化等生化反应可能发生变化。污染物干扰生理学过程的重要特征之一是在不表现出外观损伤之前改变机体的生理代谢。目前，国内外一般用鱼类的行为和生理生化指标监测水体污染，用植物的生长（生物量等）、光合作用、呼吸作用及各种酶活性监测土壤及大气污染。常用的方法有鱼类行为和生理生化指标监测法、生物生长率测定法、酶活性测定法等。

3. 毒理学与遗传毒理学方法

毒理学方法是以污染物引起机体病理状态和死亡为指标监测环境污染状况，又称生物测试技术。污染物进入机体并蓄积到一定的量后能导致组织和体液发生变化，引起暂时性或持久性的病理状态，甚至危及生命。例如，植物叶片伤斑面积和数目、动物脏器组织坏死、个体死亡数目、胚胎死亡数目等都属于毒理学效应。因此，可以利用机体的这些反应或变化测定污染物的毒性，并通过剂量-反应曲线判断污染物的浓度。常用的毒理学试验有急性毒性试验、慢性毒性试验和生物积累毒性试验。这些试验方法已被广泛应用于监测各种环境污染物，如工业废水、废气和固体废物等。

遗传毒理学方法是以染色体畸变和基因突变为指标监测环境污染物的致突变作用。许多污染物（如多环芳烃、重金属、射线等）能诱发染色体畸变和基因突变，并导致受遗传损伤的当代或子代个体出现病变甚至死亡。染色体结构变异（如易位、倒位）和数目变异（如三体等）及基因突变率和 DNA 损伤等均可作为监测指标。常用的监测方法有 Ames 试验、微核试验、姐妹染色单体交换试验等。

4. 生物化学成分分析法（残毒测定法）

此类方法是通过分析生物体内污染物含量大致监测环境污染状况。在正常生态环境中，生物体内各种化学成分的含量大致是一定的，这是生物体长期适应环境的结果。但是，在污染环境中，由于某种污染物浓度显著高于背景值，生物体内大量积累该种污染物；此外，某些污染物因其本身的固有特性，即使其环境浓度不高，也能积累在生物体内而使体内浓度大大高于环境浓度（如有机氯农药和重金属）。基于生物的这种积累特性，分析生物体内某些污染物的含量便能监测环境污染状况。在20世纪70年代，此类方法曾广为应用，至今仍是生物监测的重要方法之一。树木年轮化学成分分析就属于此类方法。

六、生物监测的发展

环境生物监测是随着环境生物学的发展而产生的一门新兴学科。生物监测的发展经历了一个比较漫长的过程。1909年Kolkwitz和Marson提出了污水生物系统和不同污染区（多污带、中污带、寡污带）的指示生物，为运用指示生物评价水体污染和水体自净状况奠定了基础，而且至今仍在很多国家应用。随后又经Liebmann(1951）和津田松苗（1964）等人的广泛研究而得到发展。20世纪70年代以来，以水体污染和水生生物之间的相互关系为重点，广泛深入地开展调查研究，使水体污染的生物监测成为一个活跃的研究领域，研究出了很多新的监测方法，如植物细胞微核技术、Ames试验等。

中国是从20世纪70年代起开始生物监测工作的，并取得了很多研究成果，特别是在运用藻类、原生动物、底栖无脊椎动物等指示水体污染状况方面研究较多。另外也做了很多其他的工作，如生理生化指标的测定、残毒分析以及对致突变物的监测等。1986年，中国制定了水环境的“生物监测技术规范”，使中国的生物监测走上规范化的轨道。从20世纪70年代起，中国在利用植物监测大气污染方面也做了大量的工作，并取得了一定的成果，发表了很多有关的论文，也出版了一些专著及图谱，这些研究成果为中国开展生物监测工作奠定了基础。但是，中国目前还没有大气污染的生物监测技术规范，这方面还有待于进一步研究，使中国大气污染的监测早日走上规范化的轨道。

目前，国外在生物监测方面发展很快，研究出了很多快速、准确地监测环境的新方法，新技术，如连续式流动比例稀释系统、人工河流、光合作用室、利用激光自动鉴定硅藻种类的计算机系统等，这些都是目前在国际上处于领先地位的新方法。

随着工业的发展，环境污染问题必然越来越严重，这就要求有一个连续不断的，能快速反馈信息的环境质量控制系统，及时反映环境质量状况，以便采取有效的防治措施。化学物质的浓度是可以测定的，但是目前还没有一个仪器可以测定它的毒性，毒性必须用有生命的材料才能评定，因此环境生物监测系统是十分必要、不可缺少的。

复习思考题

1. 什么叫生物监测？举例说明生物监测的特点。
2. 生物监测的方法有哪些？
3. 何谓生物浓缩、生物放大？两者有何区别？

考核要求

能力要求	范　围	内　　容
理论知识	生物监测	1. 生物监测的概念、范畴； 2. 生物监测的特点； 3. 生物监测的方法

项目一　利用水生生物群落监测水体污染

学习指南　河流、湖泊等水域是由水生生物和水域环境共同组成的复杂水生生态系统。污染物进入水体后必然引起生物种类组成和数量的变化，打破原有平衡，建立新的平衡关系。水体污染程度不同，生物种类和数量也不同。例如，水体中的细菌、原生动物、浮游生物、水生昆虫、环节动物、软体动物等都需要一定的生存条件，因此，可以根据水中生存的水生生物种类和数量来判断水体的污染程度，评价水质状况。通过本项目的学习，要了解利用浮游生物、着生生物、底栖动物监测水质的方法，掌握利用指示生物、污水生物系统、生物指数和多样性指数评价水质的方法。

任务一　水生生物监测断面的布设

一、水生生物监测断面布设的原则

水生生物监测断面的布设，应在对所监测区域的自然环境和社会环境进行调查研究的基础上根据不同的监测目的，根据以下原则进行布设。

1. 断面布设要有代表性

根据调查计划方案的目的要求，选择具有代表性的水域布设断面，以获得所需要的代表性样品。例如，在江河中，应在污染源附近及其上下游设断面（或站点），以反映受污染和未受污染的河段状况；在排污口下游则往往要多设断面（或站点），以反映不同距离受污染和恢复的程度；对整个调查流域，必要时按适当间距设断面（或站点）。这样，才能获得代表性的生物样品。

2. 与水化学监测断面布设的一致性

水生生物指标是评价水体水质和生态状况的重要参数，只有与水化学监测指标结合起来进行污染与生物效应的相关分析，才能更全面地评价水环境质量及生态状况。因此，水生生物监测断面的布设要尽可能与水化学监测断面相一致，以利于时空同步采样，获得相互比对的数据，这样才能更全面地评价水环境质量及生态状况。

3. 断面布设要考虑水环境的整体性

水生生物监测断面布设要有整体观点，从一条河流（河段）、一个湖泊的环境总体考虑，以获得反映一个水体的宏观总体数据，以满足对水体环境综合评价分析的需要。例如，流经城市的河段布设监测断面时，既要了解河流流入城市河段前的水生生物状况，又要掌握由于城市排污对水体生态状况的影响，以及水体是否有自净能力等。故其监测断面至少要在河流流入城市前、流经城市排污段以及出城市河段布设 3 个断面，即上（对照断面）、中（污染断面）、下（观察断面），以便了解河流流经城市河段的整体情况，为综合评价该城市排污对水环境生态的影响提供依据。

4. 断面布设的经济性

断面布设方案提出后，要进行优化验证，以期用最少的断面和人力、物力，获得具有最大效益，并有代表性的数据。同时，要尽可能布设在交通方便、采样安全的地段，以保证人身安全和样品的及时运输。

5. 断面布设的连续性

环境监测断面的布设，不仅要考虑反映环境生态现状的需要，而且要考虑长期的趋势分析研究的需要，以观测环境质量变化趋势、评价环境效益、强化环境管理服务。并且，为获得长期的、连续的，并具有可比性的数据，断面布设一经确定，就不能随意改动。

二、布点方法

1. 河流

根据河流（河段）流经区域的长度，至少设 3 个断面，即排污口上游设对照断面，排污口附近（一般在下游 500～1000m）设污染断面，排污口下游（一般在下游 1500m）设观察断面（或称消减断面），有条件的可增设 1～2 个观察断面。有支流的河流，要在支流流入主河流处设断面（或站），以了解支流的水质状况。受潮汐影响的河流，涨潮时污水有时向上游回溯，设点时也应考虑。每个断面的采样数可视河流宽度而定，宽度在50m以下的河流，在河中心设1个采样点；宽度在50～100m的河流设左右2个采样点；宽度在100m以上的河流设左、中、右3个采样点。

2. 湖泊、水库

根据该水体的自然环境和社会环境特点，以获得该水体总体质量状况为基础布设。一般应在下述水域布点（断面）：①入湖口区（入库口区）；②湖（库）中心区；③出口区；④最深水区；⑤沿湖（库）边排污口区；⑥湖（库）相对清洁区。

各采样断面，可采集断面的左中右样品，也可根据实验验证能获得所需代表性样品的区域有目的的布设。

复习思考题

1. 水生生物监测断面布设的原则有哪些？
2. 简述湖泊和河流的布点方法。

任务二　浮游生物监测法

浮游生物（plankton）是指随波逐流地生活在水体中的微型生物。它包括浮游植物（phytoplankton）和浮游动物（zooplankton）两大类。在淡水中，浮游植物主要是藻类，它们以单细胞、群体或丝状体的形式出现。浮游动物主要包括原生动物、轮虫、枝角类和桡足类。浮游生物是水生食物链的基础，在水生态系统中占有重要地位。很多浮游生物对环境的变化非常敏感，可作为水质状况的指示生物。而且浮游生物分布广，取材比较方便，所以在水污染调查中，浮游生物常被列为主要的研究对象之一。

一、采样

（一）采样工具

1. 浮游生物网

浮游生物网有两种类型，即定性网和定量网。定性网是由黄铜环及缝在环上的圆锥形筛绢网袋构成的，网的末端有一浮游生物集中杯（图 1-1），网本身用尼龙筛绢制成。根据筛绢孔径不同划分网的型号，常用的有 25 号、20 号和 13 号三种规格。其中 25 号网网孔大小为 0.064mm(200 孔/in[❶])，用于采集个体较小的浮游植物；20 号网网孔大小为 0.076mm(193 孔/in)，用于采集一般浮游植物及中小型浮游动物；13 号网网孔大小为 0.112mm(130 孔/in)，用于采集大型浮游动物，如枝角类、桡足类等。定性网的类型见表 1-1。

表 1-1　定性网的类型

项　目	小　型	中　型
网口直径/cm	25	40
圆锥体侧面动线长/cm	55	100
集中杯直径/mm	3.5～4	6

定量网与定性网的区别在于，定量网的前端有两个金属环（图 1-2），两环之间有一圈帆布，称为附加套，其作用在于减少浮游生物的流失。除此之外，定量网的网身比定性网长些，网口略小些，其他都与定性网相同。定量网的类型见表 1-2。

表 1-2　定量网的类型

项　目	小　型	中　型
网口(上环)直径/cm	10.8	20
附加套圆锥体侧面动线长/cm	15	38～40
圆锥体侧面动线长/cm	40	100
大环直径/cm	25	40
集中杯直径/mm	4	6

2. 采水器

采水器系由金属、塑料或有机玻璃制成的盛水器，具有一定的容积，有的可自动关闭。采水器种类很多，而且也没有统一起来。

❶ 1in=0.0254m。

常用的有以下几种。

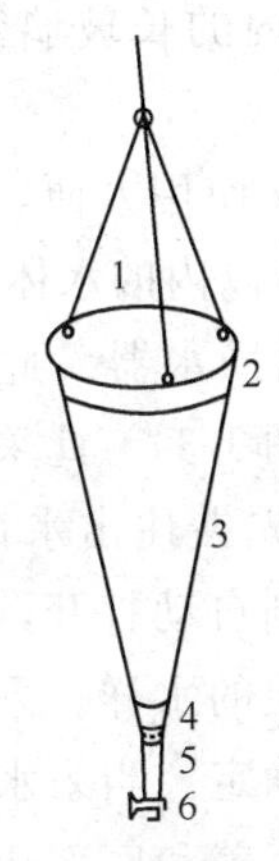

图 1-1　浮游生物定性网

1—金属环；2,4—帆布；3—筛绢；
5—浮游生物集中杯；6—活栓

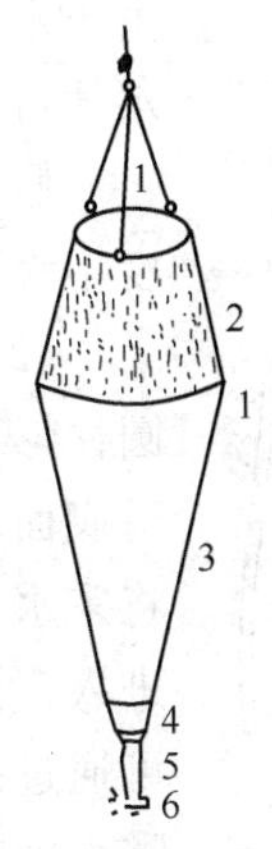

图 1-2　浮游生物定量网

1—金属环；2,4—帆布；3—筛绢；
5—浮游生物集中杯；6—活栓

（1）瓶式采水器　瓶式采水器又叫采水瓶，是用容量为 1L 的广口瓶制成的。其制作方法是：在广口瓶的瓶底附加一质量约 1500g 的铅块或铁块，以铁丝绕紧，使瓶子可以沉入水中，瓶中加橡皮塞，塞上穿 3 个孔。一个插入温度计；一个插入一根较长的玻璃管，管的下端接近瓶底，为进水管；另一个插入一根短玻璃管，其下端恰好在橡皮塞的下端，为排气及出水管。两根玻璃管的上端，均露出橡皮塞 3cm 左右。用一根长约 25cm，口径与玻璃管几乎相吻合的橡皮管将两根玻璃管连接起来，接于出水管的一端要扎紧，以免脱落，接于进水管的一端要松一些，并在橡皮管的一端系上一根小绳，以便采水时可以拉脱橡皮管，使水样流入瓶中。进出水玻璃管的口径，最好在 10mm 以上，这样进水较快，较大的浮游动物也不易逃遁。在采水瓶上，用粗铁丝做一个环，系上一根粗线绳，线绳上做好尺度标记。采水样时，将瓶塞塞紧，在进水管外用水沾湿，将橡皮管轻松地套上后，手持粗绳，将瓶沉入水中，根据尺度标记，至需要采水的深度，轻拉小绳，使橡皮管与进水管脱开，水便从进水管流入瓶中，瓶中空气从排气管排出，约 3～5min

后，待温度稳定，将瓶提起，先记录水温，水样可由出水管倒出。倒水时，瓶内的长玻璃管口朝上，水才可顺利倒出。

瓶式采水器，制作简单，使用方便，但采水深度不大，一般只适于5m深度以内的水体。

(2) 水生-81型有机玻璃采水器　此采水器为圆柱形，由有机玻璃制成（图1-3）。此采水器的上下底面均有活动门，使用时先夹住出水口橡皮管，将采水器沉入水中，活动门则自动打开，水即自动进入，沉入哪一层就采哪一层的水样。采水的深度可通过拉绳上的尺度标记来确定。当采水器沉入所需深度时，即可上提拉绳，上盖和底部活动门会自动关闭。提出水面后，不要碰及下底，以免水样漏出。采水器的内壁上有温度计，可同时测知水温。此采水器有1000mL、2500mL等各种容量的型号，目前较为常用。

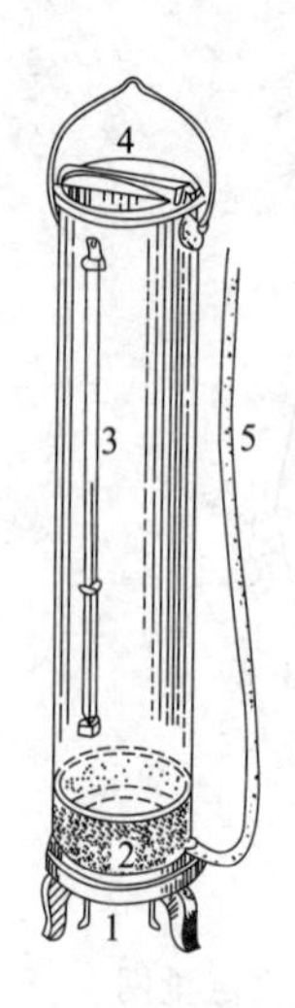

图1-3　有机玻璃采水器
1—进水阀门；
2—压重铅圈；
3—温度计；
4—溢水门；
5—橡皮管

3. 透明度盘

透明度盘是一直径20cm的圆形铁盘，上面依中心平分为四个部分，以黑白漆相间涂漆，下面中心有一铅锤（图1-4）。用时，将盘在背光处放入水中，逐渐下沉，至刚好不能看见盘面的白色时，记取其深度就是水的透明度。需反复观察2～3次，透明度以厘米为单位。

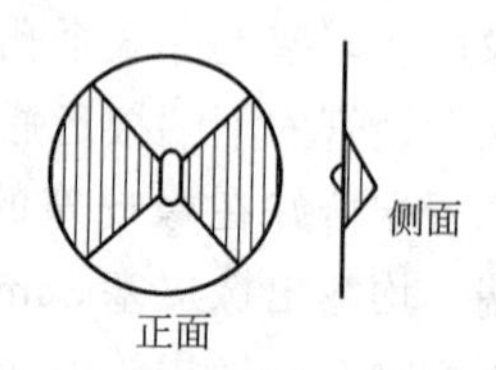

图1-4　透明度盘

（二）采样层次（深度）

浮游生物在水体中的分布不论是水平方向还是垂直方向都是有差异的，所以在采样时，要根据水体的具体情况确定采样层次。一般常规生物监测，在江河中，由于水不断流动，上下层混合较快，可不分层采样，在水面下0.5m左右采样即可。在湖泊、水库中，若水深不超过2m，一般可仅在表层（0.5m

深处）取样，如果透明度很小，可在下层加取一样，并与表层样混合制成混合样；水深5m以内的可在水面下0.5m、1m、2m、3m、4m处采样，混合均匀，从中取定量水样。对于透明度较大的深水水体，可按表层、透明度0.5倍处、1倍处、1.5倍处、2.5倍处、3倍处各取一水样，再将各层样品混合均匀后取一样品，作为定量样品。若需了解浮游生物垂直分布情况，不同层次分别采样后，不需混合。

（三）采样方法及采样量

1. 定性样的采集

用浮游生物定性网（根据采集目的选择不同型号的网，一般可用25号网）在选定的采样点于水面和0.5m深处以每秒20～30cm的速度作“∞”形循回缓慢拖动，时间为5～10min（视生物多寡而定）。较大的水体（如湖泊、水库）采样时，可把浮游生物网拴在船尾，以慢速拖拽，时间一般为10～20min。水样采好后，将网从水中提出，待水滤去，轻轻打开集中杯的活栓，放入贴有标签的标本瓶中，以备室内分类鉴定之用。

2. 定量样的采集

采集定量样可用采水器和定量网，常用的是采水器。采集水样的量要根据浮游生物的密度和研究的需要而定。一般来说，浮游生物密度低采水量就要多。对于藻类，一般采水1～2L；对原生动物、轮虫及未成熟的微小甲壳动物，采水1～5L；成熟的甲壳动物则要10～50L。

如用定量网采集定量水样，可选择适当型号的网，放入距水底0.5m处，然后垂直上拖，以0.5m/s的均匀速度拖取，所采水样的体积可按下列公式推算出来。

$$水样体积=\pi r^2 H$$

式中　r——网口半径；

　　H——拖取的深度。

（四）采样频率

一般常规生物监测，每年采样应不少于两次，一般在春秋两季进行，若要了解浮游生物周年的变化，则一年四季都要采样，特殊需要，则根据具体情况增加采样次数。采样要尽量在晴朗无风的天气进行。

二、样品的固定、浓缩和保存

水样采集之后，除留着进行活体观察的样品（这样的样品不应太浓，不应完全充满容器，应避免日光照射，放在背光处，可不封闭瓶口，并应在3h内镜检）外，其他定性、定量样品，都应马上加固定液固定，以免标本变质。对藻类、原生动物和轮虫可用鲁哥液（碘化钾60g溶于200mL蒸馏水中，加碘40g，溶解后，加蒸馏水至1000mL）固定，一般1000mL水样加15mL鲁哥液。对枝角类和桡足类，可用4%的福尔马林（福尔马林4mL、甘油10mL、水86mL）或70%酒精固定，一般100mL水样加4～5mL福尔马林溶液。如先用福尔马林溶液固定48h，再转入70%酒精中保存效果更好。

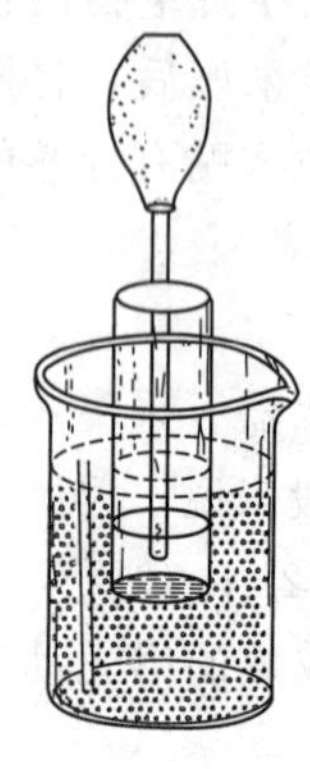

图1-5　浮游生物浓缩装置

定量样品经固定后，还要进行浓缩，浓缩常用的方法是沉淀法。即将固定好的定量样品倒入沉淀器中，如无沉淀器可用烧杯或大体积（1000mL）分液漏斗代替，沉淀24～48h。沉淀中途可轻轻摇动沉淀器一次，使粘在器壁上的生物脱落下沉，然后用虹吸管（橡皮管，内径3～5mm）小心缓慢地抽掉上层清液，一般以吸完980mL上清液需20～30min为宜。虹吸管最好用25号筛绢扎在管口，以防止水样中的生物流失（图1-5）。余下的20mL左右沉淀物摇动均匀转入30mL容量瓶或量筒中。为减少样品损失，再用少量上清液冲洗沉淀器两次，冲洗液加到容量瓶中，最后加到30mL。为使样品能较长时间保存，可补加1mL 4%左右的福尔马林，贴好标签，密封保存。另外，也可将定量样品用滤纸、筛绢或滤器过滤浓缩，然后定容至30mL。还可以通过过滤或离心的方法浓缩水样。

三、浮游生物的测定

（一）定性测定

浮游生物的定性测定就是将采集来的样品进行分类鉴定，以确定其中的种类组成。分类鉴定最好用活体观察，也可用固定的样品进行鉴定。鉴定时，吸取一滴样品放在载玻片上，置显微镜下进行观察。某些生物活动过快，可在载玻片上加适量的低浓度麻醉剂，如1%硫酸镉、水合氯醛、酒精等，也可在载玻片上加少许棉纤维，以阻止其活动。最后将所观察到的种类分门别类地记录下来。一个样品要多做几张装片进行观察，以确保样品中的种类都能观察到。

（二）定量测定

定量测定主要是计数所采集的定量样品中浮游生物的数量，也可进行容量（体积）或质量的测定，这里只介绍计数方法。

1. 计数框及其使用

计数框的容量有0.1mL、1mL、5mL和8mL 4种。常用的计数框有如下两种。

（1）塞奇威克-拉夫脱计数框（S-R计数框） 该计数框长50mm，宽20mm，深1mm，总面积为1000mm²，总体积为1mL。

（2）网格计数框 这种计数框长20mm，宽20mm，深0.25mm，总面积为400mm²，总体积为0.1mL，计数框的底部刻有100个均等的方格。

无论哪一种计数框，在计数时，均先将盖玻片斜放在计数框上（图1-6），把样品摇匀后用吸管慢慢注入样品，注满后把盖玻片移正。静置10min左右再计数。计数单位是每个分离的细胞或每个自然的

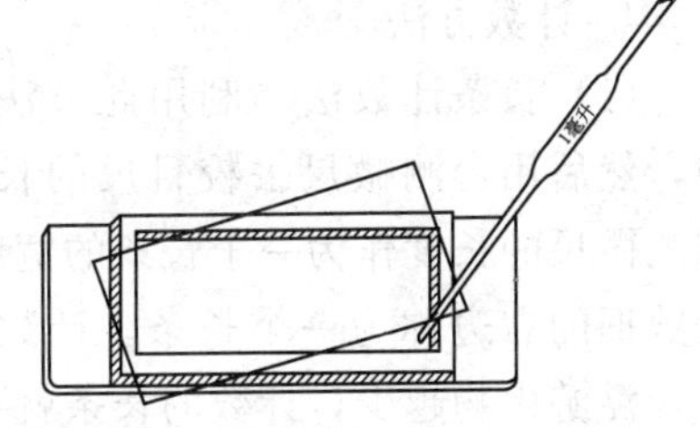

图1-6 塞奇威克-拉夫脱计数框
（显示注样方法）

群体。

2．显微镜的校准

将目（测微）尺放入10倍目镜内，应使刻度清晰成像（一般刻度面朝下），将台（测微）尺当作显微玻片标本，用10～40倍物镜进行观察，使台尺刻度清晰成像。台尺的刻度代表标本上的实际长度，一般每小格0.01mm。转动目镜并移动载物台上的移动尺，使目尺与台尺平行，并且目尺的边沿刻度与台尺的0点刻度重合，然后向右找出目尺与台尺重合最好的刻度，分别数出两条重合线之间台尺和目尺的格数，然后用下式计算目尺的长度。

$$\text{目尺长度(mm)}=\frac{\text{两重合线之间台尺格数}}{\text{两重合线之间目尺格数}}$$

3．计数

个体计数仍是目前常用的浮游生物定量方法。浮游生物计数时，要将样品充分摇匀，将样品置入计数框内，在显微镜或解剖镜下进行计数。用定量加样管在水样中部吸液移入计数框内。加样之前要将盖玻片斜盖在计数框上（如图1-6），样品按准确定量注入，在计数框中一边进样，另一边出气，这样可避免产生气泡。注满后把盖玻片移正。计数片子制成后，稍候几分钟，让浮游生物沉至框底，然后计数。不易下沉到框底的生物，则要另行计数，并加到总数之内。

每个样品均计数两片取其平均值。如两片计数结果个数相差15％以上，则进行第三片计数，取其中个数相近两片的平均值。

4．计数方法

（1）长条计数法　利用此方法时，首先将目测微尺放入目镜中，然后用台测微尺去校目尺的长度，再用S-R计数框计数，以目测微尺的长度作为一个长条的宽度，从计数框的左边一直计数到计数框的右边称为一个长条。计数的长条数取决于浮游生物的多少，浮游生物越少，计数的长条就要越多，一般计数2～4个长条。计数时，浮游植物和浮游动物要分开计数，然后分别计算单位体积中的浮游植物数和浮游动物数。其计算公式如下。

$$每毫升中浮游生物数=\frac{1000C}{LWDS}$$

式中　C——计数的浮游生物数；

L——一个长条的长度，也就是计数框的长度，mm；

W——一个长条的宽度，即目尺的长度，mm；

D——一个长条的深度，即计数框的深度，mm；

S——计数的长条数。

一般藻类和轮虫计数可采用此方法，硅藻细胞破壳不计数。若需了解藻类种属的组成，可用划“正”字的方法，分类计数 200 个藻体以上，每一划代表一个个体，记录每个种属的个体数。轮虫则取 1mL 注入 S-R 计数框内，在 10×10 倍显微镜下全片计数。

（2）视野计数法　先用台测微尺测出显微镜视野的直径，然后算出视野的面积，再用 S-R 计数框或网格计数框计数。计数时以视野为单位。其计算公式如下。

$$每毫升中浮游生物个数=\frac{1000C}{ADF}$$

式中　A——一个视野面积，mm^2；

D——视野的深度，mm；

F——计数的视野数，一般至少 10 个；

C——计数的生物个数。

藻类和原生动物的计数可用此法。计数时一般吸取 0.1mL 样品注入 0.1mL 计数框内，在 10×40 倍或 8×40 倍显微镜下计数，藻类计数 100 个视野，原生动物全片计数。

（3）网格计数法　如用网格计数框，可采用网格计数法。如浮游生物密度不大，可将框内生物全部数出，密度大时，可利用计数框上的刻度，计数其中的几行（如 2、5、8 行）。其计算公式如下。

$$每升中浮游生物数=\frac{CV_1}{V_2}$$

式中　C——计数的生物个数；

V_1——由 1L 水浓缩成的样品水量；

V_2——计数的样品水量。

四、结果报告

浮游生物调查后，整理出各类群的种类和数量的数据。如何利用这些数据来说明水体受污染的程度或污染消除的状况，目前尚无统一的表达方式，常用的有以下指标。

（一）利用指示生物进行评价

由于各种污染程度不同的水体有其特有生物存在，因此，可以利用各种水体中特有生物和敏感生物在水体中的出现情况来反映水质状况。

1. 多污带种类

浮游球衣菌（*Sphaerotilus natans*）

白色贝日阿托菌（*Beggiatoa alba*）

螺旋鱼腥藻（*Anabaena spiroides*）

方胞螺旋藻（*Spirulina jenneri*）

铜绿微囊藻（*Microcystis aeruginosa*）

小颤藻（*Oscillatoris tenuis*）（多污-α-中污）

绿色裸藻（*Euglena viridis*）（多污-α-中污）

镰形纤维藻（*Ankistrodesmus falcatus*）

蛞蝓变形虫（*Amoeba limax*）

污钟虫（*Vorticella putrina*）

2. α-中污带种类

巨颤藻（*Oscillatoria princeps*）

小球藻（*Chlorella vulgaris*）

瓜形膜袋虫（*Cyclidium citrullus*）

转轮虫（*Rotaria rotatoria*）

椎尾水轮虫（*Epiphanes senta*）

台氏合甲轮虫（*Diplois daviesiae*）

3. β-中污带种类

美丽网球藻（*Dictyosphaerium pulchellum*）

绿草履虫（*Paramoecium bursaria*）

剪形臂尾轮虫（*Brachionus forficula*）

迈压三肢轮虫（*Filinia maior*）

前额犀轮虫（*Rhinoglena frontalis*）

短尾秀体溞（*Diaphanosoma bracyurum*）（β-中污-寡污）

溞状溞（*Daphnia pulex*）（β-中污-寡污）

多刺裸腹溞（*Moina macrocopa*）

沟渠异足猛水溞（*Ganthocamptus staphylinus*）

4. 寡污带种类

冰岛直链藻（*Melosira islandica*）

圆筒锥囊藻（*Dinobryon cylindricum*）

舞跃无柄轮虫（*Ascomorpha saltans*）

叉爪单趾轮虫（*Monostyla furcata*）

二突异尾轮虫（*Trichocerca bicristata*）

对棘同尾轮虫（*Diurella stylata*）

无常胶鞘轮虫（*Collotheca mutabilis*）

脆弱象鼻溞（*Bosmina fatalis*）

锯尾球果溞（*Streblocerus serricaudatus*）

由于生物的适应性及其与环境之间关系的复杂性，被确定为某一水域带的指示生物却在另一水域带出现，这一现象屡有发现，这给指示性带来一定的困难。但在污染带与非污染带生物相的差异是客观存在的，所以，长期以来，不断有人利用浮游生物作为水质的指示生物。

（二）利用多样性指数和各种生物指数进行评价

多样性指数和各种生物指数在水质的生物学评价中早就被应用，如 Shannon-Wiener 多样性指数、硅藻生物指数等。

（三）利用藻类各类群在群落中所占比例进行评价

藻类各类群在群落中所占比例也往往作为污染的指标。如果绿藻和蓝藻数量多，甲藻、黄藻和金藻数量少，往往是污染的象征；而绿藻和蓝藻数量下降，甲藻、黄藻和金藻数量增加，则反映水质的好转。轮虫方面用 Margalef 多样性指数和 $Q_{B/T}$ 值（臂尾轮虫属种数/异尾轮虫属种数）反映污染状况。甲壳动物方面，严重污染地区枝角类和桡足类种类和数量往往减少。

五、应用举例

淡水中浮游植物的密度常作为湖泊富营养化程度的评价指标。例如，李宝林等曾经用浮游植物评价达赉湖水质污染及营养水平。1987～1988 年他们在 30 个采样点四季采样，对达赉湖的浮游植物进行了种类组成、生物量、种群数量、优势种、污染指示种、硅藻指数、综合指数等群落生态学的初步研究，最后，应用后五项参数对达赉湖水质污染及营养水平进行了评价。结果表明：达赉湖浮游植物年均值达 54.7×10^6 个/L（细胞数或个体数为 2.3×10^6 个/L），硅藻指数为 149.3，综合指数为 5.6。群落组成中污染指示种占 65%，春季以绿藻的十字藻、卵囊藻为优势种，其他 3 个季节均以蓝藻中的微囊藻、鱼腥藻占优势，表明达赉湖已受到中等程度污染，属于蓝藻、绿藻型富营养湖。

复习思考题

1. 什么是浮游生物？浮游生物包括哪些类群？请举例说明。

2. 某次浮游动物定量分析，采水样 8L，浓缩成 30mL，目测微尺长 1.01mm，采用 S-R 计数框，计数了 2 个长条，其浮游动物数分别为 48 个和 56 个，试计算每升水样中的浮游动物数。

3. 假如某次在某采样点采集浮游藻类，采水样 4L，浓缩成 28mL，用台测微尺测得视野直径为 0.46mm，采用网格计数框，计数了 15 个视野，其藻类细胞数为 648 个，试计算每升水样中的藻类细胞数。

4. 假如某次在某采样点采集浮游藻类，采水样 5L，浓缩成 30mL，采用网格计数框，计数了 4 行，其藻类细胞数分别为 58 个、62 个、70 个和 66 个，试计算每升水样中的藻类细胞数。

任务三　着生生物监测法

着生生物（periphyton）也称周丛生物，指生长在浸没于水中的各种基质（substratum）表面上的微型生物群落。如水中的石头、棒桩、船身、大型水生植物等都是周丛生物可附着的基质。由于悬浮颗粒也沉淀在基质上，故这些微型生物往往被一层黏滑的、甚至毛茸的泥砂所覆盖。周丛生物包括细菌、真菌、藻类、原生动物、轮虫等微型动物，但在生物监测中，着重研究的是硅藻。近年来，着生生物的研究日益受到重视，除了因其具有较大的初级生产能力以及由于着生生物大量繁殖常堵塞自来水厂给排水系统中的各种管道而影响正常生产外，主要是在环境保护工作中，可用着生生物指示水体污染程度，在河流中应用效果最佳，亦可在湖泊和水库中以及氧化塘中应用。

一、采样方法

用着生生物监测水质时，往往受采样地点缺乏合适的天然基质的限制，而且从天然基质上采集的样品只能做定性测定，无法做定量测定。因此，目前都使用人工基质采样，它的优点是能随意放置，表面均匀，而且能控制表面的类型、面积和方向。

1. 人工基质

目前广泛使用的采集着生生物的人工基质有载玻片（如硅藻计）、聚酯薄膜和PFU(聚氨酯泡沫塑料块，见本项目任务四)。硅藻计可用有机玻璃或木材制成，包括一个可固定载玻片(26mm×76mm）的固定架、浮子、载玻片、重锤及尼龙绳等几部分（图1-7)，前面有挡水板以固定水流和阻挡杂物，可在江河等流水中使用。聚酯薄膜采样器(图 1-8）是用 0.25mm 厚的透明、无毒的聚酯薄膜作基质，规格

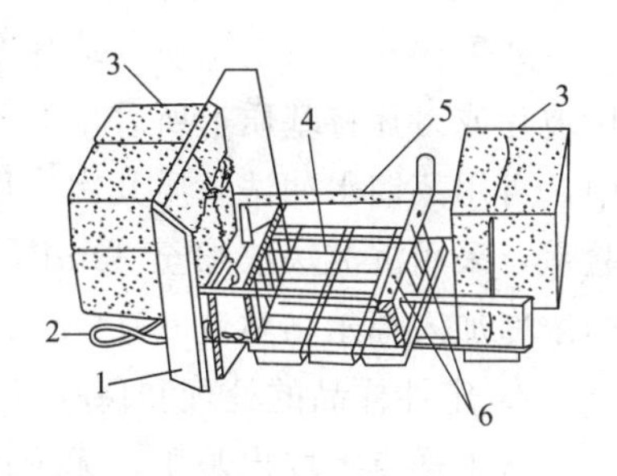

图 1-7　硅藻计

1—挡水板；2—系绳；3—浮子；4—有机玻璃框架；5—活动压片；6—天然基质采样

为4cm×40cm，一端打孔，固定在浮子上，浮子下端束上重物作为重锤。

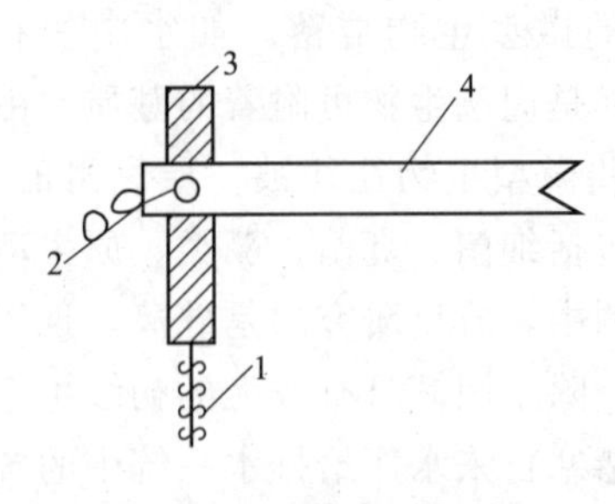

图 1-8　聚酯薄膜采样器

1—重物；2—尼龙系绳；3—浮子；4—聚酯薄膜

采样时，将人工基质固定在水中，一般在水面下 5～15cm，以人工基质受到合适的光照为宜，在河流中避开急流和旋流。放置时间为 14 天。

2. 天然基质

水中的动物、大型植物、石块、木块都是天然基质，从中可采到大量的着生生物。此方法采样方便、经济实用，实际监测中采用较多，但采样面积不够准确，所以，一般用来进行定性测定。

二、样品的处理和保存

（一）着生硅藻

1. 定量样品的处理和保存

从采样器上取出基质（玻片 3～4 片或剪取薄膜 4cm×15cm)，用玻片或刀片将基质上所着生的藻类全部刮到盛有蒸馏水的玻璃瓶中，再用蒸馏水冲洗基质几次，用鲁哥液固定，贴上标签，带回实验室，采用沉淀法浓缩至 30mL，观察后如需长期保存，再按 4%的浓度加入福尔马林液（1.2mL）保存。

2. 定性样品的处理和保存

从采样点上取出基质，无论玻片或聚酯薄膜都应取多一些，再按上述方法刮下，用鲁哥液固定，贴上标签，带回实验室鉴定。鉴定后，再按 4%的浓度加入福尔马林液保存。

（二）着生原生动物

将两个盛有该采样点水样的玻璃瓶，分别装入采样基质。其中一瓶立即加入鲁哥液和 4%福尔马林液固定；另一瓶不加任何试剂，带回实验室做活体鉴定用。

三、种类鉴定和计数

（一）着生硅藻

1. 定性鉴定

吸取备用的定性样品适量，在显微镜下进行种类鉴定，一般鉴定到属或种，优势种尽可能鉴定到种。必要时硅藻可制片进行鉴定。制片时，将定性样品摇匀，用吸管吸取少量样品放入玻璃试管中，加入与样品等量的浓 H_2SO_4，然后慢慢滴入与样品等量的浓 HNO_3，加热至样品变白，液体变成无色透明为止。待冷却后将其离心（3000～4000r/min，5min），吸去上层清液，加入几滴重铬酸钾饱和液，使标本氧化漂白而透明，再离心，去掉上层清液，用蒸馏水反复冲洗离心 4～5 次，直至中性，加入几滴 95%酒精，即可制片镜检。如要制成永久装片，可吸出适量处理好的标本均匀放在盖玻片上，在烘台上烘干或在酒精灯上烘干，然后加上 1 滴二甲苯，随即加 1 滴封片胶，将有胶的一面贴在载玻片中央，待风干后，即可镜检。

2. 定量计数

把已定容到 30mL 的定量样品充分摇匀后，吸取 0.1mL 置入 0.1mL 的计数框里，在显微镜下，采用网格计数法，横行移动计数框，逐行计平行线内出现的各种（属）藻类数。视藻类密度大小，一般计数 10 行、20 行或 40 行以至全片。必须使优势种类计数的个体数在 100 个以上。也可采用视野计数法或长条计数法，依据本章第一节所讲的公式，将定量计数的各种类的个体数进行计算，最后换成 $1cm^2$ 基质上着生藻类的个体数量。

（二）着生原生动物（及其他微型生物）

收集的定性定量样品，皆应采用活体观察，而且应在最短的时间内鉴定完毕。从理论上讲，载玻片上的周丛生物，如硅藻、鞭毛虫等，可以直接进行观察，不要把它们刮下来，但往往由于层次过多或蓝藻、绿藻的附着，而实际上不可能直接进行玻片观察。用 0.1mL 计数框，微型生物一般检查 3～4 片，即可看到 80%的种类，其种（属）数量可分为总的、新见的、复见的和消失的种类（多数情况下，着生原生动物仅进行定性鉴定）。

着生原生动物的计数一般根据定量计数结果，依据下列公式，求出单位面积中生物的个体数，一般以个/cm^2 表示。

$$N_i = \frac{n_i}{S}$$

式中 N_i——单位面积 i 种原生动物的个数，个/cm^2；

n_i——在显微镜中数得种（属）的个体数；

S——观察人工基质的面积，cm^2。

四、结果报告

着生生物定性的和定量的结果都应汇总分别列成表。着生藻类可按中国科学院水生生物研究所编写的《中国淡水藻类》一书中分类顺序排列。着生原生动物及其他微型动物可按湖北省水生生物研究所第四研究室无脊椎动物区系组编的《废水生物处理微型动物图志》中有关分类顺序排列，并按规定的方法进行结果分析，提出监测和评价的结果。

微型生物评价水质，较早也是应用指示种类，说明不同污染区的指示生物。但是由于指示生物的特征，特别是和众多的环境毒性关系不易搞明确而产生应用上的问题。用其结构的特征，并以多样性指数的变化来表示，似乎更合理和可靠。现在又发展为用微型生物群落的功能来评定水质，这样不仅反映种类的差别，更重要的是反映了它们的生命活动。

复习思考题

1. 何谓着生生物？为什么说用着生生物评价水质很有意义？

2. 如何制作硅藻定性鉴定的永久性装片？

3. 假如某次在某采样点用载玻片 2 块，采集着生硅藻，样品刮下后浓缩成 25mL，然后用 S-R 计数框计数了 12 个视野，其硅藻细胞数为 526 个，试计算每 1cm^2 基质表面上的硅藻细胞数（载玻片长 7cm，宽 2cm；视野直径为 0.44mm）。

任务四　PFU 法

微型生物是指借助于显微镜才能看到的微小生物类群，主要是指细菌、真菌、藻类、原生动物，有时也包括小型的后生动物如轮虫等。微型生物在水体中的石块、木块、淤泥表面和水生维管束植物等自然基质上，处于群集状态。当某一自然基质或人工基质在水体中开始出现时，一些微型生物即会在这种基质上进行群集，在不断群集的同时，也会有已经群集在基质上的种类离开基质，因此，在基质上的种类，就有一个群集和消失的问题，当群集速度曲线和消失速度曲线交叉时，基质上的种数达到平衡，这时，基质上的群落将保持一定的稳定性，对周围环境也具有一定的自主性。MacArthur-Wilson 把基质比喻为“岛”，把基质上种群群集的平衡称为岛屿生物地理平衡，把这一基本原理又称为“岛屿生物地理平衡模型理论”，这种平衡模型以下列公式表示。

$$S_i = S_{eq}(1 - e^{Gt})$$

式中　S_i——t 时间的平衡种数；

S_{eq}——估计的平衡种数；

G——常数（斜率）。

在环境条件相似的水体中，微型生物在基质上的群集达到平衡时，不同地区基质上的种群组成可能有明显差异；同一水体，在不同季节，微型生物在同一基质上的种群组成也可能有明显差异。但是，不论是在前一种情况还是在后一种情况，只要基质上的群集已进入平衡状态，基质上种类数总是明显相似的。与此相应，水体的环境条件一旦发生改变，微型生物在基质上的群集达到平衡后，其种类数也会明显不同。

Cairns 等人根据上述原理，于 1966 年提出了利用聚氨酯泡沫塑料块（polyurethane foam unit，PFU）作为人工基质，以微型生物在 PFU 上的群集速度对水体进行评价的方法，即 PFU 法。

一、PFU 微型生物群落的特性

1. 符合 MacArthur-Wilson 岛屿生物地理平衡模型

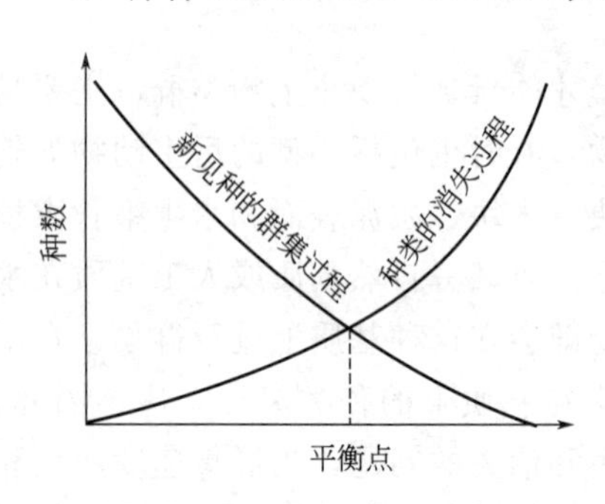

图 1-9 岛屿生物地理平衡模型
(MacArthur-Wilson, 1963)

MacArthur-Wilson (1963) 首先提出岛屿生物地理学理论。他们认为岛屿有明显的界限，岛屿上的动物、植物区系比较简单。如果物种要从别的地方迁入到岛屿上，在静态方面与岛屿面积的大小有关，在动态方面与物种的迁入或迁出（包括灭绝）有关，这就是群集过程 (colonization)。在岛屿群集过程的最初阶段，物种之间没有相互作用，群集速度只受拓殖物种的扩散能力和消失潜能影响，当种类的群集速度和消失速度相交叉时，种数就达到了平衡（图 1-9)。这时群落内才产生相互作用，如竞争、捕食等种间相互作用。这种相互作用决定岛屿的生物组成，显示出群落统一性的特点。这就是 MacArthur-Wilson 的岛屿生物地理平衡模型（equi-librium model of island biography）理论 (1967)。这个理论已为实验所证明。

Cairns 等（1969）提出用 PFU 法采集微型生物群落，是把悬挂在水中的 PFU 看做一个“岛”，实际上水中的石头、棒桩、人工基质等都可认为是一个生态上的“岛”，用 PFU 法得到的原生动物群集过程和 MacArthur-Wilson 的平衡模型一致（图 1-10)。群集速度随着种数上升而下降，其交叉点即是种数的平衡点。究竟 PFU 在水体中要浸泡多少天才能达到种数的平衡，这取决于环境条件，不同的环境条件有不同的平衡期。一般在湖泊、水库等静水水体在 2～5 星期内可达到平衡，在河流中 1～7 天就可达到平衡。如果环境条件剧变，如洪水泛滥、毒物污染等可以破坏这种平衡。

2. 岛屿的大小直接影响群集的种数

随着生境范围的增加，群集的种数也增加，但到一定程度时，进一步增加生境范围时，其种数的比例就要下降。原生动物群集的种数和 PFU 大小的对数成直接相关，最合适的 PFU 大小为 5cm×7.5cm×6.5cm。

3. 原生动物群集过程反映出群落内的调节机制

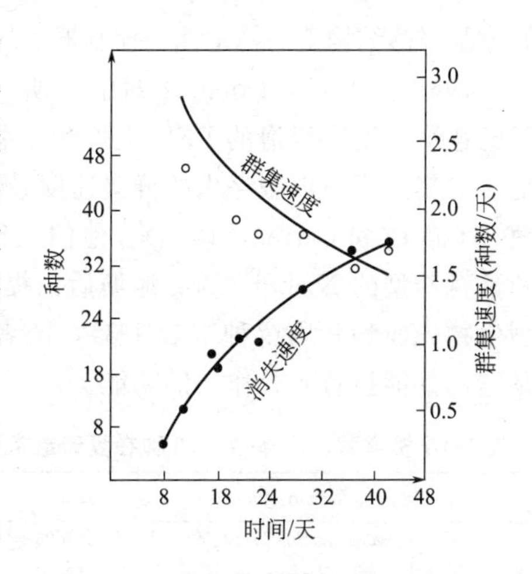

图 1-10　PFU 法原生动物群集过程
(Cairns 等，1969)

PFU 上群集的原生动物种类并非一成不变。Yongue 和 Cairns (1971) 把第一次出现的种类称为入侵种 (invading species)，也叫新见种；出现过一次的种类或连续多次出现，消失了再也未出现过，称为消失种 (extincting species)；第一次重复出现的种类叫拓殖种 (colonizing species)；以前出现过的老的种类，又断断续续地出现，叫居留种 (residents species)；曾经消失过，后来又出现，叫复见种 (recurring species)。它们之间有如下关系。

消失种数＝(新见种数＋复见种数＋上次总种数)－本次总种数

$$群集速度=\frac{新见种数+复见种数}{间隔天数}\quad (种/天)$$

$$消失速度=\frac{消失种数}{间隔天数}\quad (种/天)$$

他们把在 PFU 上第 1 周、第 2 周所见的种类称为先驱种 (pioneer species)，先驱种在 PFU 上很快群集后，群落就相当稳定，只有少数几个入侵种。这是因为已建立的居留种对入侵种有排斥力。Yongue 和 Cairns(1971) 在 Carolina 州的一个小池塘内于 1969 年 12 月浸泡的 PFU 上看到的种类和 PFU 浸泡到 1970 年 6 月底的种类相比较，有 30%的重叠率。这说明原生动物群落具有内生调节机制，能控制群落结构上的稳定性，控制群落的种数在平衡数上下。

1973～1974 年 Douglas 湖中长期（一年）浸泡的和短期（16 天已达平衡期）浸泡的 PFU 上原生动物种数也十分接近。原生动物在群集过程中以鞭毛虫的群集速度最快，达到平衡期的时间也最短（Young 和 Cairns，1978）。他们在比较贫营养型的 Douglas 湖和富营养型的 Nichol's Bog 池塘后，提出 20 种在夏天最常见的微型生物先驱种和居留种（表 1-3），两者的种类组成是不同的，但是它们都能执行光合作用的功能。

表 1-3　贫富营养水体中，20 种在夏天最常见的微型生物先驱种和居留种

贫营养型(Douglas 湖)	富营养型(Nichol's Bog 池塘)
角甲藻 *Ceratium hirundinella* (Stein)	尾变胞藻 *Astasia klebsii* Lemmermann
单边金藻(未定种) *Chromulina* spp. Cienkowsky	尾波豆虫 *Bodo caudatus* Dujardin
普通拟隐金藻 *Cryptochrysis commutata* Pascher	衣藻(未定种) *Chlamydomoras* spp. Ehrenberg
卵形隐藻 *Cryptomonas ovata* Ehrenberg	三纤肢网虫 *Collodictyon triciliatum* (Carter)
平截杯隐藻 *Cyathomonas truncata* Ehr	啮蚀隐藻 *Cryptomonas erosa* Ehr
散岐锥囊藻 *Dinobryon divergens* Imhof	平截杯隐藻 *Cyathomonas truncata* Ehr
有柄锥囊藻 *Dinobryon stipitatum* Stein	密集锥囊藻 *Dinobryon sertularia* Ehr
内管藻 *Entosiphon sulcatum* (Dujardin)	内管藻 *Entosiphon sulcatum* (Dujardin)
螨形鱼鳞藻 *Mallomonas acaroides* Perty	静裸藻 *Euglena deses* Ehr
具尾鱼鳞藻 *Mallomonas caudata* Conrad	红裸藻 *Euglena rubra Hardy*
拟冠鱼鳞藻 *Mallomonas psendocoronatum* Prescott	滕口藻 *Gonvostomum semen* Dujardin
游动赭滴虫 *Ochromonas ludibunda* Pascher	卵形鳞孔藻 *Lepocinclis ovum* (Ehr) *Massartia musei* Schiller
三角袋鞭藻 *Peranema trichophorum* (Ehr)	后弯背凹滴虫 *Notosolenus apocampius* Stoke
腰带多甲藻 *Peridinium cinctun* (Muller)	宽扁裸藻 *Phacus pleuronectes* Muller
怀尔多甲藻 *Peridinium willei* Huitfeld-Kass	梨形扁裸藻 *Phacus pyrum* (Ehr)
透镜壳衣藻 *Phacotus lenticularis* (Ehr)	三角袋鞭藻 *Peranema trichophorum* (Ehr)
棘刺囊裸藻 *Trachelomonas hispida* (Stein)	黄群藻 *Synura uvella* (Ehr)
旋转囊裸藻 *Trachelomonas volvocina* Ehr	棘刺囊裸藻 *Trachelomonas hispida* (Stein)
湖生红胞藻 *Rhodomonas lacustris* Pascher and Ruttner	
美洲似黄团藻 *Uroglenopsis Americana* (Calkins)	

在有机污染和富营养化的水体中，虽然一些敏感种类消失，但耐污种类却大量繁殖，使水体中生物的丰度比清洁水体要高。在有毒物质污染的水体中，各种生物种类一般均会受到不同程度的危害，种类数和丰度都会明显下降。在这两种污染类型的水体中，生物的种类和丰度的变化，在人工基质 PFU 上也有直接反映。由于有机污染和富营养化的水体，为异养生物提供了适宜的环境，种类丰度增高，以及 PFU 上的微型生物群落初期阶段没有相互作用的过程，只受种类来源的影响，密度越大，入侵的可能性也越大，因而在有机污染和富营养化的水体中，群集速度加快，而在毒物污染的水体中，由于种数和丰度较低，致使入侵到 PFU 上的概率也低，群集速度明显减缓。因此，用 PFU 法可以鉴别水体是有机污染还是毒物污染物。

4. 微型生物的食物网

PFU 内生活的微型生物群落在达到平衡以后，能出现捕食、竞争等种间关系并构成食物网（图 1-11）。

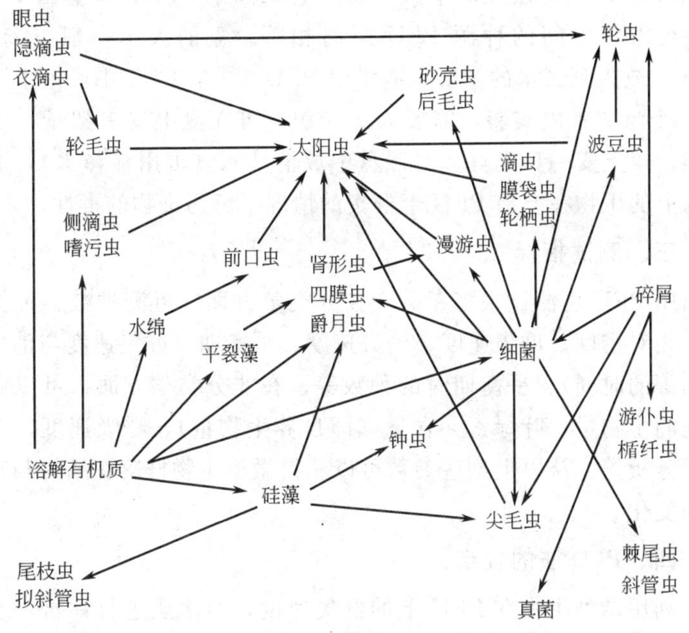

图 1-11　PFU 微型生物群落内的部分食物网

二、PFU的工作方法

在1974～1976年，Cairns专门对泡沫塑料孔的大小、泡沫塑料的颜色做了研究，发现泡沫塑料孔的大小、颜色对微型生物的生长无影响。但在做同一批实验时，最好用同一批材料，在用之前，先用蒸馏水浸泡12～24h消毒。

实验时，将一定数量的PFU悬挂在水中，一天后，以及第3天、5天、7天、12天、15天、21天、28天检查，每个点每次取两块，剪下后，放在塑料袋中，到实验室后，带上橡皮手套，把PFU上的水挤在烧杯中，用吸管滴在载玻片上，在显微镜下检查，把每天的新见种、复见种、消失种都记录下来。一般一块PFU至少要做两个装片，要求全片检查，以免遗漏。

在室内，利用PFU还可做毒性试验。把一块PFU放在微型生物种类很多的清洁水中，接近平衡期后，取下，把它作为种源（epicenter）固定在大盘中央，盘子边缘固定8～10块空白PFU，每块均需与中间的种源PFU距离相等。盘的大小一般54cm×25cm，放入测试水的量要求能浸没PFU，一般6～10L，每个浓度2～3个盘。室内实验，需要人工光源，可在盘上安一架子，罩上玻璃，罩上安一日光灯。对照盘中放清洁水（可用稀释水），通过种源上的生物在空白PFU上群集的情况了解污染物的毒性。

三、测试指标

用PFU可测试很多参数。在分类学方面，可测种数、种类组成、相对密度、群集速度、消失速度、平衡期（群集速度与消失速度相等的时间）、平衡期时的种数等；在非分类学方面，可以测活细胞的生物量、叶绿素a含量（即自养生物量）、呼吸速度、各种化学分析等。从以上这些参数可以获得微型生物群落在结构与功能上的变化。

四、PFU法的优点

利用微型生物在PFU上的群集速度，对水质进行评价，与其他评价方法相比，具有以下较为明显的优点：①由于PFU孔径小，

100～150μm，大型浮游生物不易入侵，可以采集到以微型生物占绝对优势的群落；②具有三相特点，容易群集，体积小，便于携带和置放；③它所群集的微型生物代表了食物链上的几个营养级，可以模拟天然群落，并且是在最高级——群落级水平上做出对环境压迫的反应；④野外工作证明周围水体中大多数的微型生物种类最后均可群集在PFU上；⑤可用许多块PFU进行同步实验，重复性强；⑥在同一块PFU上，是室内、室外随机采样所得，可测定群落结构与功能的各种参数；⑦用PFU采集水体中的微型生物作种源，可在室内做各种毒物的生物测试，预报水体的污染程度。

复习思考题

1. 何谓PFU法？简述PFU法的室外工作方法。
2. PFU法有哪些优点？

任务五　底栖动物监测法

底栖动物，指生活在水体底部，不能通过40目（每孔0.793mm）分样筛的大型无脊椎动物。一般栖息在静水的底部淤泥内、流水的石块或砾石的表面或其间隙，以及附着在水生植物之间，体长超过2mm，是肉眼可见的水生无脊椎动物。它们广泛分布在江、河、湖、水库、海洋和其他各种小型水体中。主要包括软体动物（moilusks）、水生昆虫（aquatic insects）、大型甲壳类（macrocrus taceans）、环节动物（annelids）、圆形动物（roundworms）、扁形动物（flatworms）以及其他无脊椎动物（aquatic invertebrates）。

底栖动物一般运动比较缓慢，移动能力差，具有相对稳定的生活环境。在未受到干扰的情况下，底栖动物的种群和群落结构是比较稳定的。但由于生活周期的不同，某些种类（如水生昆虫的羽化）的生物量会有较大的变化。在正常环境下比较稳定的水体中，底栖动物的种类比较多，每个种的个体数量适当，群落结构稳定，多样性指数高。某些河口区则是少数种类占优势。另外，瀑布下及山区或丘陵区急流中，则主要是几种适应急湍流水的种类，它们多栖息于砾石或卵石之下。

水体受到污染后，生物的种类和数量会发生变化，而底栖动物可以稳定地反映这种变化。因此，可以利用底栖动物群落结构的变化，来监测和评价水体的污染状况。有机物（农药、城市生活污水）污染和重金属等无机有毒物质的污染都能造成底栖动物结构组成的变化。严重的有机污染伴随毒物的影响时，水中溶解氧将大幅度降低，以致使多数较为敏感的种类和不适应缺氧的种类逐渐消失，而仅保留耐污的种类。这些种类的密度增加，成为优势种类。另一方面，重金属及其各种盐类在水体中的严重污染，也会影响底栖动物区系的生存，乃至区系组成全部消失。例如，化工或冶炼厂的废水直接排入江内，长年累月，底质中重金属含量极高，在相当一段废水流经区域内的底栖动物已濒临绝迹。

应用底栖动物对污染水体进行监测和评价，已被各国广泛应用，尤其在底部基质相似的河流或湖泊，因为底栖动物可以客观地反映环境的变化，并且与对照点相比显示出种类数量和多样性的差异。同时，由于底栖动物本身移动能力差，生活比较固定，可以被动地忍受毒物的刺激，不会回避污染物，能在体内富集有毒物质。因此测定底栖动物体内有毒物质含量，有助于了解该水体的污染历史，也是进行毒理学研究的良好资料。

一、采样

（一）采样点及采样频率

采样确定点的原则和方法见本章第一节。由于底栖动物生活在水体底部，底质的形态、性质（如岩石、砾石、砂或淤泥等）对其分布影响很大。因此，在确定采样点时（特别是河流）要尽量选择相似的底质类型，并注意其他水体局部特征的差异。

底栖动物不仅活动范围小，而且多半生活周期长，例如，一年一个世代或2～3个世代，有的种类个体生活史持续2～3年。常年的调查结果表明，底栖动物有明显的季节变化，其群落组成在年度内有着一定程度的优势种类的更替现象，数量也有变动。因此每季度调查或测定一次是适宜的。如果考虑到工作量和人力物力方面的限制，一年两次是必需的，可定为春季（4～5月份）和秋季（9～10月份）。

（二）采样工具及采样方法

1. 定量采样

定量采样可以客观地反映河流、湖泊、水库等水体底部底栖动物不同部位的种类组成和现存量（standing crop），并以每平方米为单位进行统计和计算。目前常用的底栖动物采样设备主要有彼得逊采泥器和人工基质篮式采样器。

（1）彼德逊采泥器　也称蚌斗式采泥器（图1-12）。此采泥器多用于湖泊、水库及底质非砾石且较松软的河流。彼德逊采泥器质量8～10kg，每次采集面积为$1/16m^2$或$1/40m^2$。每点至少采样2次。使用时将采泥器打开，挂好活钩，将采泥器缓慢地放至水体底部，然后抖脱活钩，轻轻上提，这时采泥器的两铁勺自动闭合，将所采泥样夹在勺内，多余的水自每瓣铁勺的小方孔中流出，待提离水面后，倾入桶（或盒）内，用40目分样筛分次筛选，把筛内剩

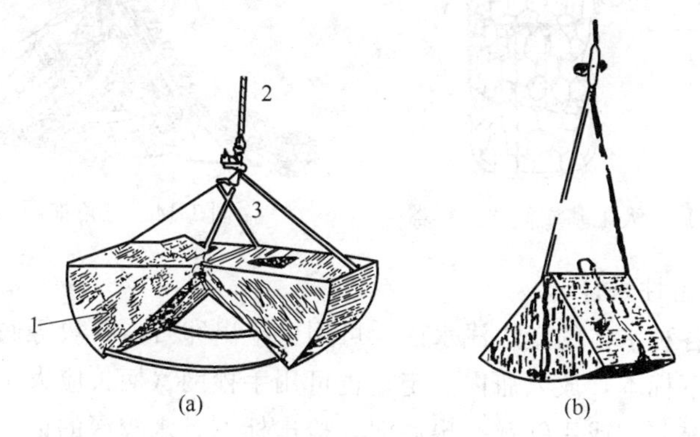

图1-12　彼德逊采泥器

(a) 张开时沉入水底取样；(b) 水底提起时的状态

1—蚌斗式铁勺；2—绳；3—活钩

余物装入塑料袋或其他无毒容器内带回实验室，倾入白色解剖盘中，用镊子将底栖动物捡出，柔软较小的动物用移液管或毛笔等捡出。采泥器提出水面后，如发现两铁勺未关闭，则需另行采取。

（2）人工基质篮式采样器　主要应用于河流及溪流中。这种采样器不受底质的限制。此采样器是用 8 号或 14 号铁丝编成的圆柱形铁丝笼（图 1-13），直径 18cm，高 20cm（或直径 16cm，高 18cm），网孔面积 4～6cm^2。使用时笼底铺一层 40 目尼龙筛绢，内装洗净的长 7～9cm^2 的卵石，其总质量约 6～7kg，在每个采样点的底部放两个铁笼，用棉蜡绳或尼龙绳固定在桥墩、航标、码头或木桩上，14 天后取出，卵石倒入盛有少量水的桶内，用毛刷将卵石上和筛绢上的底栖动物洗下，再用 40 目分样筛筛选洗净，放入白色解剖盘内将生物捡出。

由于基质（卵石及砾石）取自河流或溪流的岸边，同水中的底质相同，加上 14 天的收集，能恰当地反映该地区底栖动物的群落结构，取得令人满意的结果。

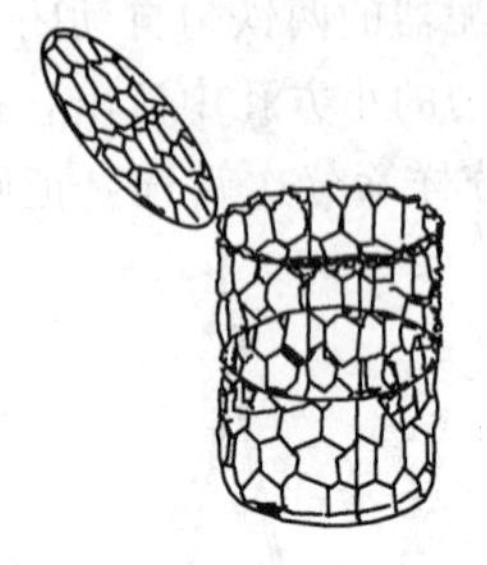

图 1-13　人工基质篮式采样器

图 1-14　三角拖网

2. 定性采样

在各种水体的岸边浅水区，可用手捡出卵石、石块等底质，用镊子取下标本，放入瓶内固定；也可用手抄网（柄长应大于 1.3m）将底泥捞起，或用铁铲铲出底泥，捡出标本。水较深的话，可用三角拖网（由铁制成的三角形带齿网口和 40 目筛绢制成）（图 1-14）拖拉一段距离，也可用彼德逊采泥器采集，经过 40 目分样筛，将标本捡出固定。

二、样品的处理和保存

将采集到的底栖动物分门别类地放入标本瓶中，用不同的固定液固定。软体动物的螺、蚌可用70%的酒精固定，4～5天后再换一次酒精即可。若缺乏酒精，也可用50%的福尔马林液固定。但务必加入少量苏打或硼砂，不然软体动物的钙质外壳会被酸性的甲醛液腐蚀。软体动物也可去内脏后将壳干燥保存。

昆虫幼虫及甲壳动物，可放入小瓶中用50%酒精固定，再转入70%～80%的酒精中封存。昆虫成虫可制成干标本，放入密封的标本匣内，并放以樟脑丸以防发霉。环节动物的水蚯蚓、蛭类，固定时容易收缩或断体，应先麻醉，使其呈舒展状态后再固定。麻醉可用硫酸镁或薄荷精，或者先用较低浓度的固定液，如30%的酒精或2%的福尔马林，数小时后再逐渐过渡到正常的固定浓度。也可将动物放入玻璃容器中，加少量水，然后加95%的酒精1～2滴，每隔10～20min再加1～2滴，直至虫体完全伸直，然后加入10%的甲醛固定1～2天后移入70%的酒精中封存。如此固定的标本，可保存很长时间。

三、样品的鉴定和计数

1. 样品的鉴定

底栖动物标本的鉴定多因缺乏系统的资料而有较大的难度。水生昆虫幼虫，例如摇蚊幼虫，要确切鉴定到种，需有生活史资料，应以成虫为根据。这需要进行幼虫的培养，摇蚊幼虫（以及其他水生昆虫幼虫或稚虫）皆以末龄期的形态为种的依据。水栖寡毛类中的颤蚓种类，只有成熟时（形成环带）才能识别。

通常，水生昆虫除摇蚊科及其他少数科属外，皆可在解剖镜下鉴定到属，在低倍镜下确定目、科，在高倍镜下对照资料鉴定到属。摇蚊科幼虫主要依据头部口器结构的差异来定属、种，并需制片，用甘油透明观察。优势种类或其他因有异议而需要观察和研究的种类，可用卑瑞斯胶封片，可保存1～3年。

底栖动物包括大型无脊椎动物的众多门类，鉴定过程需花较多时间。作为环境监测工作者而非专业分类人员，要求分类到属种是不现实的。多数情况下，软体动物、水栖寡毛类鉴定到种，摇蚊幼虫鉴定到属，水生昆虫（摇蚊幼虫除外）鉴定到科即可较好反映水环境现状，这样做既省时又省力，便于在环境监测中推广应用此项工作。

2. 样品的计数

计数是在鉴定的基础上进行数量统计，除个体较大的软体动物外，其他皆在实体解剖镜下按属或种计数，并按大类统计数量。由于各个种类和其数量将影响分析的结果，在计数时不要漏掉稀有种类。用采泥器取样采得的底栖动物，应推算出每平方米的数量。人工基质则以基质采样器数目相同的情况下，进行种类和数量的比较。生物质量通常以湿重法，用扭力天平或普通天平，称出属、种的质量，每个个体的质量和平均质量。在有机污染较重的河流下游、河流入海口处水流较缓，水草茂盛处往往水丝蚓数量较多，无法计数时，可用称量法，按湿生物量报出结果。对断体的动物个体按头数计数。

四、结果报告

底栖动物的调查结果常用多样性指数（diversity index）进行水质评价。它是根据群落中种数和个体数之间的关系，表现群落结构复杂程度为目的的指数（见本项目任务八）。这种指数的具体数字综合了大量信息，是监测和评价污染的有效方法。常用的有 Shannon 多样性指数和 SCI（连续比较指数）等。也可利用生物指数进行水质评价（见本项目任务七）。为使评价结果更客观，使用多样性指数评价水质时，应当注意所确定的采样点要有足够的代表性。采集的样品要尽可能涵盖评价水域内各种不同生态环境的特点。此外，指示生物也是常用的评价方法之一。

将每个采样点的底栖动物种类、数量列入表中，可先列水生昆虫，再列软体动物、水栖寡毛类及其他。各类百分比也可用饼分法（即圆面积百分数分配图）或其他方法表示。将多样性指数值亦列入表内，分别予以说明并进行环境质量评价。

复习思考题

1. 什么是底栖动物？底栖动物包括哪些类群？请举例说明。

2. 采集底栖动物的工具有哪些？

任务六　指示生物和污水生物系统

一、指示生物法

指示生物指对环境中的某些物质（包括污染物、O_2、CO_2 等特殊物质）能够产生各种反应信息的生物，也就是说对水体污染变化反应敏感的生物。可用这种生物来监测和评价水体污染状况。

利用指示生物进行环境污染状况的监测或评价，近几十年进展非常迅速。20 世纪 70 年代后中国在指示生物监测领域也十分活跃，已发现可用于监测的生物个体或种群、门类，数量越来越多。

在自然水域中生存着大量的水生生物群落，如浮游生物、着生生物、底栖动物、鱼类和细菌，它们与水环境有着复杂的相互关系。不同种类的水生生物对水体污染的适应能力不同，有的种类只适于在清洁水中生活，称为清水生物或寡污生物；而有些水生生物则适于生活在污水中，称为污水生物。不同污染程度的水体中生存着不同的污水生物。因此，水生生物的存在可作为水体污染程度的指标来表示水质的污染程度。

浮游生物、着生生物、底栖动物、水生维管束植物等都可作为水污染的指示生物，常用的指示生物如下。

① 水体严重污染的指示生物有颤蚓类、毛蠓、细长摇蚊幼虫、腐败波豆虫、小口钟虫、绿色裸藻、小颤藻等。这些指示生物能在溶解氧低的条件下生活，其中颤蚓类是有机污染十分严重水体中的优势种。所以有人提出用颤蚓的数量作为水体污染程度的指标（表 1-4）。

表 1-4　颤蚓数量作为水体污染程度的指标

颤蚓类<100 条/m^2	未污染	颤蚓类 1000～5000 条/m^2	中度污染
颤蚓类 100～999 条/m^2	轻度污染	颤蚓类>5000 条/m^2	严重污染

② 水体中等污染的指示生物主要有居栉水虱、瓶螺、被甲栅藻、四角盘星藻、环绿藻、脆弱刚毛藻、蜂巢席藻等。这些种类对低溶解氧有较好的耐受能力。

③ 清洁水体指示生物有蚊石蚕、扁蜉、蜻蜓、田螺、簇生竹枝藻等，这些生物只能在溶解氧很高、未受污染的水体中大量繁殖。

二、污水生物系统

污水生物系统的理论是由德国植物学家柯尔克维茨（Kolkwitz）和微生物学家马松（Marsson）于 1908 年和 1909 年提出的。他们在调查河流时，从排污口到下游河段，由于河流本身自净作用的结果，水质污染程度会出现逐渐下降直至恢复正常的现象。这种污染程度的下降反映在相应的理化指标和生物种类组成及数量上。如果从不同河段采集水生生物，就能发现不同的河段会出现不同的水生生物。因此，他们把受有机污染的河流从排污口至下游划分成一系列在污染程度上逐渐下降的连续带，即多污带、中污带（又分为 α-中污带和 β-中污带）和寡污带，这一系列的带称为污水生物系统。有了这种污水生物系统，就可以根据在河流的某一河段所发现的生物区系来鉴别这一河段属于哪一带，从而也就可以了解其有机污染程度。污水生物系统各带的理化特征和生物学特征见表 1-5。

1. 多污带

多污带是严重污染的水体，是多污污水生物生存的地带。它多处在污水、废水入口处，其水呈暗灰色，极浑浊，水中所含大量的有机物质在分解过程中产生大量的硫化氢、二氧化碳及甲烷。其化学作用为还原性，生化需氧量（BOD）很高，氧气极缺，水底沉积大量的悬浮物质。水中还可能存在有毒成分及不正常的 pH，这

表 1-5 污水生物系统各带的理化特征和生物学特征

项目	多污带	α-中污带	β-中污带	寡污带
化学过程	还原作用明显开始	水及底泥中出现氧化作用	到处进行氧化作用	因氧化使矿化作用完成
溶解氧	全无	少量	较多	很高
生化需氧量	很高(10～500mg/L)	高(5～10mg/L)	较低(＜5mg/L)	低(＜3mg/L)
硫化氢的形成	有强烈硫化氢味	无硫化氢味	无	无
水中有机物	有大量高分子有机物	因高分子有机物分解产生胺酸	有很多脂肪酸胺化合物	有机物全部分解
底泥	有黑色硫化铁存在,常呈黑色	硫化铁已氧化成氢氧化铁,不呈黑色	—	大部分已被氧化
水中细菌	大量存在(＞100万个/mL)	很多(＞10万个/mL)	数量减少(＜10万个/mL)	少(＜100个/mL)
栖息生物的生态学特征	所有动物无例外地皆为细菌摄食者,均能耐pH强烈变化,耐低溶氧的厌氧型生物,对硫化氢、氨等毒物有强烈抗性	以摄食细菌的动物占优势,其他有肉食性动物,对pH和溶解氧有高度适应性,对氨有一定耐性,对硫化氢有弱的耐性	对溶解氧及pH变化耐性差,对腐败毒物无长时间耐性	对溶解氧及pH的变化耐性很差,特别缺乏对腐败性毒物如硫化氢等的耐性
植物	无硅藻、绿藻、接合藻,以及高等植物出现	藻类少量发生,有蓝藻、绿藻、接合藻类及硅藻出现	硅藻、绿藻、接合藻的多种种类出现,此带为鼓藻类主要分布区	水中藻类少,但着生藻类多
动物	微型动物为主,原生动物占优势	微型动物占大多数	多种多样	多种多样
原生动物	有变形虫、纤毛虫,但无太阳虫、双鞭毛虫及吸管虫	逐渐出现太阳虫、吸管虫,但无双鞭毛虫出现	太阳虫和吸管虫中耐污性弱的种类出现,双鞭毛虫也出现	仅有少数鞭毛虫和纤毛虫
后生动物	仅有少数轮虫、蠕形动物、昆虫幼虫出现,淡水海绵、藓苔动物、小型甲壳类、贝类、鱼类不能生存	贝类、甲壳类、昆虫有出现,但无淡水海绵及藓苔动物。鱼类中鲤、鲫等可栖息	淡水海绵、藓苔动物、贝类、小型甲壳类、两栖动物、鱼类均有出现	除各种动物外,昆虫幼虫种类极多

种不良环境决定了可生存的生物种类是有限的，而且均是消费性生物。底部淤泥中生活着寡毛目蠕虫。

水细菌的种类很多，其中硫黄细菌的存在表示水中含有大量的硫化氢，它是分解蛋白质放出硫化氢的细菌。严重污染的水体，水细菌数量多，每毫升可达 100 万个以上。

颤蚓类在溶解氧极低的条件下仍能正常生活，成为受有机物污染十分严重水体的优势种，有时可能铺满水底，达到每平方米几十万条之多。颤蚓类数量越多，表示水体污染越严重。中国常见的颤蚓类有霍甫水丝蚓、中华拟颤蚓和苏氏尾鳃蚓。

摇蚊幼虫不仅耐有机物污染，而且某些摇蚊幼虫耐重金属污染，有的对电镀废水包括六价铬、氰和铜离子的耐受量较高。

多污带的指示生物主要有浮游球衣细菌、贝氏硫细菌、素衣藻、钟虫、颤蚯蚓、摇蚊幼虫等，如图 1-15 所示。

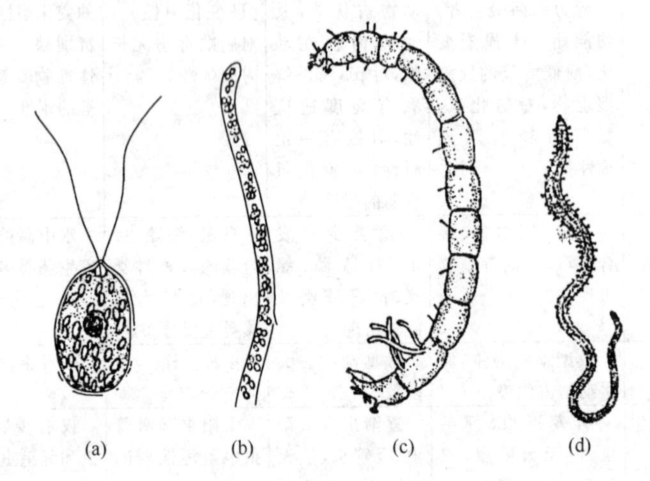

图 1-15　多污带污水生物图例

(a) 素衣藻；(b) 贝氏硫细菌；(c) 摇蚊幼虫；(d) 颤蚯蚓

2. α-中污带

α-中污带水体的特点与严重污染水体近似，水为灰色，BOD 值仍相当高。但是，除了还原作用之外，还有氧化作用，有机物分解形成氨和氨基酸。氧气仍然缺乏，为半厌氧条件，并有硫化氢存在。有时水面上能见到浮泥。生活在这一带的生物种数虽然不多，但比严重污染的水体多了一些。主要生活的污水生物还是水细菌（1mL 水中有几十万个）。此外也出现吞食细菌的纤毛虫类和轮虫类，以及蓝藻和绿藻。水底污泥已部分矿质化，如硫化铁被部分氧化成氢氧化铁，滋生了大量需氧较低的生物。

α-中污带常见的指示生物有大颤藻、小颤藻、椎尾水轮虫、天蓝喇叭虫、栉虾、臂毛水轮虫等多种藻类和轮虫类，如图 1-16 所示。

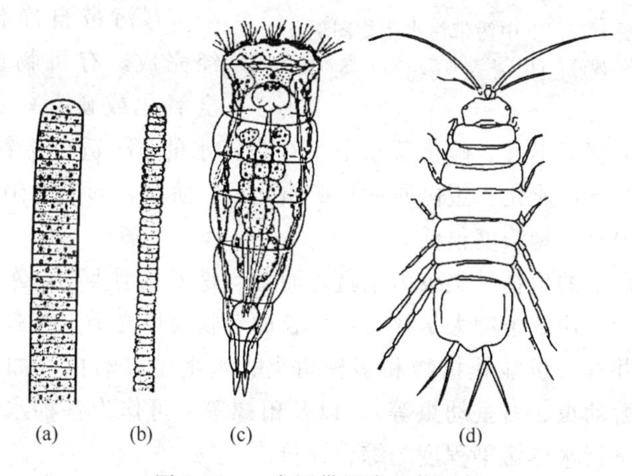

图 1-16　α-中污带污水生物图例

（a）大颤藻；（b）小颤藻；（c）椎尾水轮虫；（d）栉虾

3. β-中污带

β-中污带水体的特点是氧化作用占优势，绿色植物大量出现。水中含氧量增高，氮的化合物呈铵盐、亚硝酸盐或硝酸盐。相反有机物及硫化氢等含量减少。水生生物种类多种多样，主要是各种藻类、轮虫类、贝类和各种昆虫。β-中污带水体不利于水细菌的生存，因此细菌的数量显著减少至 1mL 水仅存几万个。已有泥鳅、鲤鱼等鱼类出现。

β-中污带水体指示生物有多种藻类（如水花束丝藻、梭裸藻、短荆盘星藻类等)、轮虫(如腔轮虫、双荆同尾轮虫、卵形鞍甲轮虫等)、水溞(溞状水溞、大型水溞等),以及虫类(绿草履虫、鼻节毛虫、弹跳虫等)。图 1-17 仅是其中几例。

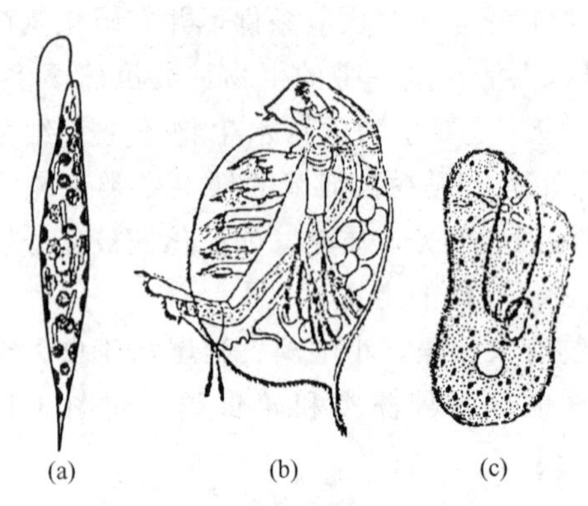

图 1-17　β-中污带污水生物图例
(a) 梭裸藻;(b) 大型水溞;(c) 绿草履虫

4. 寡污带

寡污带自净作用已经完成,有机物已被完全氧化或矿化,为清洁水体。溶解氧丰富,硫化氢几乎不存在,水的 pH 适于生物生存。污泥沉淀已矿质化。蛋白质达到矿质化最后阶段,形成了硝酸盐态氮。水中有机物浓度很低。

寡污带的生物种类极为丰富,而且均是需氧型生物。水中细菌量已极少,浮游植物大量存在,生长的动物有甲壳类、苔藓虫、水螅等,并有大量显花植物和多种鱼类、水生昆虫幼虫(如蜻蜓幼虫、浮游幼虫、石蚕幼虫等),以及田螺等,可作为各种水体的指示生物进行水体污染程度的综合评价。

由此可见,在不同污染带中,指示生物显著不同,根据这一点可利用指示生物进行水体污染程度的综合评价。但是,各种生物虽然都有一定的适应范围,而生物种类和数量的分布并不单纯决定于污染,其他条件如地理、气候以及河流的底质、流速、水深等对生物的生存和分布也有重要的影响,而且河流上游和下游的生物区系也存在天然差异。因此,利用指示生物监测和评价水体质量时必须注意。

复习思考题

1. 污水生物系统的原理是什么?

2. 污水生物系统各污染带有哪些特征？

3. 什么叫指示生物？请举例说明。

任务七　生物指数

在污水生物系统的基础上，应用数学公式把生物调查资料计算成生物指数，用来反映生物种群和群落结构的变化，以评价环境质量，从而简化了污水生物系统，而且所得结果有了定量概念，便于比较和应用。常用的生物指数有以下几种。

一、贝克（Beck）生物指数

Beck 生物指数是由美国的 Beck 于 1955 年提出的，他把调查发现的大型底栖无脊椎动物分为两大类：敏感种类，在污染状况下从未发现；耐污种类，在污染状态下才有的动物。然后按下式计算生物指数。

$$I=2A+B$$

式中　I——生物指数；

A——不耐污的种类数；

B——耐污的种类数。

应用此法时，各调查点的环境因素如水深、流速、底质等要求一致，采集面积一定。

生物指数值越大，水体越清洁，水质越好。反之，生物指数值越小，则水体污染越重。一般 I 值的范围为 0～40，重污染区为 0，中等污染区为 1～10，清洁水域为 10～40。

采集动物样品时应注意如下几点。

① 应避开淤泥河床，选择砾石底河段，在水深 0.5m 处采样。

② 水表面流速在 100～150cm/s 为宜。

③ 每次采集面积应一定。

④ 采样前应预先进行河系调查。

日本学者津田松苗从 20 世纪 60 年代起多次对贝克生物指数做了修改，他提出不限定采集面积，由 4～5 人在一个点上采集

30min，尽量把河段中各种大型底栖动物采集完全，然后对所得生物样品进行鉴定、分类，并采用与上述相同的方法计算，此法在日本应用已达十几年之久，生物指数与水质状况关系见表1-6。

表1-6　生物指数与水质状况关系

生物指数	水质状况	生物指数	水质状况
>30	清洁河段	14～6	较不清洁河段
29～15	较清洁河段	5～0	极不清洁河段

二、硅藻生物指数

渡道仁治（1961）根据硅藻对水体污染耐性的不同，提出了硅藻生物指数。

硅藻生物指数是根据河流中不耐污的硅藻种类数（A）、对有机污染适应性强的种类数（B）、仅在污染区独有的种类数（C），计算生物指数（I），以评价污染程度，计算公式如下。

$$I=\frac{2A+B-2C}{A+B-C}\times 100$$

$I\leqslant 0$ 为重污染；I 为 0～100 为中度污染；I 为 100～150 为轻度污染；$I>150$ 为基本无污染。

三、Goodnight-Whitley 生物指数

Goodnight 和 Whitley（1961）发现颤蚓类在有机污染的水体中，其个体的数量随污染程度的加重而增加，所以，提出了用颤蚓类数量占全部底栖动物数量的百分比来指示污染状况。

$$\text{生物指数}=\frac{\text{颤蚓类个体数}}{\text{底栖动物总个体数}}\times 100\%$$

如果生物指数大于80%，说明水体受到严重污染；如果生物指数小于60%，可以大体上认为水质情况良好；如果生物指数介于60%～80%，说明水体受到中等污染。

四、生物比重指数

金（King）和贝尔（Bell）1964年提出用水生昆虫和寡毛类湿重的比值来评价水质，这种方法可用于评价有机污染和某些有毒废

水的污染。其计算公式如下。

$$生物比重指数=\frac{昆虫湿重}{寡毛类湿重}$$

此指数值越小，表示污染越严重；反之则水质越清洁。指数的变动范围为0～612（经验值）。

五、特伦特（Trent）生物指数

Trent生物指数是Woodiwise（1964）对Trent河进行评价时提出的，他提出了7个无脊椎动物类群作为评价水质的指示生物，根据这7个类群动物出现的顺序和种类数以及所获得的大型底栖无脊椎动物的类群总数划分指数值，并提出了划分标准（表1-7），再依指数值的大小对水质进行评价。指数值越低，表示污染越严重，指数值高，表示污染轻。若把污染水体划分为6类，则可定为：指数Ⅹ为极清洁，Ⅷ～Ⅸ为清洁，Ⅵ～Ⅶ为轻度污染，Ⅲ～Ⅴ为中度污染，Ⅰ～Ⅱ为重污染，0为严重污染。

表1-7　Trent生物指数

关键性类群和出现的种类 \ 指数 \ 出现的类群总数			0～1	2～5	6～10	11～15	≥16
清洁	襀翅目稚虫存在	多于1种	—	Ⅶ	Ⅷ	Ⅸ	Ⅹ
		仅1种	—	Ⅵ	Ⅶ	Ⅷ	Ⅸ
生物按照污染程度增加的顺序消失	蜉蝣目稚虫存在(不包括四节蜉)	多于1种	—	Ⅵ	Ⅶ	Ⅷ	Ⅸ
		仅1种	—	Ⅴ	Ⅵ	Ⅶ	Ⅷ
	毛翅目幼虫或四节蜉存在	多于1种	—	Ⅴ	Ⅵ	Ⅶ	Ⅷ
		仅1种	Ⅲ	Ⅳ	Ⅴ	Ⅵ	Ⅶ
	钩虾属存在	所有以上种全无	Ⅲ	Ⅳ	Ⅴ	Ⅵ	Ⅶ
	颤蚓或摇蚊幼虫存在	所有以上种全无	Ⅰ	Ⅱ	Ⅲ	Ⅵ	—
污染	有不需溶解氧(DO)而生存的种类,如蜂蝇	以上种类均无	—	Ⅰ	Ⅱ	—	—

Trent生物指数的优点是：只需掌握所规定的关键生物即可，

不需鉴定到种，可以减少鉴定的时间，也易于为非生物学工作者掌握，对中度污染的水质反应灵敏，适于对渔业水质的评价。主要缺点是：软体动物未列入关键群，对轻度污染的水质反应不灵敏，指示水污染等级的指数范围太窄；用于其他河流时，因生物区系不同，需加以修改；在调查时偶然出现的生物，能轻易改变调查地点的生物指数值，影响评价的准确性；对重金属等无机污染不能进行评价。

六、藻类污染指数

Palmer（1969）对能耐受污染的20属藻类（表1-8）分别给予不同的污染指数值，根据水样中出现的藻类，计算总污染指数，由总污染指数判断水体污染程度（表1-9）。

表1-8　藻类污染指数

属　名	污染指数值	属　名	污染指数值	属　名	污染指数值
组囊藻	1	异极藻	1	实球藻	1
纤维藻	2	鳞孔藻	1	席藻	1
衣藻	4	直链藻	1	扁裸藻	2
小球藻	3	微芒藻	1	栅藻	4
新月藻	1	舟形藻	3	毛枝藻	2
小环藻	1	菱形藻	3	针杆藻	2
裸藻	5	颤藻	5		

表1-9　总污染指数与水体污染程度

总污染指数	＞20	重污染	总污染指数	＜15	轻污染
总污染指数	15～19	中污染			

七、污染生物指数

污染生物指数（BIP）又叫生物学污染指数，它是指无叶绿素微型生物占全部微型生物（有叶绿素和无叶绿素微型生物）的百分比。

$$\mathrm{BIP}=\frac{B}{A+B}\times 100\%$$

式中　A——有叶绿素微型生物数（即藻类数量）；

B——无叶绿素微型生物数（即原生动物数量）。

BIP值与污染程度的关系见表1-10。

表1-10 BIP值与污染程度的关系

BIP值	污染程度	BIP值	污染程度
0～8	清洁水	20～60	中污染水
8～20	轻污染水	60～100	严重污染水

任务八 多样性指数

群落中种的多样性可以反映群落的结构特征。种的多样性包括两方面的内容，一是群落中种类数的增减，另一个是群落中每种类个体数的数量分布。多样性指数是应用数理统计的方法，求得表示生物群落的种数和个体数的数值，以评价环境质量。在正常情况下，群落的结构相对稳定，水体受到污染后，群落中敏感的种类减少，而耐污种类的个体数则大大增加，从而导致群落结构发生变化，污染程度不同，这种群落结构的变化也不同。所以，可以用多样性指数来反映水体污染状况。下面介绍几种常用的多样性指数公式。

一、马加利夫（Margalef）多样性指数

$$d=\frac{S-1}{\ln N}$$

式中 S——样品中生物的种类数；

N——样品中生物的总个体数或总密度，ind/m^2。

d值越大表示水质越清洁。$d<3$为严重污染，$3\leqslant d<4$为中度污染，$4\leqslant d\leqslant 5$为轻度污染，$d>5$为清洁。

二、香农-威勒（Shannon-Weiner）多样性指数

$$\overline{d}=-\sum_{i=1}^{S}(n_i/N)\log_2(n_i/N)$$

式中 n_i——样品中第i种生物的个体数或密度，ind/m^2；

N——样品中生物的总个体数或总密度，ind/m^2；

S——样品中生物的种类数。

$\overline{d}$ 为 0～1 时，说明水体受到严重污染；$\overline{d}$ 为 1～2 时为中等污染；$\overline{d}$ 为 2～3 时为轻度污染，$\overline{d}$ 大于 3 时说明水体比较清洁。

三、凯恩斯（Cairns）连续比较指数

$$SCI=\frac{R}{N}$$

式中 R——组数；

N——被比较的生物个体总数。

组数是在镜检时从左到右或从上到下循序比较所见生物个体，凡相邻个体的外形相似、大小相同即可划为一组。划分标准可不按生物分类学的标准要求，如凡圆形无鞭毛者，不管其在分类学上的地位如何，都可列为一组等。在循序比较时，如连续 3 个个体按既定标准要求均相同，即可列为一组，继续出现的第 4 个、第 5 个个体与前 3 个个体不同，彼此却相同，则可列为第二组，若第 6 个个体又与第一组个体相同，则又可列为第三组。如此一直比较 200 个个体，即可按上式进行计算，求出 SCI 值。也有人主张最好比较 50 个个体即进行计算，求出 SCI 值，然后再重复比较计算，直到 SCI 值稳定为止，最后求出平均 SCI 值，再进行评价。SCI 值的变化范围是 0～1，指数值越小，说明污染越严重。

有人比较了人们常用的几种多样性指数的评价结果与水体实际污染状况的相关性，结果连续比较指数与其他指数基本一致。而连续比较指数与其他常用的多样性指数相比，因不要求对生物种类进行鉴定，容易为非生物专业工作者所掌握，对监测样本只比较 200 个个体即可进行计算，既省时间，又很简便。所以，一些学者认为这种指数是值得推荐的。此外，SCI 用于比较着生硅藻时，准确性较高。

四、辛普森（Simposon）多样性指数

辛普森多样性指数又称组合型多样性指数。

$$d=\frac{N(N-1)}{\sum_{i=1}^{S}n_i(n_i-1)}$$

式中　S——样品中生物的种类数；

n_i——样品中第 i 种生物的个体数；

N——样品中生物的总个体数。

评价标准见表 1-11。

如果群落中每个个体都是同一种（即 $S=1$），则 $d=1$，说明该群落是一种单调群落，水体污染比较严重；如果群落中每个个体都是不同种的生物，则 $d=\infty$，说明群落是一种完全多样化的群落，水质比较清洁。

表 1-11　评价标准

d	污染程度	d	污染程度
<2	严重污染	3～6	轻度污染
2～3	中度污染	>6	清洁

种类多样性指数的运用，比指示生物法和生物指数法又前进了一步，在许多情况下能更好地反映水体污染的状况。但是，多样性指数只是定量地反映了群落结构，未能反映出个体生态学的信息及各类生物的生理特性，当水中营养盐类或其他理化性质发生变化时，使群落结构发生的改变，又会对多样性指数评价的效果产生干扰。所以，利用生物评价水体的质量状况时，最好能选择多个评价方法，从不同的角度反映出更多的信息，最后再加以综合分析和判断，得出更切合实际的结论。

复习思考题

1. 什么叫生物指数？什么叫多样性指数？

2. 假如某次采样，采到螺两种，分别为 2 个和 4 个，蚌一种，2 个，颤蚓类 1800 条，摇蚊幼虫 400 条，蛭类一种 1 条，试用 Goodnight-Whitley 生物指数、Shannon-Weiner 多样性指数以及 Margalef 多样性指数对该水体进行综合评价。

技能训练一　浮游生物监测法

一、训练目的

① 掌握浮游生物定性、定量样品采集的方法。

② 识别常见的浮游生物。

③ 学会使用计数框。

④ 掌握浮游生物计数的方法。

二、概述

浮游生物是水生态系统中一个非常重要的生物类群，是鱼类的重要饵料，在水生生物食物链中起着非常重要的作用。水中浮游生物（尤其是浮游植物）的密度可直接反映水体的营养状况。若水中浮游植物大量繁殖，密度过大的话，说明水体有富营养化趋势。

三、样品采集与保存

1．定性样品的采集与保存

用25号定性网在选好的采样点采集水样，置于小烧杯中。若要保存需按10%的比例加入鲁哥液。

2．定量样品的采集与保存

用采水器在选好的采样点采集水样，按10%的比例加入鲁哥液固定，然后通过过滤或沉淀的方法浓缩水样，最后定容到30mL备用。

四、方法选择

（1）定性测定　采用活体观察的方法。

（2）定量测定　采用视野计数法进行计数。

五、测定方法及结果

1．定性测定

在显微镜下进行分类鉴定，列出所观察到的浮游生物名录。

2．定量测定

① 用台测微尺测一个视野的直径。

② 将定量样品加入到计数框中，静置5～10min。

③ 随机计数 10～20 个视野中的浮游植物或浮游动物数。

六、结果计算

$$每毫升中浮游生物个数=\frac{100C}{ADF}$$

式中 A——一个视野面积；

D——视野的深度；

F——计数的视野数（一般至少 10 个）；

C——计数的生物个数。

七、注意事项

① 活体观察浮游生物种类时，若浮游动物跑得太快，可在样品中加入少量低浓度的麻醉剂。

② 样品中加入鲁哥液以后，浮游植物会变色而影响观察，这时可加入 1～2 滴硫代硫酸钠的饱和液。

③ 计数时显微镜的放大倍数应与测视野直径时的放大倍数一致。

④ 向计数框中加样时，应先把盖玻片斜盖在计数框上，再加样，以免产生气泡。

思考题

① 向计数框中加样时，为什么要先把盖玻片斜盖在计数框上，再加样？

② 向计数框中加样时，为什么不能产生气泡？

③ 计数时应该注意什么问题？

技能训练二　着生生物监测法

一、训练目的

① 掌握着生生物定性、定量样品采集的方法。

② 识别常见的硅藻。

③ 掌握着生生物计数的方法。

二、概述

着生生物是水生态系统中一个非常重要的生物类群，在水生生物食物链中起着非常重要的作用。着生生物由于附着生活在水中的各种基质表面，其活动范围很小，所以最能够反映污染源下游的情况，所以，可用着生生物指示水体污染程度，在河流中应用效果最佳。

三、样品采集与保存

1. 定性样品的采集与保存

采集水中的石头、大型水生植物等天然基质或载玻片、聚酯塑料薄膜等人工基质，刮下其表面的附着物，置于有水的小烧杯中，用鲁哥液固定。观察后若要长期保存需加4%的福尔马林液。

2. 定量样品的采集与保存

取在水中放置了2周左右的载玻片（3～4片）、聚酯塑料薄膜等人工基质，刮下其表面的附着物，置于有水的烧杯中。按10%的比例加入鲁哥液固定，然后通过过滤或沉淀的方法浓缩水样，最后定容到30mL备用。观察后若要长期保存需加4%的福尔马林液(1.2mL)。

四、方法选择

(1) 定性测定　采用活体观察的方法。

(2) 定量测定　采用视野计数法进行计数。

五、测定方法及结果

1. 定性测定

在显微镜下进行分类鉴定，列出所观察到的着生生物名录。

2. 定量测定

① 用台测微尺测一个视野的直径。

② 将定量样品加入到计数框中，静置5～10min。

③ 随机计数10～20个视野中的着生硅藻数。

六、结果计算

$$每平方厘米着生硅藻数=\frac{100C}{ADF}\times\frac{V_1}{S}$$

式中　A——一个视野面积；

　　　D——视野的深度；

F——计数的视野数（一般至少10个）；

C——计数的生物个数；

V_1——浓缩后水样的体积，mL；

S——采集的人工基质的面积，cm^2。

七、注意事项

① 计数时显微镜的放大倍数应与测视野直径时的放大倍数一致。

② 向计数框中加样时，应先把盖玻片斜盖在计数框上，再加样，以免产生气泡。

思考题

① 着生生物的计数单位为什么和浮游生物的计数单位不同？

② 计数时应该注意什么问题？

技能训练三　PFU 监测法

一、训练目的

① 掌握挂 PFU 的方法。

② 识别常见的微型生物。

二、概述

PFU 是聚氨酯泡沫塑料块（polyurethane foam unit）的简称，将其放入水中，水中的微型生物就会在 PFU 上群集，根据微型生物在 PFU 上的群集速度和群集的微型生物种类，可以对水体进行评价。

三、样品采集与保存

1. 挂 PFU

将 PFU 用尼龙绳绑好挂在监测点，一般在水面下 0.5m 左右，以 PFU 能接受到合适的光照为宜。

2. 样品的采集与保存

14 天后取出 PFU，将其中的水挤到烧杯中，按 10％的比例加入鲁哥液固定，然后通过过滤或沉淀的方法浓缩水样，最后定容到30mL备用。

四、方法选择

(1) 定性测定　采用活体观察的方法。

(2) 定量测定　采用长条计数法进行计数。

五、测定方法及结果

1. 定性测定

在显微镜下进行分类鉴定，列出所观察到的微型生物名录。

2. 定量测定

① 目测微尺的校正。将目测微尺放入目镜中，台测微尺放在显微镜的载物台上，用台测微尺校正目测微尺的长度。

② 将定量样品加入到计数框中，静置5～10min。

③ 随机计数2～4个长条中的微型植物或微型动物数。

六、结果计算

$$\text{每立方厘米微型生物个数}=\frac{100C}{LDWS}\times\frac{V_1}{V}$$

式中　L——一个长条的长度，也就是技术框的长度，mm；

W——一个长条的宽度，也就是目测微尺的长度，mm；

D——一个长条的深度，也就是技术框的深度，mm；

S——计数的长条数；

C——计数的生物个数；

V_1——浓缩后水样的体积，mL；

V——采样的体积，L。

七、注意事项

① 样品中加入鲁哥液以后，微型植物会变色而影响观察，这时可加入1～2滴硫代硫酸钠的饱和液。

② 计数时显微镜的放大倍数应与校正目测微尺长度时的放大倍数一致。

③ 向计数框中加样时，应先把盖玻片斜盖在计数框上，再加样，以免产生气泡。

思考题

① 采用长条计数法计数一般选用哪种计数框?

② 采样的体积指的是什么体积?

技能训练四　底栖动物监测法

一、训练目的

① 掌握底栖动物样品采集的方法。

② 识别常见的底栖动物。

③ 学会使用采泥器。

二、概述

底栖动物是水生态系统中一个非常重要的生物类群，在水生生物食物链中起着非常重要的作用。水中底栖动物的种类组成、优势种等指标可以反映水体的污染状况。

三、样品采集

用采泥器在选好的采样点采集底泥样品，每个采样点采集2次。

四、方法选择

(1) 定性测定　采用活体观察的方法。

(2) 定量测定　采用计数法。

五、测定方法及结果

1. 定性测定

将采集的底泥样品用40目分样筛进行筛选，然后分类拣出生物，对照检索表进行鉴定，列出所观察到的底栖动物名录。

2. 定量测定

将采集到的底栖动物按种类计数，最后换算成单位面积底质上的数量（个/m^2）。

六、注意事项

① 在底泥中拣选底栖动物时，主要不要漏掉比较小的生物。

② 拣选时比较柔软的生物可用毛笔挑出。

思考题

如果在某采样点用 $1/40m^2$ 的采泥器采集样品 2 次，采集到的底栖动物种类和数量如下表，请将其换算成每平方米底质上的数量。

项　　目	中华圆田螺	中国圆田螺	背角无齿蚌
数量/个	12	20	6
单位面积数量/(个/m^2)			

考核要求

能力要求	范　围	内　　容
理论知识	水污染的生物群落监测	1. 浮游生物、着生生物、底栖动物的概念、类群； 2. 水生生物监测断面布设的原则； 3. 浮游生物的计数方法； 4. 指示生物和污水生物系统的概念； 5. 常用的指示生物； 6. 污水生物系统的原理及各污染带的主要特征； 7. 生物指数和多样性指数的概念； 8. 常用的生物指数和多样性指数的公式
	水污染的生物群落监测技术	1. 浮游生物的定性、定量测定； 2. 断面布设的方法； 3. 着生生物的分类鉴定； 4. PFU 微型生物测定； 5. 底栖动物的测定
操作技能	采样工具	1. 浮游生物网和采水器的使用； 2. 用人工基质采集着生生物的方法； 3. 采泥器的使用； 4. 用 PFU 采集微型生物的方法
	溶液配制	1. 试剂用量的计算； 2. 移液管、容量瓶的使用； 3. 鲁哥液的配制
	水生生物样品的分析测定	1. 浮游生物、着生生物定量样品的处理方法； 2. 浮游生物、着生生物、底栖生物的分类； 3. 着生硅藻样品的硝化处理； 4. 水生生物样品的固定、保存
	数据记录与处理	1. 记录内容的完整性； 2. 数据的正确处理； 3. 报告的格式与工整性

项目二 水体初级生产力的测定

学习指南 水体生产力是指水生植物（主要是浮游植物）进行光合作用的强度。水中浮游植物光合作用的强弱可通过叶绿素的含量以及光合作用产生氧气的量来反映。通过本项目的学习，要掌握叶绿素 a 测定的方法以及黑白瓶测氧的方法。

任务一 叶绿素 a 的测定

水体中叶绿素的含量是指示浮游植物生物量的一个重要指标。特别是叶绿素 a 含量测定是研究水体富营养化的一种有效方法。

一、测定原理

叶绿素 a 是有机物，不溶于水，但能溶于丙酮、乙醇等有机溶剂。首先要用机械方法使细胞破碎，把叶绿素 a 从细胞中提取出来。在测定过程中先用醋酸纤维素滤膜抽滤水样，然后破碎细胞，用 90%丙酮提取叶绿素 a，再用分光光度计测叶绿素 a 的吸光度，最后利用公式计算叶绿素 a 的含量。

二、测定方法和步骤

① 水样的采集与保存。可根据工作需要进行分层采样或混合采样。湖泊、水库采样 500mL，池塘 300mL，采样量视浮游植物多少而定，若浮游植物数量少，也可采集 1000mL 水样。带回实验室进行测定。采样点及采样时间同项目一任务二。

水样采集后应放在荫凉处，避免日光直射。最好立即进行测定，如需经过一段时间（4～8h）方可进行处理，则应将水样保存在低温（0～4℃）避光处，在每升水样中加入 1%碳酸镁悬浮液 1mL，以防止酸化引起色素溶解。水样在冰冻情况下（－20℃）最长可保存30天。

② 浓缩水样。在抽滤器上装好醋酸纤维素滤膜（0.5μm），倒入定量体积的水样进行抽滤。抽滤时负压不能过大（约为50kPa）。水样抽完后，继续抽1～2min，以减少滤膜上的水分。如需短期保存1～2天时，可放入普通冰箱冷冻，如需长期保存（30天），则应放入低温冰箱（－20℃）保存。

③ 取出载有浮游植物的滤膜，在冰箱内低温干燥6～8h后放入组织研磨器中，加入少量碳酸镁粉末及2～3mL 90%的丙酮，充分研磨，提取叶绿素a，用离心机（3000～4000r/min）离心10min，将上清液倒入容量瓶中。

④ 再用2～3mL 90%的丙酮继续研磨提取，离心10min，将上清液再转入容量瓶中，重复1～2次，用90%的丙酮定容为5mL或10mL，摇匀。

⑤ 将上清液在分光光度计上，用1cm光程的比色皿测吸光度，分别读取750nm、663nm、645nm、630nm波长的吸收值，并以90%的丙酮做空白吸光度测定，对样品吸光度进行校正。

三、计算方法

叶绿素a的含量按如下公式计算。

$$叶绿素\ a(mg/m^3)=\frac{[11.64(D_{663}-D_{750})-2.16(D_{645}-D_{750})+0.10(D_{630}-D_{750})]V_1}{V\delta}$$

式中 V——水样体积，L；

V_1——定容体积，mL；

D——吸光度；

δ——比色皿厚度，cm。

四、环境标准

用叶绿素a作为湖泊富营养化程度的一个评价标准，国外曾进行过深入的研究，但至今尚未得出一致公认的意见。中国从20世纪80年代开始，通过对武汉东湖、江苏太湖及南京玄武湖的研究，提出了湖泊富营养化叶绿素 a 的评价标准，表 2-1 可供参考。

表 2-1　湖泊富营养化叶绿素 a 的评价标准

叶绿素 a 含量/(mg/m^3)	营养类型	叶绿素 a 含量/(mg/m^3)	营养类型
<4	贫营养型	10～50	富营养型
4～10	中营养型	>50	高度富营养型

复习思考题

1. 测定叶绿素 a 有何意义？
2. 试述叶绿素 a 测定的原理。
3. 绘制叶绿素 a 测定的流程框图。

任务二　黑白瓶测氧法

水体中各种浮游植物都在光合作用过程中吸收二氧化碳，释放氧气，浮游植物的种类不同，其同化产物的量也就不同。因此可通过测定水中溶解氧量的变化，间接计算出有机物的生成量，来估算水体的生产力。

一、测定原理

黑白瓶测氧法是将几只注满水样的白瓶和黑瓶悬挂在采水深度处，曝光 24h。黑瓶中的浮游植物由于得不到光照只能进行呼吸作用，因此黑瓶中的溶解氧就会减少。而白瓶完全曝露在光下，瓶中的浮游植物可进行光合作用，因此白瓶中的溶解氧量一般会增加。所以，通过黑白瓶间溶解氧量的变化，就可估算出水体的生产力。

二、测定方法和步骤

1. 采水与挂瓶

采样点及采样时间同项目一任务二。每组有 3 个样品瓶，即白瓶、黑瓶、原始瓶。

采样前首先要用水下照度计测定光层的深度，按照表面照度 100%、50%、25%、10%、1%的深度分层分组挂瓶。如无水下照度计，可用透明度盘测定水体的透明度和水深，然后根据水的透明度和水的深度选定采水和挂瓶的深度间隔。可以从水面到水底每隔1～2m或几米处挂一组瓶。一般浅水湖泊（水深≤3m）可按0、0.5m、1m、2m、3m分层。

每组瓶要用同次采集的水样注满瓶，将采水器出水管插到样品瓶底部，每个瓶子注满水样后需先溢出3倍体积的水，以保证所有瓶中的溶解氧与采水瓶中的溶解氧完全一致。灌瓶完毕，将瓶盖轻轻盖好，立即对原始瓶进行氧的固定，其溶解氧为“原初氧”，将另两个瓶（即黑瓶与白瓶）悬挂在原采水深度处曝光24h，采水层次与挂瓶层次要完全一致。

制作黑白瓶的玻瓶，最好是300mL具磨口塞的完全透明瓶或BOD瓶。每瓶用酸洗过后，用蒸馏水洗净，灌瓶前再用水样冲洗几次。

2. 溶解氧的固定与分析

曝光结束，立即取出黑瓶和白瓶，加入$MnSO_4$和碱性碘化钾进行固定，充分摇匀后，测定溶氧量。

三、计算方法

1. 各挂瓶水层日生产量（mgO_2/L）的计算

总生产量＝白瓶溶解氧－黑瓶溶解氧

净生产量＝白瓶溶解氧－原始瓶溶解氧

呼吸量＝原始瓶溶解氧－黑瓶溶解氧

生产量的单位：毫克/(升・天)[mg/(L・天)]

2. 每平方米水柱日生产力的计算

所谓水柱日生产力是指1m^2垂直水柱的生产量。可用算术平均值累计法计算。例如，假定某水体某日0、0.5m、1.0m、2.0m、3.0m、4.0m处总生产量分别为2mg/(L・天)、4mg/(L・天)、2mg/(L・天)、1.0mg/(L・天)、0.5mg/(L・天)、0，其水柱总生产力的计算见表2-2。该水柱的生产量为5.5g/(m^2・天)。

四、质量保证与质量控制

① 测定宜在晴天进行，并采用上午挂瓶。

表 2-2 每平方米水柱日生产力计算

水层/m	1m² 水面下水层体积/(L/m²)	每层段每升平均日产量/(mg/L)	每平方米水面下各水层日生产量/(mg/m²)
0～0.5	500	$\frac{2+4}{2}=3$	3×500=1500
0.5～1.0	500	$\frac{4+2}{2}=3$	3×500=1500
1.0～2.0	1000	$\frac{2+1}{2}=1.5$	1.5×1000=1500
2.0～3.0	1000	$\frac{1+0.5}{2}=0.75$	0.75×1000=750
3.0～4.0	1000	$\frac{0.5+0}{2}=0.25$	0.25×1000=250
0～4.0 水柱产量	4000	8.5	5500，即 5.5g/(m²·天)

② 在有机质含量较高的湖泊、水库，可采用每 2～4h 挂瓶一次，连续测定的方法，以免由于溶解氧过低而使净生产力可能出现负值。

③ 如光合作用很强，形成氧过饱和，可在瓶中产生大的气泡。应将瓶微微倾斜，将气泡置于瓶肩处，小心打开瓶塞，加入固定液，然后盖上瓶盖充分摇动，为防止产生氧气泡，也可将培养时间缩短为 2～4h，但需在结果报告中注明。

④ 测定时应同时记录当天的水温、水深、透明度、光照强度，以及水草的分布生长情况。

⑤ 尽可能对水中主要营养盐，特别是无机磷和无机氮进行分析。

复习思考题

1. 简述黑白瓶测氧的原理。

2. 假如某水体面积为 500m²，水深 3m，某日测得 0、0.5m、1m、2m、3m 处的总生产量分别为 3mg/(L·天)、5mg/(L·天)、3mg/(L·天)、1mg/(L·天)、0，试计算该水体该天的总生产力。

技能训练　碘量法测定水中溶解氧

一、原理

碘量法测定水中溶解氧是基于溶解氧的氧化性能。当水样中加入硫酸锰和碱性 KI 溶液时，立即生成 $Mn(OH)_2$ 沉淀。$Mn(OH)_2$极不稳定，迅速与水中溶解氧化合生成锰酸锰。在加入硫酸酸化后，已化合的溶解氧（以锰酸锰的形式存在）将 KI 氧化并释放出与溶解氧量相当的游离碘。然后用硫代硫酸钠标准溶液滴定，换算出溶解氧的含量。

此法适用于含少量还原性物质及硝酸氮<0.1mg/L、铁不大于1mg/L，较为清洁的水样。

二、主要仪器

250mL 溶解氧瓶、25mL 酸式滴定管、250mL 锥形瓶。

三、试剂

① 硫酸锰溶液：称取 480g $MnSO_4 \cdot 4H_2O$，溶于蒸馏水中，过滤后稀释至 1L（此溶液在酸性时，加入 KI 后，遇淀粉不变色）。

② 碱性 KI 溶液：称取 500g NaOH 溶于 300～400mL 蒸馏水中，称取 150g KI 溶于 200mL 蒸馏水中，待 NaOH 溶液冷却后将两种溶液合并，混匀，用蒸馏水稀释至 1L。若有沉淀，则放置过夜后，倾出上层清液，贮于塑料瓶中，用黑纸包裹避光保存。

③（1+5）硫酸溶液。

④ 浓硫酸。

⑤ 1%淀粉溶液：称取 1g 可溶性淀粉，用少量水调成糊状，再用刚煮沸的水冲稀至 100mL。冷却后，加入 0.1g 水杨酸或 0.4g 氯化锌防腐。

⑥ 0.02500mol/L$(\frac{1}{6}K_2Cr_2O_7)$ 重铬酸钾标准溶液：称取于 105～110℃ 烘干 2h 并冷却的 $K_2Cr_2O_7$ 0.3064g，溶于水，移入 250mL 容量瓶中，用水稀释至标线，摇匀。

⑦ 0.025mol/L 硫代硫酸钠溶液：称取 6.2g 硫代硫酸钠($Na_2S_2O_3 \cdot 5H_2O$) 溶于煮沸放冷的水中，加入 0.2g 碳酸钠，用水稀释至 1000mL。贮于棕色瓶中，使用前用 0.02500mol/L 重铬酸钾标准溶液标定。

标定方法如下。

于 250mL 碘量瓶中，加入 100mL 水和 1g KI，加入 10.00mL 0.02500mol/L 重铬酸钾$\left(\frac{1}{6}K_2Cr_2O_7\right)$标准溶液、5mL(1+5) 硫酸溶液，密塞，摇匀。于暗处静置 5min 后，用待标定的硫代硫酸钠溶液滴定至溶液呈淡黄色，加入 1mL 淀粉溶液，继续滴定至蓝色刚好褪去为止，记录用量。

$$c=\frac{10.00\times0.02500}{V}$$

式中　c——硫代硫酸钠溶液的浓度，mol/L；

V——滴定时消耗硫代硫酸钠溶液的体积，mL。

四、测定步骤

1. 样品的采集

同本项目任务二。

2. DO 的固定

将移液管插入液面下，依次加入 1mL 硫酸锰溶液及 2mL 的碱性碘化钾溶液，盖好瓶塞，勿使瓶内有气泡，颠倒混合 15 次，静置。待棕色絮状沉淀降到一半时，再颠倒几次，待沉淀物下降到瓶底。一般在取样现场固定。

3. 析出碘

分析时轻轻打开瓶塞，立即将吸管插入液面下，加入 1.5～2.0mL 浓硫酸，小心盖好瓶塞，颠倒混合摇匀至沉淀物全部溶解为止。若溶解不完全，可继续加入少量浓硫酸，但此时不可溢流出溶液。然后放置暗处 5min。

4. 滴定

用吸管吸取 100mL 上述溶液，注入 250mL 锥形瓶中，用

0.025mol/L 硫代硫酸钠标准溶液滴定到溶液呈微黄色，加入 1mL 淀粉溶液，继续滴定至蓝色恰好褪去为止，记录用量。

5. 计算

$$溶解氧(mg/L)=\frac{c\times V\times 8\times 1000}{100}$$

式中 c——硫代硫酸钠标准溶液的浓度，mol/L；

V——滴定时消耗硫代硫酸钠标准溶液的体积，mL；

8——$\frac{1}{4}O_2$ 的摩尔质量，g/mol；

100——水样体积，mL。

考核要求

能力要求	范　围	内　容
理论知识	水体初级生产力的测定	1. 叶绿素 a 测定的意义和原理； 2. 湖泊富营养化叶绿素 a 的评价标准； 3. 黑白瓶测氧法的原理； 4. 环境标准
	计算方法	1. 各挂瓶水层日生产量(mgO_2/L)的计算方法，包括总生产量和净生产量的计算方法； 2. 一个水体总日生产量的计算方法
操作技能	溶液配制	1. 试剂用量的计算； 2. 台天平与分析天平的使用； 3. 移液管、容量瓶的使用； 4. 试剂的配制操作
	测定方法	1. 叶绿素 a 的测定方法； 2. 黑白瓶测氧法的方法； 3. 滴定管的使用； 4. 滴定终点的判断
	数据记录与处理	1. 记录内容的完整性； 2. 有效数字的位数； 3. 数据的正确处理； 4. 报告的格式与工整性

项目三　水体中细菌指标的检测

学习指南　水是微生物广泛分布的天然环境，当水体受到污染时，水中微生物的数量可大量增加。通过检查水中细菌总数，特别是检查作为粪便污染的指示菌，可间接判断水体污染状况和环境卫生质量。通过本项目的学习，要掌握水中细菌总数的检测、水中总大肠菌群的检测以及水中粪大肠菌群的检测。

水是微生物广泛分布的天然环境，不论是地表水或地下水，甚至雨水或雪水，都含有多种微生物。当水体受到人畜粪便、生活污水或某些工业废水污染时，水中微生物的数量可大量增加。因此，水的细菌学测定，特别是肠道细菌的检验，在环境质量评价、环境卫生监督等方面具有重要的意义。但是直接检查水中各种病原微生物，方法较复杂，有的难度大，而且检查结果为阴性也不能保证绝对安全。所以，在实际工作中经常检查水的细菌总数，特别是检查作为粪便污染的指示菌，来间接判断水体污染状况和环境卫生学质量。

水中含有的细菌总数与水污染状况有一定的关系，但是不能直接说明是否有病原微生物存在。粪便污染指示菌一般是指如有该指示细菌存在于水体中，即表示水体曾有过粪便污染，也就有可能存在肠道病原微生物。那么该水质在卫生学上是不安全的。

一、水样的采集

采集的样品应尽可能地代表所采的环境水体特征，应采取一切预防措施尽力保证从采样到实验室分析这段时间间隔里水样不受污染和水样成分不发生任何变化。

1. 采水容器

① 采样瓶。通常采用以耐用玻璃制成的，具磨口玻璃塞的

500mL 广口瓶，也可用适当大小、广口的带螺旋帽的聚乙烯塑料瓶或聚丙烯耐热塑料瓶。要求在灭菌和样品存放期间，该材料不产生和释放出抑制细菌生存能力或促进繁殖的化学物质。螺旋帽必须配以氯丁橡胶衬垫。

② 采样瓶的洗涤。一般可用加入洗涤剂的热水洗刷采样瓶，用清水冲洗干净，最后用蒸馏水冲洗 1～2 次。新的采样瓶必须彻底清洗，先用水和洗涤剂清洁尘埃和包装物质，再用铬酸和硫酸洗涤液洗涤，然后用稀硝酸溶液冲洗，以除去任何重金属或铬酸盐的残留物，最后用自来水冲洗干净，再用蒸馏水淋洗。对于聚乙烯容器，可先用约 1mol/L 盐酸溶液清洗，再依次用稀硝酸溶液浸泡，蒸馏水冲洗干净。

③ 采样瓶的灭菌。将洗涤干净的采样瓶盖好瓶塞（盖），用牛皮纸等防潮纸将瓶塞、瓶顶和瓶颈处包裹好，置干燥箱 160～170℃干热灭菌 2h，或用高压蒸汽灭菌器，121℃灭菌 15min。不能使用加热灭菌的塑料瓶则应浸泡在 0.5%的过氧乙酸溶液中 10min，或用环氧乙烷气体进行低温灭菌。聚丙烯耐热塑料瓶，可用 121℃高压蒸汽灭菌 15min。

灭菌后的采样瓶，两周内未使用，需重新灭菌。

2. 采样步骤及注意事项

① 去氯和高浓度重金属。采集加氯处理的水样时，余氯的存在会影响待测水样在采集时所指示的真正细菌含量，因此需经去氯处理。可在洗涤干净的样品瓶内，于灭菌前按 500mL 采样瓶加入 0.3mL 10% $Na_2S_2O_3$ 溶液，然后盖好瓶盖（塞），用如上所述的灭菌方法进行灭菌。

当被测水样含有高浓度重金属时，则需在采样瓶内，于灭菌前加入螯合剂以减少金属毒性，采样点位置较远、需长距离运输的水样如此处理更为重要。可按 500mL 采样瓶加入 1mL 15%的乙二胺四乙酸二钠盐（$EDTA\text{-}Na_2$）溶液。

② 已灭菌和封包好的采样瓶，无论在什么条件下采样时，均要小心开启包装纸和瓶盖，避免瓶盖及瓶子颈部受杂菌污染，并注

意在使用船只或附带的采样缆绳等附加设备采样时可能造成的污染。

③ 采集江、河、湖、库等地表水样时，可握住瓶子下部直接将已灭菌的带塞采样瓶插入水中，距水面10～15cm处，拔玻璃塞，瓶口朝水流方向，使水样灌入瓶内然后盖上瓶塞，将采样瓶从水中取出。如果没有水流，可握住瓶子水平前推，直到充满水样为止。采好水样后，迅速盖上瓶盖和包装纸。

④ 采集一定深度的水样时，可使用单层采水瓶（图3-1）或深层采水瓶（图3-2）。

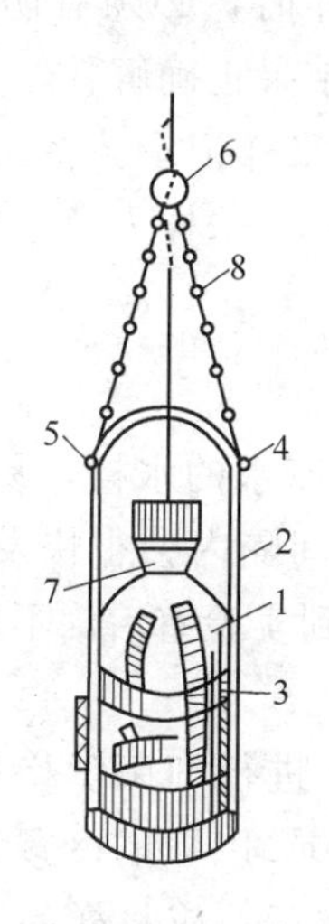

图3-1 单层采水瓶

1—水样瓶；2,3—采水瓶架；4,5—控制采水瓶平衡的挂钩；6—固定采水瓶绳的挂钩；7—瓶塞；8—采水瓶绳

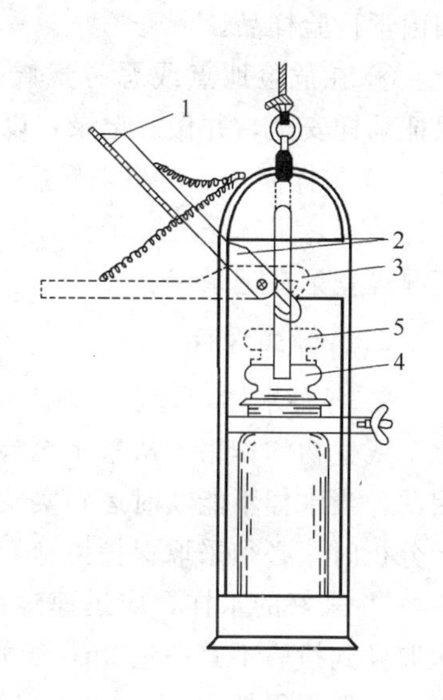

图3-2 深层采水瓶

1—叶片；2—杠杆(关闭位置)；3—杠杆(开口位置)；4—玻璃塞（关闭位置）；5—玻璃塞（开口位置）

采样时，将已灭菌的采样瓶放入采水瓶架内，当采水瓶下沉到预定深度时，扯动挂绳，打开瓶塞，待水灌满后，迅速提出水面，弃去上层水样，盖好瓶盖，并同步测定水深。

⑤ 从自来水龙头采集样品时，不要选用漏水的龙头，采水前

可先将水龙头打开至最大，放水3～5min，然后将水龙头关闭，用酒精灯火焰灼烧约3min灭菌，或用70%的酒精溶液消毒水龙头及采样瓶口，再打开龙头，开足，放水1min，以充分除去水管中的滞留杂质。采水时控制水流速度，将水小心接入瓶内。

⑥ 采样时不需用水样冲洗采样瓶。采样后在瓶内要留足够的空间，一般采样量为采样瓶容量的80%左右，以便在实验室检查时，能充分振摇混合样品，获得具有代表性的样品。

⑦ 在同一采样点进行分层采样时，应自上而下进行，以免不同层次的搅扰；同一采样点与理化监测项目同时采样时，应先采集细菌学检验样品。

⑧ 在危险地点或恶劣气候条件下采样时，必须有防护措施，保证采样安全，并做好记录，以便对检验结果正确解释。

⑨ 采样完毕，应将采样瓶编号，做好采样记录。将采样日期、采样地点、采水深度、采样方法、样品编号、采样人及水温、气温情况等登记在记录卡上。

二、样品保存

① 各种水体，特别是地表水、污水和废水的水样，易受物理、化学或生物的作用，从采水至检验的时间间隔内会很快发生变化。因此，当水样不能及时运到实验室，或运到实验室后，不能立即进行分析时，必须采取保护措施。

② 采好的水样，应迅速运往实验室，进行细菌学检验。一般从取样到检验不宜超过2h，否则应使用10℃以下的冷藏设备保存样品，但不得超过6h。实验室接到送检样后，应将样品立即放入冰箱，并在2h内着手检验。如果因路途遥远，送检时间超过6h者，则应考虑现场检验或采用延迟培养法。

任务一　细菌总数的检测

细菌总数测定是测定水中需氧菌、兼性厌氧菌和厌氧菌密度的方法。因为细菌能以单独个体、成对、链状、成簇等形式存在，而且没有任何单独一种培养基能满足一个水样中所有细菌的生理要求。所以，由此法所得的菌落可能要低于真正存在的活细菌的总数。

细菌总数测定实际上是指 1mL 水样在营养琼脂培养基中，于 37℃培养 48h 后，所生长细菌菌落的总数。

细菌总数可以反映水体被有机污染的程度。一般未被污染的水体细菌数量很少，如果细菌数增多，表示水体可能受到有机污染，细菌总数越多说明污染越重。因此，细菌总数是检验饮用水、水源水、地表水等污染程度的标志。例如，河流污染程度与细菌总数的关系见表 3-1。

表 3-1 河流污染程度与细菌总数的关系

污染程度	重污染河段	中污染河段	轻污染河段	未污染河段
细菌总数	10 万个/mL 以上	10 万个/mL 以下	1 万个/mL 以下	100 个/mL 以下

中国生活饮用水卫生标准（试行）中规定，生活饮用水的细菌总数 1mL 不得超过 100 个。

一、培养基的制作

细菌总数测定所用培养基为营养琼脂培养基，其配方如下。

蛋白胨	10g	琼脂	15～20g
牛肉浸膏	3g	蒸馏水	1000mL
氯化钠	5g		

将上述成分称好，放入量杯（或其他容器）中，加热溶解，然后调节 pH 为 7.4～7.6，过滤除去沉淀，分装于玻璃容器中，经高压蒸汽（103.42kPa、121℃）灭菌 20min。贮存于冷暗处备用。

二、测定方法及平皿计数法

1. 水样的稀释

(1) 选择稀释度　稀释度要选择适宜，以期在平皿上的菌落总数介于 30～300 之间。例如，如果认为直接水样的标准平皿计数可高达 3000，就应该将水样稀释到 1∶100 后，再进行平皿计数。

大多数饮用水水样，未经稀释直接接种 1mL，所得的菌落总数可适于计数。

(2) 水样的稀释方法

① 将水样用力振摇 20～25 次，使可能存在的细菌凝团分散开。

② 以无菌操作方法吸取 1mL 充分混匀的水样，注入盛有 9mL 灭菌水的三角烧瓶中（可放有适量的玻璃珠）混匀成 1∶10 稀释液。

③ 吸取 1∶10 的稀释液 1mL 注入盛 9mL 灭菌水的试管中，混匀成 1∶100 稀释液。按同法依次稀释成 1∶1000、1∶10000 稀释液（稀释倍数按水样污浊程度而定）（图 3-3）。注意：吸取不同浓度的稀释液时，必须更换吸管。

2. 操作方法

① 以无菌操作方法用 1mL 灭菌吸管吸取充分混匀的水样或 2～3 个适宜浓度的稀释水样 1mL，注入灭菌平皿中，倾注约 15mL 已融化并冷却到 45℃左右的营养琼脂培养基中，并立即旋摇平皿，使水样与培养基充分混匀。每个水样应倾注两个平皿，每次检验时，另用一个平皿只倾注营养琼脂培养基做空白对照（图 3-3）。

② 待琼脂冷却凝固后，翻转平皿，使底面向上，置于 36℃±1℃恒温箱内培养 48h，进行菌落计数。

三、菌落计数

培养之后，立即进行平皿菌落计数。如果计数必须暂缓进行，平皿需存放于 5～10℃冰箱内，且不得超过 24h。但是不可以使这种做法成为常规的操作方式。

做平皿菌落计数时，可用菌落计数器或放大镜检查，以防遗漏，在记下各平皿的菌落数后，应求出同稀释度的平均菌落数。在求同稀释度的平均数时，如果其中一个平皿有大片状菌落生长，则不宜采用，而应以无片状菌落生长的平皿的菌落数作为该稀释度的菌落数。若片状菌落不到平皿的一半，而其余一半中菌落分布又很均匀，则可将此半皿计数后乘以 2 代表全皿菌落数，然后再求该稀

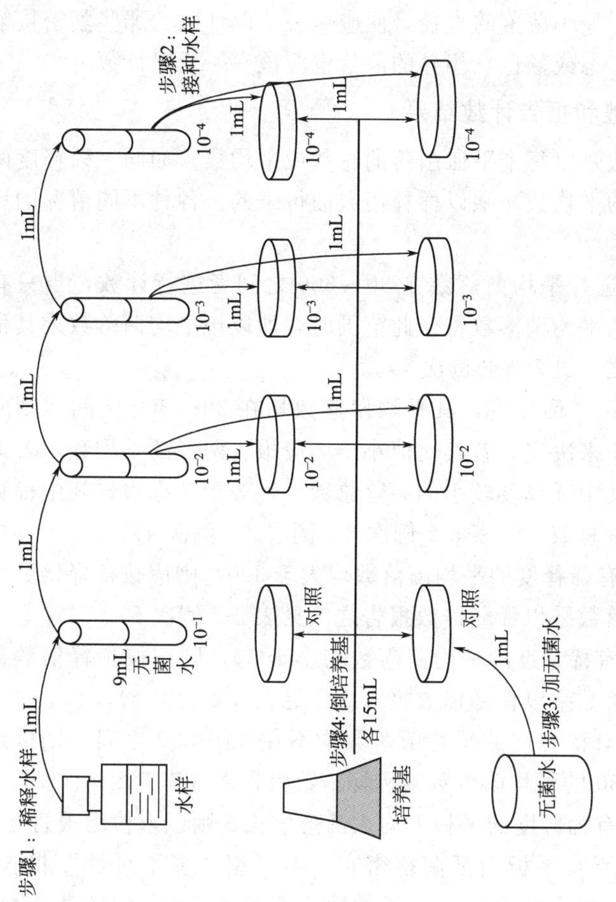

图 3-3 地表水中细菌总数测定示意图

释度的平均菌落数。如果由于稀释等过程中有杂菌污染，或者对照平皿显示出培养基或其他材料染有杂菌，以致平皿无法计数，则应报告“实验事故”。

对那些看来相似、距离相近但却不相触的菌落，只要它们之间的距离不小于最小菌落的直径，便应一一予以计数。那些紧密接触而外观（如形态或颜色）相异的菌落也应该一一予以计数。

四、计数和报告计数结果

细菌总数是以每个平皿菌落的总数或平均数（如同一稀释度两个重复平皿的平均数）乘以稀释倍数而得来的。各种不同情况的计数方法如下。

① 首先选择平均菌落数在 30～300 之间者进行计数，当只有一个稀释度的平均菌落数符合此范围时，即以该平均菌落数乘其稀释倍数报告之（见表 3-2 例次 1）。

② 若有两个稀释度，其平均菌落数均在 30～300 之间，则应按二者之比值来决定。若其比值小于 2 应报告两者的平均数，若大于 2 则报告其中稀释度较小的菌落总数，若等于 2 亦报告其中稀释度较小的菌落总数（见表 3-2 例次 2、例次 3、例次 4）。

③ 若所有稀释度的平均菌落数均大于 300，则应按稀释倍数最大的平均菌落数乘以稀释倍数报告之（见表 3-2 例次 5）。

④ 若所有稀释度的平均菌落数均小于 30，则应按稀释倍数最小的平均菌落数乘以稀释倍数报告之（见表 3-2 例次 6）。

⑤ 若所有稀释度的平均菌落数均不在 30～300 之间，则以最接近 300 或 30 的平均菌落数乘稀释倍数报告之（表 3-2 例次 7）。

⑥ 若所有稀释度的平板上均无菌落生长，则以未检出报告之。

⑦ 如果所有平板上都菌落密布，不要用“多不可计”报告，而应在稀释度最大的平板上，任意数 2 个平板 $1cm^2$ 中的菌落数，除 2 求出每平方厘米内平均菌落数，乘以皿底面积 $63.6cm^2$，再乘其稀释倍数报告之。

⑧ 菌落计数的报告：菌落数在 100 以内时按实有数报告；大于 100 时，采用两位有效数字，两位以后的数字采取四舍五入的方

法取舍，为了缩短数字后面的零数也可用10的指数来表示。

表3-2　稀释度选择及菌落总数报告方式

例次	不同稀释度的平均菌落数			两个稀释度菌落数之比	菌落总数/(CFU/mL)	报告方式/(CFU/mL)
	10^{-1}	10^{-2}	10^{-3}			
1	1365	164	20	—	16400	16000或1.6×10^4
2	2760	295	46	1.6	37750	38000或3.8×10^4
3	2890	271	60	2.2	27100	27000或2.7×10^4
4	150	30	8	2	1500	1500或1.5×10^3
5	多不可计	1650	513	—	513000	510000或5.1×10^5
6	27	11	5	—	270	270或2.7×10^2
7	多不可计	305	12	—	30500	31000或3.1×10^4

注：两位以后的数字采取四舍五入的原则取舍。

复习思考题

1. 什么叫细菌总数？测定水中细菌总数有何实际意义？什么情况下水样需要稀释？

2. 绘制细菌总数测定的流程图。

3. 根据下表报告细菌总数。

例次	10^{-1}	10^{-2}	10^{-3}	细菌总数/(个/mL)
1	1366	145	60	
2	2688	306	28	
3	25	16	8	
4	1620	197	29	
5	2516	219	40	
6	无法计数	1982	391	

任务二　水中总大肠菌群的检测

总大肠菌群是指一群在37℃培养24h能发酵乳糖产酸产气的、需氧及兼性厌氧的革兰阴性的无芽孢杆菌。主要包括有埃希菌属、柠檬酸杆菌属、肠杆菌属、克雷伯菌属等菌属的细菌。

总大肠菌群的检验方法中，多管发酵法可适用于各种水样（包括底泥），但操作较繁琐，需要时间较长；滤膜法主要适用于杂质较少的水样，操作简单快速。

如果是使用滤膜法，则总大肠菌群可重新定义为：所有能在含乳糖的远藤培养基上，于37℃ 24h之内生长出带有金属光泽暗色菌落的、需氧的和兼性厌氧的革兰阴性无芽孢杆菌。

粪便中存在有大量的大肠菌群（coliform group）细菌，在水体中存活的时间和对氯的抵抗力等与肠道致病菌，如沙门菌、志贺菌等相似，因此将总大肠菌群作为水体受粪便污染的指示菌是合适的。但在某些水质条件下，大肠菌群细菌在水中能自行繁殖，这是不利之处。

一、多管发酵法

多管发酵是根据大肠菌群细菌能发酵乳糖、产酸产气以及具备革兰染色阴性、无芽孢、呈杆状等有关特性，通过3个步骤进行检验，以求得水样中的总大肠菌群数。

多管发酵法是以最可能数（most probable number，MPN）来表示试验结果的。实际上它是根据统计学理论，估计水体中的大肠杆菌密度和卫生质量的一种方法。如果从理论上考虑，并且进行大量的重复检定，可以发现这种估计有大于实际数字的倾向。不过只要每一稀释度试管重复数目增加，这种差异便会减少，对于细菌含量的估计值，大部分取决于那些既显示阳性又显示阴性的稀释度。因此在实验设计上，水样检验所要求重复的数目，要根据所要求数据的准确度而定。

1. 培养基

（1）乳糖蛋白胨培养液

蛋白胨	10g	氯化钠	5g
牛肉浸膏	3g	1.6%溴甲酚紫乙醇溶液	1mL
乳糖	5g	蒸馏水	1000mL

将蛋白胨、牛肉浸膏、乳糖、氯化钠加热溶解于1000mL蒸馏水中，调节pH为7.2～7.4，再加入1.6%溴甲酚紫乙醇溶液1mL，充分混匀，分装于含有倒置的小玻璃管的试管中，于高压蒸

汽灭菌器中，在68.95kPa(115℃，10lbf/in^2) 灭菌20min。贮存于冷暗处备用。

(2) 二倍乳糖蛋白胨培养液

根据实际需要，也可按上述配方比例（除蒸馏水外）配成二倍浓缩的乳糖蛋白胨培养液，制法同上。

(3) 品红亚硫酸钠培养基（多管发酵法用）

蛋白胨	10g	蒸馏水	补足至1000mL
乳糖	10g	无水亚硫酸钠	5g左右
磷酸氢二钾	3.5g	5%碱性品红乙醇溶液	20mL
琼脂	20～30g		

① 贮备培养基。先将琼脂加至900mL蒸馏水中，加热溶解，然后加入磷酸氢二钾及蛋白胨，混匀使其溶解，再以蒸馏水补足至1000mL，调整pH为7.2～7.4。趁热用脱脂棉或多层纱布过滤，再加入乳糖，混匀后定量分装于烧瓶内，置高压蒸汽灭菌器中，在115℃灭菌20min。贮存于冷暗处备用。

② 平板培养基。将上述贮备培养基加热融化。以无菌操作，根据瓶内培养基的容量，用灭菌吸管按1∶50的比例吸取一定量的5%碱性品红乙醇溶液置于灭菌空试管中，再按1∶200的比例称取所需的无水亚硫酸钠置于另一灭菌空试管内，加灭菌水少许使其溶解，再置于沸水浴中煮沸10min灭菌。用灭菌吸管吸取已灭菌的亚硫酸钠溶液，滴加于碱性品红乙醇溶液内至深红色褪成淡红色为止（不宜多加）。将此混合液全部加入已融化的贮备培养基内，并充分混匀（防止产生气泡）。立即将此种培养基适量（约15mL）倾入已灭菌的空平皿内，待其冷却凝固后，倒置冰箱内备用。此种已制成的培养基于冰箱内保存不宜超过两周，如培养基已由淡红色变成深红色，则不能再用。

(4) 伊红美蓝培养基（EMB培养基）

蛋白胨	10g	蒸馏水	补足至1000mL
乳糖	10g	2%伊红(曙红 eosin)水溶液	20mL
磷酸氢二钾	2.0g	0.5%美蓝(亚甲蓝 methylene bluem)水溶液	13mL
琼脂	20g		

① 贮备培养基。先将琼脂加至900mL蒸馏水中，加热溶化，然后加入磷酸氢二钾及蛋白胨，混匀使之溶解，再以蒸馏水补足至1000mL，调整pH为7.2～7.4。趁热用脱脂棉或多层纱布过滤，再加入乳糖，混匀后定量分装于烧瓶内，置高压蒸汽灭菌器中，在68.95kPa(115℃，10lbf/in^2) 灭菌20min。贮存于冷暗处备用。

② 平板培养基的配制。将贮备培养基加热融化，以无菌操作，根据瓶内培养基的容量，用灭菌吸管按比例吸取一定量已灭菌的2%伊红水溶液及0.5%美蓝水溶液，加入已融化的贮备培养基内，并充分混匀（防止产生气泡）。当混合好的培养基冷至45℃，便立即适量倾入已灭菌的空平皿内，待其冷却凝固后，倒置于冰箱备用。

2. 革兰染色液

(1) 结晶紫染色液

① 成分

a. 结晶紫　　1g

b. 乙醇（95%，体积分数）　　20mL

c. 草酸铵水溶液（10g/L）　　80mL

② 制法　将结晶紫溶于乙醇中，然后与草酸铵溶液混合。

(2) 革兰碘液

① 成分

a. 碘　　1g

b. 碘化钾　　2g

c. 蒸馏水　　300mL

② 制法　先将碘化钾溶于少许蒸馏水中，加入碘，溶解后，加蒸馏水至300mL。

(3) 沙黄（番红）复染液

① 成分

a. 沙黄　　0.25g

b. 乙醇（95%，体积分数）10mL

c. 蒸馏水　　90mL

② 制法　将沙黄溶于乙醇中，待完全溶解后加入蒸馏水。

(4) 染色法

① 将培养 18～24h 的培养物涂片。

② 将已干燥的涂片在火焰上固定，滴加结晶紫染色液，染 1min，水洗。

③ 滴加革兰碘液，作用 1min，水洗。

④ 滴加 95%的乙醇脱色，摇动玻片，直至无紫色脱落为止，约 30s，水洗。

⑤ 滴加沙黄复染液，复染 1min，水洗，待干，镜检。

3. 试验步骤

(1) 生活饮用水

① 初发酵试验：取 5 份 10mL 水样分别接种到 5 支装有 10mL 双料乳糖蛋白胨培养液的发酵管中（内有倒管），置于 36℃±1℃ 恒温箱培养 24h±2h。

② 平板分离：经初发酵试验培养 24h 后，发酵试管颜色变黄为产酸，小玻璃倒管有气泡为产气。将产酸产气及只产酸发酵管，分别用接种环划线接种于品红亚硫酸钠培养基或伊红美蓝培养基上，置 36℃±1℃恒温箱内培养 18～24h，挑选符合下列特征的菌落，取菌落的一小部分进行涂片、革兰染色、镜检。

品红亚硫酸钠培养基上的菌落：紫红色，具有金属光泽的菌落；深红色，不带或略带金属光泽的菌落；淡红色，中心色较深的菌落。

伊红美蓝培养基上的菌落：深紫黑色，具有金属光泽的菌落；紫黑色，不带或略带金属光泽的菌落；淡紫红色，中心色较深的菌落。

③ 复发酵试验：上述涂片镜检的菌落如为革兰阴性无芽孢杆菌，则挑选该菌落的另一部分接种于普通浓度乳糖蛋白胨培养液中（内有倒管），每管可接种分离自同一初发酵管（瓶）的最典型菌落 1～3 个，然后置于 36℃±1℃恒温箱中培养 24h±2h，有产酸产气

者，即证实有大肠菌群存在。根据证实有大肠菌群存在的阳性管（瓶）数查表 3-3，报告每 100mL 水样中的大肠菌群数。

表 3-3 用 5 份 10mL 水样时各种阳性和阴性结果组合时的最可能数（MPN）

5 个 10mL 管中阳性管数	最可能数(MPN)
0	<2.2
1	2.2
2	5.1
3	9.2
4	16.0
5	>16

（2）水源水

① 将水样作 1∶10 稀释。

② 初发酵试验：于各装有 10mL 双料乳糖蛋白胨培养液的 5 个试管中（内有倒管）各加 10mL 水样；于各装有 10mL 乳糖蛋白胨培养液的 5 个试管中（内有倒管）各加 1mL 水样；于各装有 10mL 乳糖蛋白胨培养液的 5 个试管中（内有倒管）各加 1mL 1∶10 稀释的水样。共计 15 管，3 个稀释度，将各管充分混匀，置于 36℃±1℃恒温箱培养 24h±2h。

③ 平板分离和复发酵试验的检验步骤同“（1）生活饮用水”检验方法。

④ 根据证实总大肠菌群存在的阳性管数查表 3-4，即求得每 100mL 水样中存在的总大肠菌群数。如所有乳糖发酵管均为阴性时，可报告总大肠菌群未检出。

（3）地表水和废水

① 地表水中较清洁水的初发酵试验步骤同“（2）水源水”检验方法。有严重污染的地表水和废水初发酵试验的接种水样应作 1∶10、1∶100、1∶1000 或更高的稀释，检验步骤同“（2）水源水”检验方法（图 3-4）。

表 3-4　最可能数（MPN）表

（总接种量 55.5mL，其中 5 份 10mL 水样，5 份 1mL 水样，5 份 0.1mL 水样）

接种量/mL			总大肠菌群/(MPN/100mL)	接种量/mL			总大肠菌群/(MPN/100mL)
10	1	0.1		10	1	0.1	
0	0	0	<2	1	0	0	2
0	0	1	2	1	0	1	4
0	0	2	4	1	0	2	6
0	0	3	5	1	0	3	8
0	0	4	7	1	0	4	10
0	0	5	9	1	0	5	12
0	1	0	2	1	1	0	4
0	1	1	4	1	1	1	6
0	1	2	6	1	1	2	8
0	1	3	7	1	1	3	10
0	1	4	9	1	1	4	12
0	1	5	11	1	1	5	14
0	2	0	4	1	2	0	6
0	2	1	6	1	2	1	8
0	2	2	7	1	2	2	10
0	2	3	9	1	2	3	12
0	2	4	11	1	2	4	15
0	2	5	13	1	2	5	17
0	3	0	6	1	3	0	8
0	3	1	7	1	3	1	10
0	3	2	9	1	3	2	12
0	3	3	11	1	3	3	15
0	3	4	13	1	3	4	17
0	3	5	15	1	3	5	19
0	4	0	8	1	4	0	11
0	4	1	9	1	4	1	13
0	4	2	11	1	4	2	15
0	4	3	13	1	4	3	17
0	4	4	15	1	4	4	19
0	4	5	17	1	4	5	22
0	5	0	9	1	5	0	13
0	5	1	11	1	5	1	15
0	5	2	13	1	5	2	17
0	5	3	15	1	5	3	19
0	5	4	17	1	5	4	22
0	5	5	19	1	5	5	24

续表

接种量/mL			总大肠菌群/(MPN/100mL)	接种量/mL			总大肠菌群/(MPN/100mL)
10	1	0.1		10	1	0.1	
2	0	0	5	3	0	0	8
2	0	1	7	3	0	1	11
2	0	2	9	3	0	2	13
2	0	3	12	3	0	3	16
2	0	4	14	3	0	4	20
2	0	5	16	3	0	5	23
2	1	0	7	3	1	0	11
2	1	1	9	3	1	1	14
2	1	2	12	3	1	2	17
2	1	3	14	3	1	3	20
2	1	4	17	3	1	4	23
2	1	5	19	3	1	5	27
2	2	0	9	3	2	0	14
2	2	1	12	3	2	1	17
2	2	2	14	3	2	2	20
2	2	3	17	3	2	3	24
2	2	4	19	3	2	4	27
2	2	5	22	3	2	5	31
2	3	0	12	3	3	0	17
2	3	1	14	3	3	1	21
2	3	2	17	3	3	2	24
2	3	3	20	3	3	3	28
2	3	4	22	3	3	4	32
2	3	5	25	3	3	5	36
2	4	0	15	3	4	0	21
2	4	1	17	3	4	1	24
2	4	2	20	3	4	2	28
2	4	3	23	3	4	3	32
2	4	4	25	3	4	4	36
2	4	5	28	3	4	5	40
2	5	0	17	3	5	0	25
2	5	1	20	3	5	1	29
2	5	2	23	3	5	2	32
2	5	3	26	3	5	3	37
2	5	4	29	3	5	4	41
2	5	5	32	3	5	5	45

续表

接种量/mL			总大肠菌群/(MPN/100mL)	接种量/mL			总大肠菌群/(MPN/100mL)
10	1	0.1		10	1	0.1	
4	0	0	13	5	0	0	23
4	0	1	17	5	0	1	31
4	0	2	21	5	0	2	43
4	0	3	25	5	0	3	58
4	0	4	30	5	0	4	76
4	0	5	36	5	0	5	95
4	1	0	17	5	1	0	33
4	1	1	21	5	1	1	46
4	1	2	26	5	1	2	63
4	1	3	31	5	1	3	84
4	1	4	36	5	1	4	110
4	1	5	42	5	1	5	130
4	2	0	22	5	2	0	49
4	2	1	26	5	2	1	70
4	2	2	32	5	2	2	94
4	2	3	38	5	2	3	120
4	2	4	44	5	2	4	150
4	2	5	50	5	2	5	180
4	3	0	27	5	3	0	79
4	3	1	33	5	3	1	110
4	3	2	39	5	3	2	140
4	3	3	45	5	3	3	180
4	3	4	52	5	3	4	210
4	3	5	59	5	3	5	250
4	4	0	34	5	4	0	130
4	4	1	40	5	4	1	170
4	4	2	47	5	4	2	220
4	4	3	54	5	4	3	280
4	4	4	62	5	4	4	350
4	4	5	69	5	4	5	430
4	5	0	41	5	5	0	240
4	5	1	48	5	5	1	350
4	5	2	56	5	5	2	540
4	5	3	64	5	5	3	920
4	5	4	72	5	5	4	1600
4	5	5	81	5	5	5	>1600

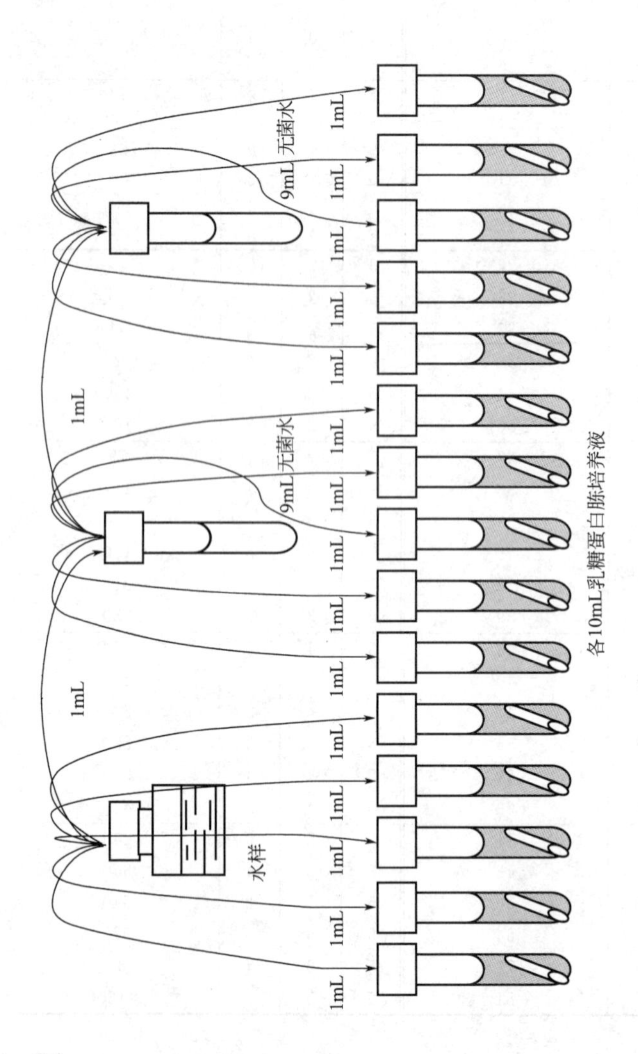

水样
1mL
1mL
9mL 无菌水
9mL 无菌水
1mL
1mL
1mL
1mL
1mL
1mL
1mL
1mL
1mL
1mL
1mL
1mL
1mL
1mL
1mL
各10mL乳糖蛋白胨培养液

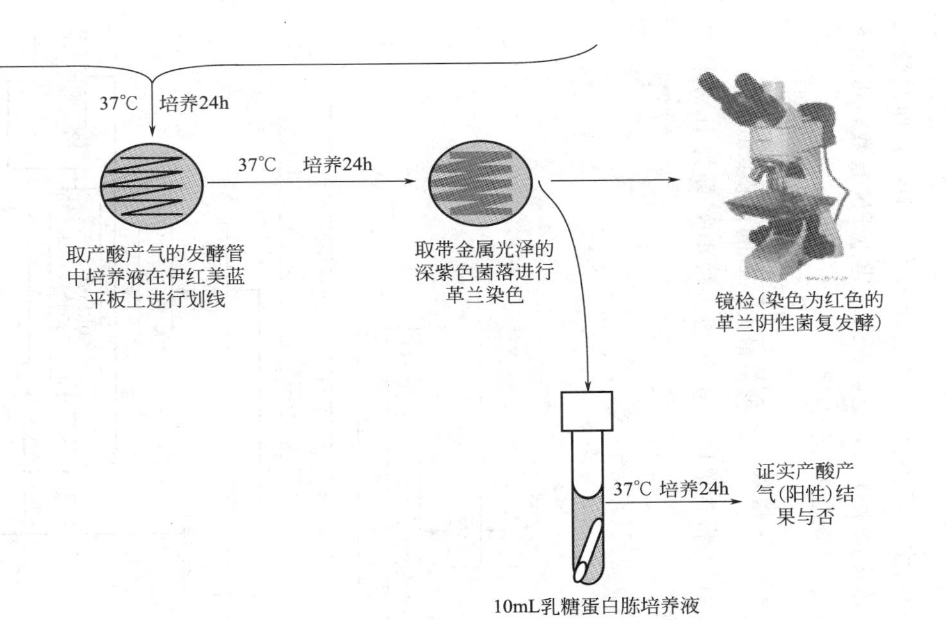

图 3-4 地表水中总大肠菌群测定示意图

② 如果接种的水样量不是 10mL、1mL 和 0.1mL，而是较低的或较高的 3 个浓度的水样量，也可查表求得 MPN 指数，再经下面的公式换算成每 100mL 的 MPN 值。

$$\text{MPN 值}=\text{MPN 指数}\times\frac{10(\text{mL})}{\text{接种量最大一管的体积(mL)}}$$

中国目前以 lL 为报告单位，MPN 值再乘 10，即为 lL 水样中的总大肠菌群数。

总大肠菌群检测流程见图 3-5。

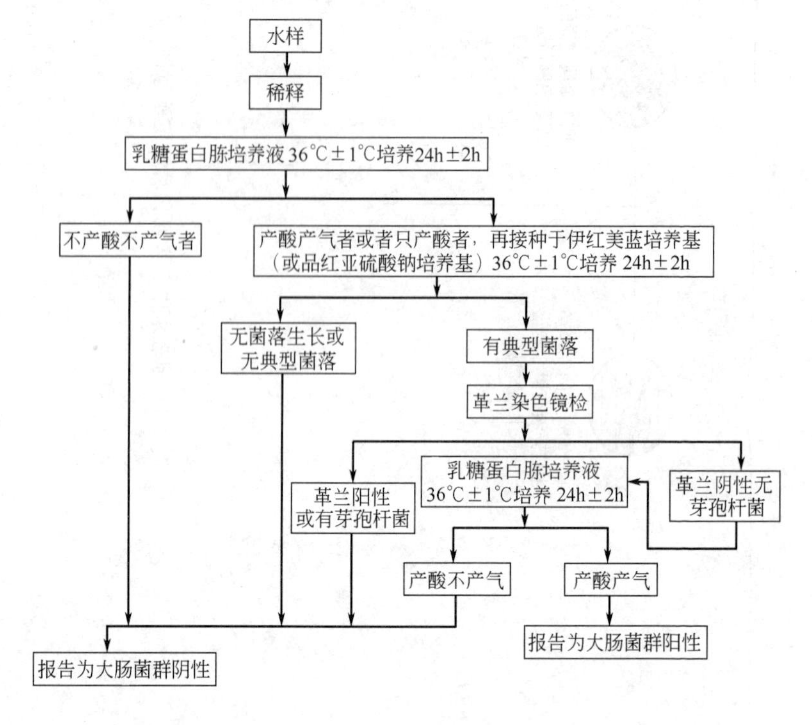

图 3-5 总大肠菌群检测流程

二、四管发酵法

此法在测定时只需 4 个发酵管，水样根据其污染程度进行稀释，每一水样在测定时都有4个接种水样量（表3-5），其他检验步骤同多管发酵法。

表3-5　污染程度与接种水样量对照表

污染程度	接种水样量
轻度污染	100mL、10mL、1mL、0.1mL各一份
中度污染	10mL、1mL、0.1mL、0.01mL各一份
严重污染	1mL、0.1mL、0.01mL、0.001mL各一份

操作步骤以轻度污染者为例叙述如下。

① 将水样作1∶10稀释。

② 分别取1mL 1∶10稀释水样及1mL原水样，分别注入装有10mL乳糖蛋白胨培养液的试管中（内有倒管）；另取10mL原水样注入一支装有5mL三倍浓缩乳糖蛋白胨培养液的试管中（内有倒管）；再取100mL原水样注入一支装有50mL三倍浓缩乳糖蛋白胨培养液的大试管或锥形瓶中（内有倒管）。以下的检验步骤同多管发酵法。

③ 根据证实有总大肠菌群存在的阳性管数查表3-6～表3-8，报告每升水样中的总大肠菌群数。

表3-6　总大肠菌群检数表（轻度污染）

接种水样量/mL				每升水样中大肠菌群数
100	10	1	0.1	
－	－	－	－	＜9
－	－	－	＋	9
－	－	＋	－	9
－	＋	－	－	9.5
－	－	＋	＋	18
－	＋	－	＋	19
－	＋	＋	－	22
＋	－	－	－	23
－	＋	＋	＋	28
＋	－	－	＋	92
＋	－	＋	－	94
＋	－	＋	＋	180
＋	＋	－	－	230
＋	＋	－	＋	960
＋	＋	＋	－	2380
＋	＋	＋	＋	＞2380

注：1. 接种水样总量111.1mL(100mL、10mL、1mL、0.1mL各一份)。

2. “＋”大肠菌群发酵阳性；“－”大肠菌群发酵阴性。

表 3-7　总大肠菌群检数表（中度污染）

接种水样量/mL				每升水样中大肠菌群数
10	1	0.1	0.01	
—	—	—	—	<90
—	—	—	+	90
—	—	+	—	90
—	+	—	—	95
—	—	+	+	180
—	+	—	+	190
—	+	+	—	220
+	—	—	—	230
—	+	+	+	280
+	—	—	+	920
+	—	+	—	940
+	—	+	+	1800
+	+	—	—	2300
+	+	—	+	9600
+	+	+	—	23800
+	+	+	+	>23800

注：1. 接种水样总量 11.11mL(10mL、1mL、0.1mL、0.01mL 各 1 份)。

2. “+”大肠菌群发酵阳性；“—”大肠菌群发酵阴性。

表 3-8　总大肠菌群检数表（严重污染）

接种水样量/mL				每升水样中大肠菌群数
1	0.1	0.01	0.001	
—	—	—	—	<900
—	—	—	+	900
—	—	+	—	900
—	+	—	—	950
—	—	+	+	1800
—	+	—	+	1900
—	+	+	—	2200
+	—	—	—	2300
—	+	+	+	2800
+	—	—	+	9200
+	—	+	—	9400
+	—	+	+	18000
+	+	—	—	23000
+	+	—	+	96000
+	+	+	—	238000
+	+	+	+	>238000

注：1. 接种水样总量 1.111mL(1mL、0.1mL、0.01mL、0.001mL 各 1 份)。

2. “+”大肠菌群发酵阳性；“—”大肠菌群发酵阴性。

三、滤膜法

滤膜是一种微孔性薄膜。将水样注入已灭菌的放有滤膜（孔径0.45μm）的滤器中，经过抽滤，细菌即被截留在膜上，然后将滤膜贴于品红亚硫酸钠培养基上，进行培养。因大肠菌群细菌可发酵乳糖，在滤膜上出现紫红色具有金属光泽的菌落，计数滤膜上生长的此特性的菌落数，计算出每1L水样中含有总大肠菌群数。如有必要，对可疑菌落应进行涂片染色镜检，并再接种乳糖发酵管做进一步鉴定。

滤膜法具有高度的再现性，可用于检验体积较大的水样，能比多管发酵技术更快地获得肯定的结果。不过在检验浑浊度高、非大肠杆菌类细菌密度大的水样时，有其局限性。

多管发酵法和滤膜法的结果做统计学比较，可显示出后者较为精密。虽然从这两种技术所得到的数据都提供了基本相同的水质情报，但检验结果的数值不同。在做水源水的检验时，可以预期约有80%的滤膜试验的数据落在多管发酵试验数据95%的置信界限内。

1. 培养基

(1) 品红亚硫酸钠培养基（滤膜法用）

蛋白胨	10g	磷酸氢二钾	3.5g
牛肉浸膏	5g	蒸馏水	1000mL
酵母浸膏	5g	无水亚硫酸钠	约5g
乳糖	10g	5%碱性品红乙醇溶液	20mL
琼脂	20g		

制作方法同多管发酵法用品红亚硫酸钠培养基。

(2) 乳糖蛋白胨培养液见本任务“一、多管发酵法”。

(3) 乳糖蛋白胨半固体培养基

蛋白胨	10g	乳糖	10g
牛肉浸膏	5g	琼脂	5g左右
酵母浸膏	5g	蒸馏水	1000mL

将上述成分加热溶解于1000mL蒸馏水中，调整pH为7.2～7.4，过滤后分装于小试管内，置高压蒸汽灭菌器，在115℃灭菌20min。冷却置于冰箱内保存。此培养基存放以不超过两周为宜。

2. 试验步骤

(1) 过滤水样

① 滤膜及滤器的灭菌。将滤膜放入烧杯中，加入蒸馏水，置于沸水浴中煮沸灭菌3次，每次15min。前两次煮沸后需更换水洗涤2～3次，以除去残留溶剂。也可用121℃灭菌10min，10min一到，迅速将蒸汽放出，这样可以尽量减少滤膜上凝集的水分。

滤器、接液瓶和垫圈分别用纸包好，在使用前先经121℃高压蒸汽灭菌30min。滤器灭菌也可用点燃的酒精棉球火焰灭菌。

② 过滤装置安装。以无菌操作把滤器装置依照图3-6装好。

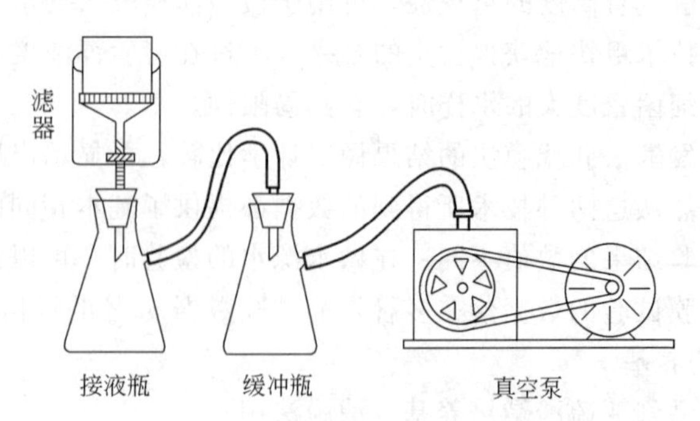

图3-6 过滤装置安装示意

③ 水样量的选择。待过滤水样量是根据所预测的细菌密度而定的，见表3-9对总大肠菌群做滤膜试验应过滤水样的参考体积。

表3-9 对总大肠菌群做滤膜试验时应过滤水样的参考体积

水样种类	过滤的体积/mL							
	100	50	10	1	0.1	0.01	0.001	0.0001
饮用水	√							
游泳池	√							
井水、泉水	√	√	√					
湖泊、水库	√	√	√					
供水的进水			√	√	√			
沙滩浴场			√	√	√			
河水				√	√	√	√	
加氯的污水				√	√	√		
原污水					√	√	√	√

注："√"表示选择。

一个理想的水样体积，可以产生大约50个大肠菌群细菌菌落，而全部类别的菌落数则不超过200个。当过滤水样（稀释的或未稀释的）体积少于20mL时，应在过滤之前加少量的无菌稀释水到过滤漏斗中，以便水量的增加有助于悬浮的细菌均匀分布在整个过滤表面。

④ 过滤。用无菌镊子夹取灭菌滤膜边缘，将粗糙面向上，贴放在已灭菌的滤床上，稳妥地固定好滤器。将适量的水样注入滤器中，加盖，开动真空泵在-5.07×10^{4}Pa(-0.5atm）下抽滤。

(2) 培养　水样抽滤完后，再抽约5s，关上滤器阀门取下滤器，用灭菌镊子夹取滤膜边缘部分，移放在品红亚硫酸钠培养基上，滤膜截留细菌面朝上，滤膜应与培养基完全贴紧，两者间不得留有气泡。然后将平皿倒置，放入37℃恒温箱内培养24h±2h。培养期间，保持充足的湿度（大约90%相对湿度）。

3. 结果观察和报告

挑选符合下列特征的菌落进行革兰染色、镜检。

紫红色，具有金属光泽的菌落；深红色，不带或略带金属光泽的菌落；淡红色，中心色较深的菌落。

凡系革兰阴性无芽孢杆菌，需再接种于乳糖蛋白胨培养液中，于37℃培养24h，有产酸产气者，则判为总大肠菌群阳性。

记数滤膜上生长的大肠菌群菌落总数，根据过滤的水样量计算1L水样中总大肠菌群数。

$$总大肠菌群数(CFU/L)=\frac{滤膜上生长的大肠杆菌菌落数\times1000}{过滤水样体积(mL)}$$

滤膜上菌落数以20～60个/片较为适宜。

四、延迟培养法

延迟培养法可以允许水样经滤膜过滤后，将滤膜装运、输送到实验室，进行培养并完成检验。在常规的检验步骤不能实现时，例如，在水样运输的途中不能保证所要求的温度，或者在采样后不能在允许的时间内进行检验等都可应用延迟培养。

延迟培养法和标准的滤膜法比较表明两者的数据可以相符。延迟培养试验基本上是依照检验总大肠菌群的滤膜法进行修正而来的。此法是将水样在现场过滤后，将滤膜置于培养基上，然后运到实验室。这种运送滤膜的培养基能在运输过程中保持大肠菌群的活性，但又不允许它们在运输到实验室的途中长成可见的菌落。

延迟培养试验两种可选择的方法是M-远藤法和LES法。

1. 培养基

(1) M-远藤法

① M-远藤培养基（M-Endo）

胰胨或多胨	10g	磷酸二氢钾(KH_2PO_4)	1.375g
蛋白胨	10g	十二烷基硫酸钠	0.050g
酵母浸膏	1.5g	去氧胆酸钠	0.10g
乳糖	12.5g	亚硫酸钠	2.10g
氯化钠	5.0g	碱性品红	1.05g
磷酸氢二钾(K_2HPO_4)	4.375g		

将上述成分置于含有20mL 95%乙醇的1000mL蒸馏水中。将培养基加热煮沸后，立即从热源移开，并冷却到45℃以下。不可用高压蒸汽灭菌。最后pH应在7.1～7.3。

配好的培养基贮存于2～10℃的暗处，如存放超过96h应弃去。

② M-远藤防腐培养基。按M-远藤培养基配制，每升再加3.84g苯甲酸钠。另外，要根据水样情况来决定是否把环己亚胺加到M-远藤防腐培养基中。如已发现有蔓生霉菌或真菌的水样，按每100mL M-远藤防腐培养基加入50mg环己亚胺。

(2) LES法

① LES-MF保存性培养基

胰胨	3.0g	磺酰胺	1.0g
M-远藤肉汤MF	3.0g	对氨基苯甲酸	12g
磷酸氢二钾(K_2HPO_4)	3.0g	环己亚胺	0.5g
苯甲酸钠	1.0g	蒸馏水	1000mL

将上述成分溶于蒸馏水中，不可加热，最后pH应为7.1±0.1。

② LES-远藤琼脂培养基

酵母浸膏	1.2g	氯化钠	3.7g
酪胨或胰酪胨	3.7g	去氧胆酸钠	0.1g
硫胨	3.7g	十二烷基硫酸钠	0.05g
胰胨	7.5g	亚硫酸钠	1.6g
乳糖	9.4g	碱性品红	0.8g
磷酸氢二钾(K_2HPO_4)	3.3g	琼脂	15.0g
磷酸二氢钾(KH_2PO_4)	1.0g	蒸馏水	1000mL

将上述成分置于含有20mL 95%乙醇的1000mL蒸馏水中，加热沸腾后冷却到45～50℃，以4mL的量分装到直径为60mm的培养皿底部。如果使用其他大小的培养皿，则应调节分装的量，使其在皿底所占的厚度不变。平皿应放在2～10℃的暗处，两周后尚未使用应弃去。

2. 试验步骤

(1) 采样前的准备

① 过滤装置。滤膜和滤器的灭菌见滤膜法。

② 培养皿。无菌的、密封保湿的塑料培养皿，50mm×12mm。这种培养皿质量轻，不易破碎。紧急情况下，也可使用无菌的玻璃培养皿，但要用塑料薄膜或类似的材料包装起来。

(2) 水样的保存和运输

① 用灭菌镊子把一片灭菌吸收垫放在一个灭菌的培养皿底部，并吸收足够的、已选择好的、在运输过程中可抑制大肠杆菌生长的运输培养基（如M-远藤防腐培养基或LES-MF保存性培养基），使垫片浸湿饱和（小心地吸去剩余培养基）。

② 用灭菌镊子从过滤设备上取下滤膜（要求同滤膜法），放在已用运输培养基饱和过的吸收垫上。紧闭塑料培养皿就能保持其湿度，防止滤膜损失水分。注意运输途中不使滤膜脱水，但也不要使皿中有过多的液体。把放置有滤膜的培养皿放在适当的容器里送到实验室去做试验。运输时，样品可在此种培养基上保持72h而无明显生长。这种运输培养基可邮递或以普通方法运送。当遇到高温时，偶然能在运输培养基上发现有菌落生长。

(3) 转移和培养　在实验室里，以无菌操作把滤膜从运输用的塑料培养基皿上移到含有M-远藤培养基或LES-远藤琼脂培养基的第二个无菌的平皿中。

① M-远藤方法。从M-远藤防腐培养基上把滤膜转移到无抑菌剂的M-远藤培养基的吸收垫平皿中，在37℃±1℃培养20～22h。

② LES法。把滤膜从LES-MF保存性培养基转移到LES-远藤琼脂培养基里，在37℃±1℃培养20～22h。在转移时，如果不用放大镜即可观察到清晰的菌落，则在放进37℃±1℃的培养箱中培养16～18h之前，将含有转移滤膜的培养皿先存放在5～10℃处。缩短培养时间是为检验员提供一种控制细菌生长过度或菌落光泽消散的办法，以免影响对大肠菌群的菌落计数。

3．总大肠菌群数的估算

见滤膜法。同时要记录采样、过滤和实验室检验的时间，并计算所延迟的时间。

复习思考题

1．为什么可将总大肠菌群作为水体受粪便污染的指示菌？

2．什么叫总大肠菌群？总大肠菌群有哪些特征？

3．绘制总大肠菌群测定流程图。

4．如果把水样稀释10000倍，请绘制多管发酵法测定总大肠菌群的操作示意图。

任务三　水中耐热大肠菌群的检测

耐热大肠菌群是总大肠菌群中的一部分，主要来自粪便。在44.5℃温度下能生长并发酵乳糖产酸产气的大肠菌群称为耐热大肠菌群。用提高培养温度的方法，造成不利于来自自然环境的大肠菌群生长的条件，使培养出来的菌主要为来自粪便中的大肠菌群，从而更准确地反映出水质受粪便污染的情况。耐热大肠菌群的测定可以用多管发酵法、滤膜法和延迟培养法。

一、多管发酵法

1．培养基

① 单倍和双料乳糖蛋白胨培养液：见本项目任务二。

② EC 培养液

胰胨	20g	磷酸二氢钾	1.5g
乳糖	5g	氯化钠	5g
胆盐三号	1.5g	蒸馏水	1000mL
磷酸氢二钾	4g		

将上述成分加热溶解，然后分装于含有玻璃倒管的试管中。置于高压蒸汽灭菌器中，115℃灭菌 20min，灭菌后 pH 应为 6.9。

2. 试验步骤

(1) 水样接种量　将水样充分混匀后，根据水样污染的程度确定水样接种量。每个样品至少用 3 个不同的水样量接种，同一接种水样量要有 5 管。

相对未受污染的水样接种量为 10mL、1mL、0.1mL。受污染水样接种量根据污染程度接种 1mL、0.1mL、0.01mL 或 0.1mL、0.01mL、0.001mL 等（见表 3-10）。

表 3-10　接种用水量参考表

水样种类	检测方法	接种量/mL								
		100	50	10	1	0.1	10^{-2}	10^{-3}	10^{-4}	10^{-5}
较清洁的湖水	滤膜法	√	√	√						
井水	多管发酵法			√	√	√				
一般的江水	滤膜法		√	√	√					
河水、塘水	多管发酵法				√	√	√			
城市内的河水	滤膜法				√	√	√			
湖水、塘水	多管发酵法						√	√	√	
城市原污水	滤膜法					√	√	√		
	多管发酵法							√	√	√

注："√"表示选择。

如接种体积为 10mL，则试管内应装有双料乳糖蛋白胨培养液 10mL；如接种量为 1mL 或少于 1mL，则可接种于普通浓度的乳糖蛋白胨培养液 10mL 中。

(2) 初发酵试验　将水样分别接种到盛有乳糖蛋白胨培养液的发酵管中。在 37℃±0.5℃下培养 24h±2h。产酸和产气的发酵管表明试验阳性。如在倒管内产气不明显，可轻拍试管，有小气泡升起的为阳性。

（3）复发酵试验　轻微振荡初发酵试验阳性结果的发酵管，用3mm接种环或灭菌棒将培养物转接到EC培养液中。置44.5℃水浴箱或隔水式恒温培养箱内培养24h±2h（水浴箱的水面应高于试管中培养基液面）。接种后所有发酵管必须在30min内放进水浴中。培养后立即观察，若所有发酵管均不产气，则可报告为阴性；如有产气者，则要进行平板分离。

（4）平板分离　将产气管用接种环采用划线的方法接种在伊红美蓝培养基上，置44.5℃培养18～24h，凡平板上有典型菌落者，证实为耐热大肠菌群阳性。

耐热大肠菌群检验流程见图3-7；如把水样稀释到100倍，耐热大肠菌群测定示意图见图3-8。

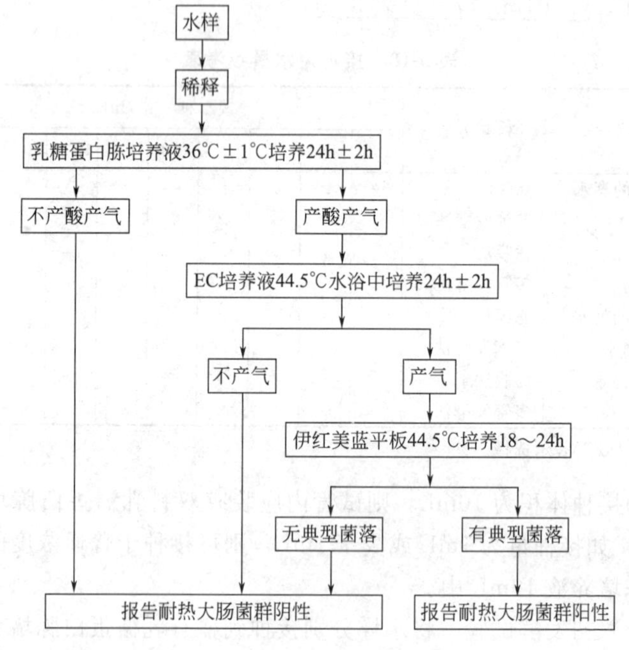

图3-7　耐热大肠菌群检验流程

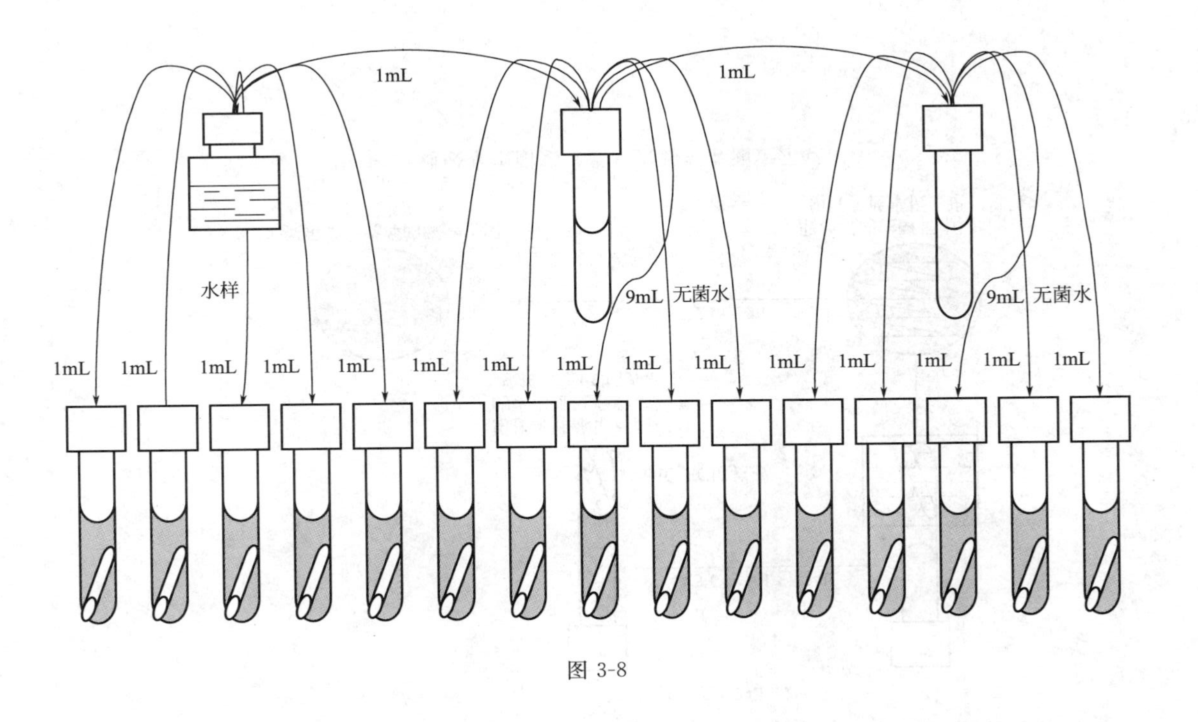
1mL
1mL
水样
9mL 无菌水
9mL 无菌水
1mL
1mL
1mL
1mL
1mL
1mL
1mL
1mL
1mL
1mL
1mL
1mL
1mL
1mL
1mL

图 3-8

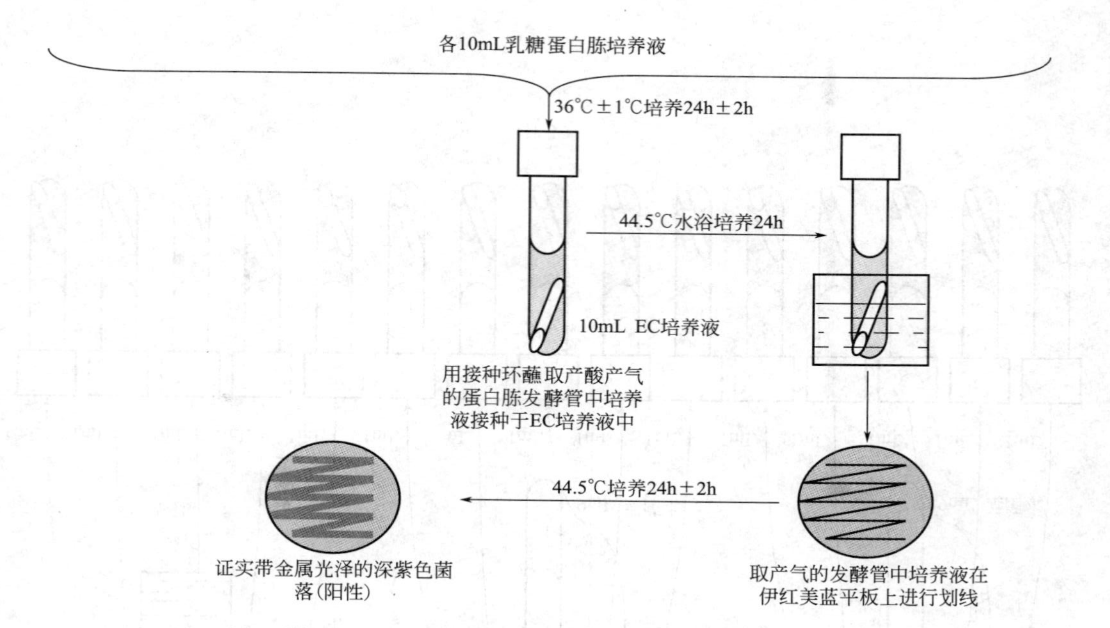

图 3-8 地表水中耐热（粪）大肠菌群测定示意图

3. 计算和报告结果

根据证实为耐热大肠菌群的阳性管数，从MPN检索表中查得相应的MPN指数，按总大肠菌群的计算方法计算每升水中耐热大肠菌群的最可能数（MPN）值。

二、滤膜法

同总大肠菌群一样，耐热大肠菌群的密度也可用滤膜技术来测定。如果这种滤膜技术是用于检验加氯消毒后的水样，在使用这个技术之前，应先做实验，证实它所得的数据资料与多管发酵试验所得的数据资料具有可比性。

1. 培养基

M-FC培养基配方及配制过程如下。

胰胨	10g	胆盐三号或混合胆盐	1.5g
多胨	5g	苯胺蓝	0.2g
酵母浸膏	3.0g	1%玫红酸溶液(溶于0.2mol/L 氢氧化钠液中)	10mL
氯化钠	5.0g		
乳糖	12.5g	蒸馏水	1000mL

在1000mL蒸馏水中先加入玫红酸10mL，混匀后，取500mL加入琼脂煮沸溶解，于另外500mL蒸馏水中加入苯胺蓝以外的其他试剂，加热溶解，倒入已溶解的琼脂，混匀调pH为7.4，加入苯胺蓝煮沸，迅速离开热源，待冷却到60℃左右，制成平板，不可高压灭菌。

制好的培养基应存放于2～10℃，不超过96h。

本培养基也可不加琼脂，制成液体培养基，使用时加2～3mL于灭菌吸收垫上，再将滤膜置于培养垫上培养。

2. 试验步骤

（1）水样过滤

① 水样量的选择。水样量的选择根据细菌受检验的特征和水样中预测的细菌密度而定。如不知水样中耐热大肠菌群的密度，就应按表3-10所列体积过滤水样，以得知水样的耐热大肠菌群密度。先估计出适合在滤膜上计数所应使用的体积，然后再取这个体积的1/10和10倍，分别过滤。理想的水样体积是一片滤膜上生长20～

60 个耐热大肠菌群菌落，总菌落数不得超过 200 个。使用的水样量可参考表 3-10。

② 水样的过滤。按总大肠菌群滤膜法水样过滤的步骤和注意事项进行过滤。

（2）培养　使用 M-FC 培养基，培养基含或不含琼脂，不含琼脂的培养基使用已用 M-FC 培养基饱和的无菌吸收垫。将滤过水样的滤膜置于琼脂或吸收垫表面。将培养皿紧密盖好后，置于能准确恒温于 44.5℃隔水式培养箱或恒温水浴中，经 24h±2h 培养。若用恒温水浴培养，则需用防水胶带贴封每个平皿，将培养皿成叠封入防水塑料袋或容器内，浸没在 44.5℃恒温水浴中。在培养时间内，装培养皿的塑料袋必须用重物坠于水面之下，以保持所需的严格温度。所有已制备的培养物都应在过滤后 30min 内浸入水浴内。

3. 计数及报告结果

耐热大肠菌群菌落在 M-FC 培养基上呈蓝色或蓝绿色，其他非耐热大肠菌群菌落呈灰色、淡黄色或无色。正常情况下，由于温度和玫红酸试剂的选择性作用，在 M-FC 培养基上很少见到非耐热大肠菌群菌落。必要时可将可疑菌落接种于 EC 培养液，44.5℃培养 24h±2h，如产气则证实为耐热大肠菌群。

计数呈蓝色或蓝绿色的菌落，计算出每升水样中的耐热大肠菌群数。

$$\text{耐热大肠菌群菌落数(CFU/L)} = \frac{\text{滤膜上生长的耐热大肠菌群菌落数} \times 1000}{\text{过滤水样量(mL)}}$$

三、延迟培养法

耐热大肠菌群的延迟培养步骤类似总大肠菌群的延迟培养。只有在不能对耐热大肠菌群进行滤膜试验时，才可使用延迟培养。其操作步骤为：在野外现场采集水样后，立即进行过滤，将滤膜安放在运输培养基上，再送到实验室，在实验室将滤膜转移到 M-FC 培养基上，于 44.5℃培养 24h±2h，对耐热大肠菌群菌落计数。

1. 培养基

① LES-MF 保存性培养基。见本项目任务二。

② M-FC 培养基。见本项目本任务“二、滤膜法”。

2. 试验步骤

① 采样前的准备。采样前的准备同本项目任务二“四、延迟培养法”。

② 样品的保存和运送。方法及注意事项见本项目任务二“四、延迟培养法”。

③ 转移。在实验室内，从保存培养基内取出滤膜，放置到另一个含有 M-FC 培养基（吸足液态培养基的吸收垫或琼脂培养基）的培养皿中。

④ 培养。将培养皿放置在防水的塑料袋或容器内，浸没在 44.5℃恒温水浴中，培养 24h。

3. 计数及报告方法

同本任务“二、滤膜法”。计数时，可以借助双筒解剖镜放大 10～15 倍或其他放大镜。记录采样、过滤和进入实验室检验的时间，并且计算所延迟的时间。

复习思考题

1. 什么是耐热大肠菌群？

2. 如果把水样稀释 1000 倍，请绘制多管发酵法测定耐热大肠菌群的操作示意图。

任务四　水中总大肠菌群、耐热大肠菌群的快速测定

本方法适用于医院污水、生活污水、垃圾渗滤液，以及其他行业（如餐饮业、食品加工等）排入地表水中的污水，快速测定总大肠菌群或耐热大肠菌群。

一、方法原理

应用灭菌的滤纸吸收选择性培养基，细菌通过滤纸纤维膨胀而被固定并生长繁殖，大肠菌群在发育时伴随产生琥珀酸脱氢酶将纸

片上的 2,3,5-氯化三苯基四氮唑（TTC）还原成不可逆的甲臜(formazane) 产生红色色素，即大肠菌在纸片培养基上呈红色菌落，而菌落周围产生的黄圈是大肠菌分解乳糖产酸使指示剂变色的结果。

二、水样采集

用采水器或其他灭菌器采集水样 500mL 放入灭菌瓶内，如果是经加氯处理的废水，需加 15%硫代硫酸钠 5mL 除去余氯。

三、方法和步骤

每份预监测水样，接种水样总量为 55.5mL，分别接种大纸片 5 张，小纸片 10 张。每张大纸片接种 10mL 水样，5 张小纸片每张接种 1mL，另 5 张小纸片接种 1∶10 稀释的水样 1mL。接种水样时要均匀涂布于纸片上，用手轻轻压平，做好标记于铺有湿纱布的搪瓷盘中。测总大肠菌群 37℃±1℃培养 18～24h，观察结果，测耐热大肠菌群 44.5℃±1℃培养 18～24h，观察结果。

四、判定标准

① 纸片上出现紫红色菌落，周围有黄圈者为阳性；或出现片状红晕，周围为黄地者亦为强阳性。

② 纸片为一种颜色而无菌落生长者为阴性。

③ 纸片呈紫红色或紫色，菌落周围无黄圈者为阴性。

④ 酸性水样接种后纸片变黄，经培养无紫红色菌落者为阴性。

⑤ 纸片变色并呈不典型菌落结果可疑者，应做复发酵进行验证。

五、报告结果

根据阳性纸片张数，查 MPN 值表，报出 1L 水中大肠菌群或耐热大肠菌群数（如水样污染较重可采取适当稀释后接种，查表 3-4 MPN 后乘以稀释倍数，报出结果）。

复习思考题

1. 水中总大肠菌群、耐热大肠菌群快速测定的原理是什么?

2. 水中总大肠菌群、耐热大肠菌群快速测定方法的判定标准是什么？

阅读一：玻璃器皿的洗涤和灭菌

1. 玻璃器皿的洗涤

① 新购置的玻璃器皿，因含游离碱，应先在2%盐酸中浸泡数小时，用自来水冲洗干净，再用蒸馏水冲洗1～2次并沥干。

② 培养细菌的玻璃器皿，应先经高压蒸汽灭菌，趁热倒出培养基，用热肥皂水或洗涤剂刷洗残渍，再用清水冲洗干净，最后用蒸馏水冲洗1～2次，沥干。

③ 洗涤吸管时，可先置3%来苏尔液内浸泡30min或高压蒸汽灭菌，再用洗涤剂洗涤，用清水及蒸馏水冲洗干净。

④ 洗涤染色瓶时，可在5%漂白粉液中浸泡24h后，再按常规方法洗涤干净。

⑤ 含油脂的玻璃器皿，应单独高压灭菌洗涤，趁热倒出污物，置100℃干燥箱烘烤0.5h，再放入5%碳酸氢钠水中煮沸，先去脂再行常规洗涤。

对新购置的洗涤液，可能因含有抑制或促进细菌生长的化学物质而影响洗涤质量，需进行洗涤效果的检查。

2. 玻璃器皿的灭菌

(1) 高压蒸汽灭菌　这是应用最广的灭菌方法，灭菌是用高压蒸汽灭菌锅进行。手提式高压蒸汽灭菌器，使用方便，适用于一般细菌监测实验室使用。其操作方法及注意事项如下。

① 打开锅盖或从加水口处向锅内加入适量的水。

② 加水后，将待灭菌器皿放入锅内，不要塞得过紧，以使锅内温度均匀，再将锅盖盖好，拧紧螺旋，使其密闭。

③ 打开放气阀，打开热源加热至水沸腾，让锅内冷空气充分逸出。否则，锅内温度达不到压力表所指示的对应温度，灭菌不彻底。当冷空气由排气孔排尽后，再关紧放气活塞。等锅内蒸汽压上升至所需压力时，控制热源，维持所需时间，一般为0.10343MPa (121℃) 表压，保持20min。

④ 灭菌完毕，关闭热源，必须待压力自然降至“0”时，方可

启盖取出灭菌物品，否则易发生危险。

(2) 干热灭菌　实验室中常用的还有热空气灭菌的方法，即将洗净干燥的待灭菌器皿均匀放入恒温干燥箱内，但不得与内层底板直接接触。关闭箱门，开启电源开关，用恒温调节器，使温度上升至160～170℃，维持2h，即可达到灭菌目的。灭菌完毕后，需关闭电源，待温度降至50℃以下时，方可开门取物，否则玻璃器皿可因骤冷而爆裂。

阅读二：培养基的制备

1. 配制培养基注意事项

为了分离和培养微生物，必须有适用于不同微生物的培养基。所有的培养基在配制时要注意以下几点。

① 含有可被迅速利用的碳源、氮源、无机盐类以及其他成分。

② 含有适量的水分。

③ 调至适合微生物生长的pH。

④ 具有合适的物理性能（透明度、固化性等）。

2. 配制方法

配制一般培养基的主要程序可分为：调配、溶化、调整pH、澄清过滤、分装、灭菌、检定等步骤。

① 调配。按培养基配方准确称取各种成分，用少量水溶解。对于肉膏之类黏胶状物，可盛在小烧杯或表面皿中称量，然后加水移入培养基中。此外，也可放在称量纸上称量后直接放入水中，这时如稍微加热，肉膏便会与称量纸分离，然后立即取出纸片。蛋白胨等极易吸潮物质，在称取时动作要迅速。维生素、氨基酸、无机盐等微量成分，可预先配成高浓度的贮备液，在配制培养基时再按配方比例取一定量加入培养液中即可。

② 溶化。将各成分混匀于水中，最好以流通蒸汽溶化0.5h，如在电炉上溶化应随时搅拌，如有琼脂成分时，应注意防止外溢。溶化后，应注意补充失去的水分，补足至原体积。

制备大量培养基时，除玻璃器皿外，还可用搪瓷桶、铝锅等容器加热溶化，但不可用铜锅或铁锅，以免金属离子进入培养基中影响细菌生长。

③ 调整pH。一般细菌用的培养基pH调整在6.8～7.2之间，但也有需要酸性或碱性的培养基。培养基在高压灭菌后，pH降低0.1～0.2，故pH调整时应比实际需要的高0.1～0.2。但有时也可降低0.1，因所使用的灭菌器不同而稍有不同。调整pH用盐酸和氢氧化钠，因为在相同pH下有机酸比无机酸更易抑制微生物生长，因此除非特殊情况，最好不用乙酸等有机酸来调节pH。一般用精密pH试纸（精确到0.1pH单位）调整，必要时也可用酸度计。调pH时需注意逐步滴加，勿使过酸或过碱而破坏培养基中某些组分。

④ 过滤澄清。培养基配成后，一般都有沉渣或混浊，需过滤，使其清晰透明方可使用。液态培养基常用滤纸过滤；固态培养基如琼脂培养基，加热后需趁热用脱脂棉或多层纱布过滤。

⑤ 分装。将调整pH后的培养基按需要趁热分装于三角瓶或试管内，以免琼脂冷凝。分装量不宜超过容器的2/3，以免灭菌时外溢。分装时应注意勿使培养基黏附于管口与瓶口部位，以免沾染棉塞而滋生杂菌。可以通过下边套有橡皮管及管夹的普通漏斗进行分装。

基础培养基一般常分装于三角瓶内，分装的量根据使用目的和要求决定，但必须定量分装，以便灭菌后使用。

琼脂斜面分装量为试管容量的1/5，灭菌后需趁热放置成斜面，斜面长度约为试管长度的2/3。

半固体培养基分装量约占试管长度的1/3，灭菌后趁热直立，待冷却凝固。

高层琼脂分装量约为试管长度的1/3，灭菌后直立凝固待用。

琼脂平板是将灭菌后的培养基，冷却至50℃左右，在无菌条件下倾入灭菌平皿内。内径9cm的平皿倾注培养基约15mL左右，轻摇平皿底，使培养基平铺于皿底部，凝固后即成。倾注培养基时，切勿将皿盖全部启开，以免空气中尘埃及细菌落入。

新制成的平板，表面水分较多，不利于细菌的分离，通常应将平皿倒扣置于37℃培养箱内约30min，待平板干燥后使用。

⑥ 灭菌。加热配制培养基后，在2h内进行灭菌处理。不要把未灭菌的培养基冷藏或存放。绝大多数培养基都应在高压灭菌器内于121℃灭菌，并应在达到这一温度后持续15min。糖类液态培养基或含有其他特殊成分的培养基，高压蒸汽灭菌会使其分解，要用滤膜过滤灭菌。或者将不耐热物质用其他方法灭菌（如流通蒸汽灭菌）后，再加入已灭菌的培养基中。

⑦ 检定。每批培养基制成后须经检定后方可使用。可将培养基置于37℃温箱内培养24h后，证明无菌。同时再用已知菌种检查在此培养基上的生长繁殖情况，符合要求方可使用。详细方法可查阅有关资料。

⑧ 保存。配制好的培养基，不宜保存过久，以少量勤配制为宜。每批应注明制作日期。已灭菌的培养基可在4～10℃存放1个月。存放时应避免阳光直射，并且要避免杂菌侵入和液体蒸发。

当发酵试管中的液体培养基存放在冰箱或者适中的低温下时，可能有空气溶解进去，以致在37℃培养时，会在管内形成空气泡。因此，凡存放在低温的发酵试管，使用前应予以培养过夜，弃去有气泡的管子。液态培养基在室温下存放如超过1周，可能有水分蒸发，如果管内液体损失10%，应弃去不用。

考核要求

能力要求	范　围	内　　容
理论知识	水中的细菌学测定	1. 细菌总数的概念； 2. 细菌总数的检测方法； 3. 总大肠菌群的概念； 4. 粪大肠菌群的概念； 5. 多管发酵法、滤膜法和延迟培养法的基本原理； 6. 总大肠菌群的检验流程
操作技能	培养基的配制	1. 试剂用量的计算； 2. 台式天平与分析天平的使用； 3. 培养基pH的调整； 4. 高压灭菌锅的使用

续表

能力要求	范　围	内　　容
操作技能	水样的分析测定	1. 水样的采集方法； 2. 水样的稀释； 3. 无菌操作； 4. 细菌滤器的使用
	数据记录与处理	1. 记录内容的完整性； 2. 有效数字的位数； 3. 菌落计数的基本原则和报告方式； 4. MPN 值的计算

项目四　水体污染的毒性试验

学习指南　生物暴露于不同剂量或浓度的受试物下将有不同的反应（效应），如抑制生长、活性下降，严重时导致死亡。因此，可建立起剂量（浓度）-效应曲线。LC_{50}（LD_{50}）是指使一群动物接触化学物质一定时间后，并在一定的观察期限内死亡50%个体所需浓度（剂量）。EC_{50}是指半数效应浓度，即外源化学物质引起机体某项生物效应发生50%改变所需的浓度。根据这些指标，可对受试物的毒性进行评估。通过本项目的学习，要求掌握鱼类急性毒性试验、溞类活动抑制试验、藻类生长抑制试验、种子发芽和根伸长的毒性试验的原理、方法。

由于一切污染物的毒性强弱必须通过生物监测才能获知，所以必须要做毒性试验，通过生物体对污染物的反应来确定毒性。因此，毒性试验是生物监测最常采用的一种生物测试（bioassay）方法。它是指某种污染物毒性的强弱将由活有机体对它的反应如何而决定的一种试验，即在适当控制的条件下，把受试生物放入不同浓度的已知或未知毒物内，观察记录生物的各种反应。它是生物监测的重要组成部分。毒性试验一般分为急性毒性试验和慢性毒性试验。

急性毒性试验（acute toxicity test）是一种使受试生物在短期内显示死亡或其他反应的毒性试验。指测定一种毒物在不同浓度时，在24h、48h、96h期间内的相对致死性。其特点是使用的毒物浓度高，持续时间短，一般是4天（96h）或7～10天。急性毒性试验的目的在于测试某种化学物质或废水对某些水生生物的致死浓度范围，预测和预防毒物对受纳水体中生物的急性伤害。其毒性的强弱用半数致死浓度（LC_{50}）表示，即该毒物在限定时间内使

50%的受试生物个体死亡的浓度。

有些毒物长期低浓度存在于环境中时能积累毒性，从而引起长期效应，它用急性毒性试验是无法测出的，这时必须采用慢性毒性试验（chronic toxicity test）的方法。慢性毒性试验指水生生物长时间暴露在低浓度毒物下所产生的可观察的生物效应。目的是观察毒物与生物反应之间的关系，从而估算安全浓度，或最大容许浓度(MATC)。

急性毒性试验求出的LC_{50}值，可以表示有毒物质的毒性高低。但水中的某些化合物或废水，即使在96h的试验中没有显示毒性，也不能得出无毒的结论。由于中毒的迟发性或累积性，生物在毒液中经受长时期持续的暴露后，仍然可能死亡或呈现组织与功能的损害。

在天然水体中，由于污染引起的急性中毒死鱼事件毕竟是少数，绝大部分水体有毒物质的浓度尚不足以引起急性中毒死亡的程度。为了使实验室的试验结果更接近于自然环境的真实情况，进行慢性试验是必要的。

除了上述两种试验以外，还有人提出了生物积累试验（bioccumulation test)。生物积累是指某些毒物的浓度在生物组织内可积累到比周围水体中的毒物浓度高出许多倍，它包括生物浓缩(bioconcentration）和生物放大（biomagnification)。生物浓缩指生物直接从水中摄取毒物，不经过食物链；生物放大则指生物通过食物链摄取毒物。由于生物积累可以造成严重的环境后果，如蟹内积累过多的镉，人吃后会引起恶心、呕吐。因此，生物积累试验是对慢性毒性试验的重要补充。

生物积累的试验方法有两种。

① 用浓缩因子测定生物浓缩。把不同类群的受试生物暴露在稳定的、低浓度的废水中，定期采样和分析生物组织内和周围环境中的毒物浓度，以获得浓缩的速度和倍数，直至生物组织内浓度达到平衡为止，常用生物浓缩因子（bioconcentration factor，BCF）来表示。

$$BCF=\frac{\text{平衡时的组织浓度}}{\text{水中浓度}}$$

然后再将受试生物转移到干净水中，仍定期采样和分析，以观察生物体内积累的毒物在干净的水中以何种速度逐级消失，常用生物半衰期（biological half life）来表示，即生物组织内毒物的浓度下降到它的一半所需的时间。通过半衰期的测定可以知道该化合物生物效应的持久性。

② 用放射性同位素标记法测定生物放大。要建立一个2级至多级营养水平的食物链，以测定毒物（已标记了同位素）在各营养级上转移的情况。通过比较每个营养级生物的组织浓度，即可了解该毒物沿食物链逐级放大的情况。

还有一种被称为亚急性试验的，其毒物浓度介于急性和慢性之间。目的是在急性试验的基础上，进一步了解毒物的毒性及其对生物主要器官和生理功能的影响，为慢性试验做准备。同时，通过亚急性试验，也可以对最大无作用浓度加以初步估计。亚急性试验的方法和特点与慢性试验类同。

任务一　鱼类急性毒性试验

鱼类是水生食物链的重要环节，也是水体中重要的经济动物。鱼类毒性试验在研究水污染及水环境质量中占有重要地位。通过鱼类急性毒性试验可以评价受试物对水生生物可能产生的影响，以短期暴露效应表明受试物的毒害性。因此在人为控制的条件下所进行的各种鱼类毒性试验，不仅可用于化学品毒性测定、水体污染程度检测、废水及其处理效果检查，而且也可为制定水质标准、评价水环境质量和管理废水排放提供科学依据。

一、试验方法

目前采用的急性毒性试验方法有静态试验、半静态试验（换水试验）和动态试验（流水试验）。静态试验从试验开始到试验结束完全不换水；半静态试验至少每24h换水3次，对不稳定、易挥发的样品，最好每8h或6h换水一次；流水试验的试验液在试验期间能连续不断地更新，它适用于BOD负荷高或不稳定或挥发性物质的水样。

试验方法的选择主要取决于受试材料的性质和实验室的设备条件。如果条件具备，不论对何种毒物或废水都要尽可能地采用流水试验。

鱼类急性毒性试验的时间，定为96h。

为检验每个实验室的设备、方法及试验鱼的质量是否合乎要求，最好设置“参考毒物”做方法学上的可靠性检验，国际标准组织规定以重铬酸钾作为参考毒物，以斑马鱼做试验材料，其24h的半数致死浓度（LC_{50}）必须处于200～400mg/L之间（硬度为250mg/L，pH为7.8±0.2）。但参考毒物对中国特有的试验鱼类提供的参数，有待进一步研究。

二、试验鱼选择、收集和驯养

1. 试验鱼的选择

可选用一个或多个鱼种，根据需要自行选择。但建议结合相应的标准来确定鱼种，如全年可得，易于饲养，试验方便，相关的经济、生物或生态因素等。试验用鱼应健康，无明显畸形，还应考虑来源可靠、稳定。建议受试物为化学品时采用表4-1中的推荐鱼种。

表4-1　推荐的试验用鱼及条件

鱼　　种	试验温度/℃	试验鱼的全长/cm
斑马鱼(*Brachydanio rerio*)	21～25	2.0±1.0
稀有鮈鲫(*Gobiocypris rarus*)	21～25	2.0±1.0
剑尾鱼(*Xiphophorus helleri*)	21～25	2.0±1.0

受试物为环境样品时，除可采用上述推荐鱼种外，亦可采用当地具有代表性的鱼种。如白鲢（*Hypophthamichthys molitrix*）、鳙鱼（*Aristiehthys nobilis*）、草鱼（*Ctenopharyngodon ideltus*）、鲤鱼（*Cyprinus carpio*）等。上述鱼类对毒物的敏感性大致相等，

均可在养殖场中收集到，但要求血统尽可能纯正，健康无病，并要求是由人工繁殖而取得的规格大小一致的幼鱼。

用其他淡水鱼、海洋及半咸水鱼做试验时，试验条件，特别是关于稀释水用量、水质及温度应做相应的改变，并提出相应的试验条件。

2. 试验鱼的大小

试验鱼的大小要一致，鱼的平均体长以不超过 5～7cm 为宜，金鱼以 3cm 较为合适。最大鱼体长不得超过最小鱼的 1.5 倍，因为不同大小规格的鱼，对水中毒物的敏感程度有差别。在同一个试验中，要求选用同种、同龄、同一来源的鱼，最好采用当年孵化出的幼鱼。在毒性试验报告中，要用正式的种名（拉丁学名）。

3. 试验鱼的收集

试验鱼最好从正规的养殖场获得。某些小型鱼类也可以从自然栖息处采集或从某些商店购得，但必须确保原栖息水未被污染，而且要记载采集和购买的时间、地点。若是使用实验室内自己养殖的鱼，在报告中要记载其最初的来源和品系。

鱼被运进实验室后，应严防水温骤变，尤其从高温到低温的适应很慢，要特别注意，以确保试验鱼的健康。

4. 试验鱼的驯养

在进行正式试验之前，收集来的鱼必须经过驯养。驯养的目的是使鱼适应实验室的环境条件，如水温、水质、光线等，另一个目的是便于对试验鱼进行健康选择。

① 供试鱼用于试验之前，必须在实验室至少暂养 12 天。临试验前，应在符合下列条件的环境中至少驯养 7 天。

水：与试验用稀释水水质相同。

光：每天 12～16h 光照。

温度：与试验鱼种相适宜。

溶解氧浓度：高于空气饱和值的 80%。

喂养：每周 3 次或每天投食，至试验开始前 24h 为止。

② 驯养开始 48h 后，记录死亡率，并按下列标准处理。

7天内死亡率小于5%，可用于试验；死亡率在5%～10%之间，继续驯养7天死亡率超过10%，该组鱼全部不能使用。

三、试验条件

1. 试验用水

使用高质量的自然水或标准稀释水，也可以使用饮用水（必要时应除氯）。水的总硬度为19～250mg/L（以$CaCO_3$计），pH为6.0～8.5。

配制标准稀释水，所用试剂必须是分析纯，用全玻璃蒸馏水或去离子水配制。

① 氯化钙溶液。将11.76g $CaCl_2 \cdot 2H_2O$溶解于水中，并稀释至1L。

② 硫酸镁溶液。将4.93g $MgSO_4 \cdot 7H_2O$溶解于水中，并稀释至1L。

③ 碳酸氢钠溶液。将2.59g $NaHCO_3$溶解于水中，并稀释至1L。

④ 氯化钾溶液。将0.23g KCl溶解于去离子水中，并稀释至1L。

蒸馏水或去离子水的电导率应不大于10μS/cm。

将这4种溶液各25mL加以混合并用水稀释至1L。溶液中钙离子和镁离子的总和是2.5mmol/L。Ca∶Mg的比例为4∶1，Na∶K比为10∶1。

稀释用水需经曝气直到氧饱和为止，贮存备用。使用时不必再曝气。

2. 试验容器

试验容器应由化学惰性物质制成，不能含有可被溶解下来的毒性物质，也不能从水中吸附大量物质，更不能与试验样品起反应。试验容器还必须便于观察和洗涤。容器的大小和形状没有一定的标准，容器大小视鱼的大小和尾数而定，容器形状应能确保鱼在其中自由游泳。试验液的深度应尽可能保持一致，且不得小于15cm。试验液体积与鱼的总质量的比值以2～3L试验液/1g鱼为宜。至少应为1L试验液/1g鱼。对于耗氧量大的小型热带鱼，可提高试验液的比例，最大比例可达10L试验液/1g鱼。常用的容器为玻璃容器，例如，直径25～35cm，高30～50cm的圆玻璃缸，或高35cm，长31cm，宽24cm的标本缸，也可用容积30L以上的大白瓷桶。

3. 环境条件

① 试验期间对上述温水鱼类的水温要求在21～25℃，温控±1℃范围。

② 试验容器中溶解氧不少于4mg/L以上，每日光照保持12～16h。

③ 在试验开始前的24h，驯养的试验鱼开始停止喂食，在整个试验期间不喂食。

四、试验溶液

① 将受试物贮备液稀释成一定浓度的受试物溶液。低水溶性物质的贮备液可以通过超声分散或其他适合的物理方法配制，必要时可以使用对鱼毒性低的有机溶剂、乳化剂和分散剂来助溶。使用这些物质时应加设助溶剂对照组，其助溶剂含量应为试验组使用助溶剂的最高浓度，且不得超过100mg/L或0.1mL/L。

② 试验溶液的稀释浓度可以等对数间距来设计，如1、1.8、3.2、5.6、10等，或更窄一些间距，如1.0、1.35、1.8、2.4、3.2等。也可以几何级数作间距，如8、4、2、1、0.5等。

③ 不需调节试验溶液的pH。如果加入受试物后水箱内水的pH有明显变化，建议加入前，调节受试物贮备液的pH，使其接近水箱内水的pH。调节贮备液的pH时不能使受试物浓度明显改变，或发生化学反应，或沉淀。最好使用HCl和NaOH来调节。

④ 试验样品如为排放污水，则采样后必须密封低温存放（4℃以下），样品瓶中应充满水样而不留空气，如果24h内水样水质不稳定，则必须取24h的混合水样，可以间隔一定时间（如每2h）取样一次，混合均匀后再进行试验。

五、试验步骤

在试验之前，应根据受试物的化学稳定性确定采用的试验方法，即静态、半静态和流水式试验，从而选定需用的容器和装置。

1. 预试验

用以确定正式试验所需浓度范围。可选择较大范围的浓度系列，如 1000mg/L、100mg/L、10mg/L、1mg/L、0.1mg/L。每个浓度组放入 5 条鱼，可用静态方式进行，不设平行组，试验持续 48～96h。每日至少两次记录各容器内的死鱼数，并及时取出死鱼。

如果一次预试验结果无法确定正式试验所需的浓度范围，应另选一浓度范围再次进行预试验。

2. 正式试验

根据预试验得出的结果，在包括使鱼全部死亡的最低浓度和 96h 鱼类全部存活的最高浓度之间至少应设置 5 个浓度组，并以几何级数或等对数间距排布，浓度间隔系数应不大于 2.2。

每个试验浓度组应至少设 3 个平行组，每系列设一个空白对照。如使用了助溶剂，应增设溶剂对照，其浓度与试剂中的最高溶剂浓度相同。每一浓度组和对照组至少使用 7 尾鱼，条件允许的情况下，建议使用 10 尾鱼。

试验溶液调节至相应温度后，从驯养鱼群中随机取出鱼并随机迅速放入各试验容器中。转移期间处理不当的鱼均应弃除。同一试验，所有试验用鱼应在 30min 内分组完毕。

在 24h、48h、72h 和 96h 后检查受试鱼的状况。如果没有任何肉眼可见的运动，如鳃的扇动、碰触尾柄后无反应等，即可判断该鱼已死亡。观察并记录死鱼数目后，将死鱼自容器中取出。应在试验开始后 3h 或 6h 观察各处理组鱼的状况，并记录试验鱼的异常行为（如鱼体侧翻失去平衡、游泳能力和呼吸功能减弱、色素沉积等）。

试验开始和结束时要测定 pH、溶解氧和温度，试验期间，每天至少测定一次。

至少在试验开始和结束时，测定试验容器中试验液的受试物浓度。

应记录所观察到的亚致死效应。

3. 极限试验

在进行鱼类毒性测定时，可以进行浓度为100mg/L的极限试验。如极限试验结果表明LC_{50}大于100mg/L，可直接给出试验结果及评价：LC_{50}大于100mg/L，属于低毒。极限试验至少使用7尾鱼，与对照组使用的鱼数目相等。

二项式理论表明，使用10尾鱼，无一死亡，那么LC_{50}大于100mg/L的概率为99.9%；使用7～9尾鱼，无一死亡，那么LC_{50}大于100mg/L的概率至少为99%。

如果试验鱼发生死亡，则应按本方法前述试验步骤的1、2试验程序进行试验。

六、质量保证与质量控制

① 试验结束时，对照组鱼死亡率不得超过10%。

② 试验期间，试验溶液的溶解氧含量应大于60%的空气饱和值。

③ 试验期间，受试物实测浓度不能低于设置浓度的80%。如果试验期间受试物实测浓度与设置浓度相差超过20%，则以实测受试物浓度来表达试验结果。

④ 试验期间，尽可能维持恒定条件。如果有必要，应使用半静态或流水式试验方式。

七、数据与报告

（一）数据处理

表达急性试验结果的主要数据是LC_{50}值及95%可信限。在水生生物的毒性试验中，时间和浓度是不可分割的，因此LC_{50}要标明暴露时间，如24h的LC_{50}、96h的LC_{50}。如果实验是以某种亚致死效应作为指标，则以EC_{50}值代替LC_{50}值。计算LC_{50}所依据的原理简略叙述如下。

在毒性试验中，各组实验动物的死亡率随毒物浓度的增加而升高，但两者不呈直线关系，而是一种长尾的S形曲线，如图4-1所示。若将浓度转换成对数，则死亡率曲线就成为一条对称的S形曲线，如图4-2所示。

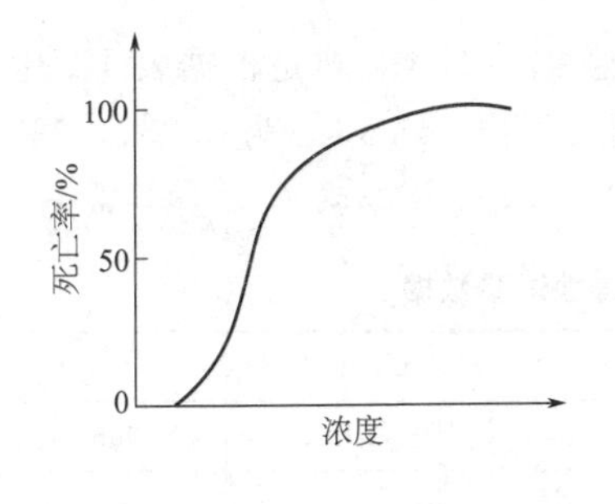

图4-1 不同浓度死亡率曲线

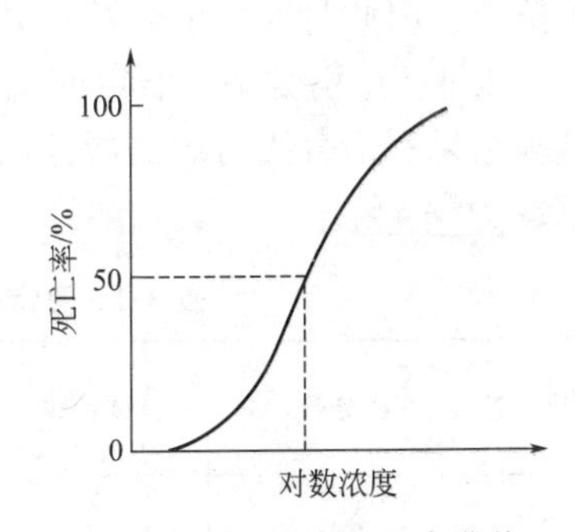

图4-2 对数浓度死亡率曲线

如果把死亡率转换成概率单位，浓度依然用对数值表示，这时死亡率曲线即呈直线形式（见图4-3）。

从图4-2来看，50%死亡率是曲线的对称点，是一个比较敏感、受生物变异影响较小、重现性较好的表示毒性大小的指标。它比无致死浓度或全致死浓度更能准确地反映毒物的毒性。LC_{50}的数值越小，说明毒物的毒性越大。

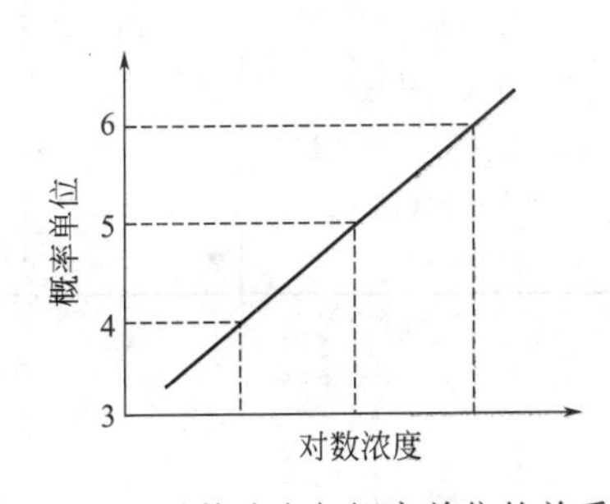

图4-3 对数浓度与概率单位的关系

计算LC_{50}的方法很多。常用的有以下几种。

1. 直线内插法

在半对数方格纸上，以对数坐标轴表示浓度，以算术坐标轴表示死亡率，然后将试验数据一一标在方格纸上。选取最接近于半数死亡率的两点，即大于50%死亡率的一点和小于50%死亡率的一点，用直线连接。直线与50%死亡率直线相交，再从交点引一垂线至浓度坐标轴，即得LC_{50}值。

这个方法实际上是基于图 4-2 所示的原理，即曲线在 50％死亡率附近有一小段接近于直线。此法简单、快速，但无法求出 95％可信限，因此目前很少有人采用。

表 4-2 所引数字为假定的试验数据，图 4-4 即是根据表 4-2 中试验结果利用直线内插法所作的图，得出 24h LC_{50} 为 5.2％，96h LC_{50} 为 4.4％。

表 4-2 假定的毒性试验数据

废水浓度(体积分数)/％	受试鱼数	受试鱼死亡数		
		24h	48h	96h
10.0	10	10	10	10
7.5	10	9	9	10
5.6	10	7	7	9
4.2	10	1	4	4
3.2	10	0	1	1
0	10	0	0	0
LC_{50}(直线内插法)		5.2	4.7	4.4
LC_{50}(概率单位目测法)		5.2	4.7	4.4
LC_{50}(直线回归法)		5.39	4.76	4.30
95％可信限		4.81～6.04	4.11～5.52	3.85～4.80

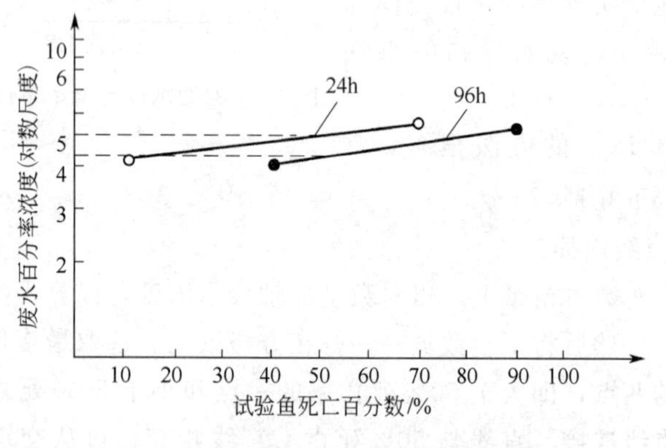

图 4-4 用直线内插法求半数致死浓度

2. 概率单位目测法

依据浓度对数与死亡率转换为“概率单位”之间呈直线关系的原理（见图 4-3），应用目测法画出直线以求半数致死浓度。

① 将浓度换算成对数浓度，死亡率换算成概率单位。死亡率为 100%和 0 者不列入计算。

② 依据上述资料绘制点图，纵轴为概率单位，横轴为对数浓度。可以看到，点的分布基本上是呈直线的。

③ 顺着各点的分布趋势用直尺作出一条最接近各点的直线。作直线时应多照顾靠近概率单位为“5”处的各点。

④ 从纵轴概率单位为“5”（即死亡率为 50%）处引一水平线与直线相交，再从交点作垂线与横轴相交，即可读出 LC_{50} 的对数值，此值的反对数就是用目测法求得的 LC_{50} 值。

图 4-5 是利用表 4-2 中的假定数据，利用概率单位目测法所作的图，求得 24h LC_{50} 为 5.2%，96h LC_{50} 为 4.4%。

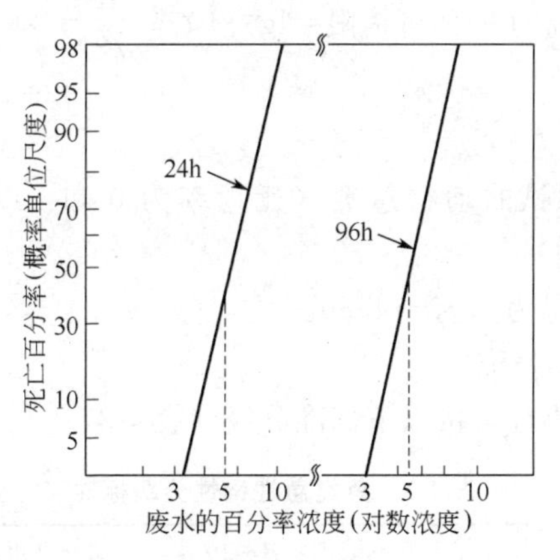

图 4-5 利用概率单位目测法求半数致死浓度

3. 直线回归法

用下列直线回归方程式来求取。

$$y=a+bx$$

式中 x——浓度的对数；

y——死亡率转换成的概率单位；

a，b——分别为直线的截距与斜率。

a 与 b 的计算公式如下。

$$a=\frac{\sum x^2 \sum y-\sum x \sum (xy)}{K\sum x^2-(\sum x)^2}$$

$$b=\frac{K\sum (xy)-\sum x \sum y}{K\sum x^2-(\sum x)^2}$$

式中　K——浓度的组数（死亡率为 0 和 100％的浓度不计在内）。

以表 4-2 中所列的 96h 时数据为例，按上式求出 a、b 值分别为－1.6901 与 10.5607，代入回归方程，得如下形式。

$$y=-1.6901+10.5607x$$

50％死亡率的概率单位 $y=5$，代入上式得：$x=0.6335$，取其反对数即为 LC_{50}。

$$LC_{50}=4.30$$

$$LC_{50}\text{的 95\%可信限}=\lg^{-1}\left(x\pm\frac{2S}{\sqrt{2N}}\times 1.96\right)$$

式中　S——$\frac{1}{b}$；

N——供试的动物总数（死亡率为 0 和 100％的组不计在内）。

本例的结果为 3.85～4.80。

（二）结果评价

鱼类急性毒性可按以下标准分级（表 4-3）。

表 4-3　鱼类急性毒性分级标准

96h LC_{50}/(mg/L)	<1	1～10	10～100	>100
毒性分级	极高毒	高毒	中毒	低毒

（三）编写报告

试验报告应包括试验名称、目的、试验原理、试验的准确起止日期，以及如下几条。

（1）受试物质　对于化学品，注明其化学名称、其他名称（商品名等)、化学式、成分、制造厂商、批号、纯度等级和理化性质等；对于废水或环境样品，应给出其来源、采样时间、地点、保存条件等。

(2) 试验用鱼　试验用鱼名称、学名、品系、大小、来源、驯（养）化情况、试验开始时的鱼龄、规格等。

(3) 试验条件

① 使用的试验方式。如静态、半静态或流水式，以及曝气、承载量等。

② 试验溶液配制方法。如果使用助溶剂，应注明使用浓度及对受试物的毒性影响。

③ 稀释用水。来源、类型、水质（pH、硬度、碱度和温度等)。

④ 试验容器。质地、规格、体积及清洗情况。

⑤ 试验溶液。体积、浓度、每个浓度组平行数，试验溶液更换情况、更换方法、流动情况，以及受试物的加入系统、流速、清洗周期及方法，受试物的规定浓度、实测浓度及测定日期。最好用表格列出试验期间的试验温度、pH、溶解氧的全部实测值。

⑥ 每一试验浓度的用鱼数目。

⑦ 光照。如光的性质、强度、周期。

(4) 试验报告

① 无死亡发生（LC_0）的最高浓度。

② 导致100%死亡（LC_{100}）的最低浓度。

③ 24h、48h、72h、96h时的每个浓度的累计死亡率。

④ 24h、48h、72h、96h的LC_{50}及其95%的置信限。

⑤ 浓度-死亡率曲线图。

⑥ 确定LC_{50}值的统计学方法。

⑦ 对照组的死亡率。

⑧ 试验期间，可能会影响试验结果的隐患。

⑨ 鱼的异常反应。

(5) 结果讨论。

八、鱼类急性毒性试验结果的应用

1. 安全浓度的推导

所谓安全浓度，就是在污染物的持续作用下，鱼类可以正常存活、生长、繁殖的最高毒物浓度。一般通过慢性毒性试验来确定，即在全生活周期的慢性毒性试验中对生物不产生影响的浓度。但安全浓度也可以通过急性毒性试验的结果推导出来。常用的推导公式有以下几种。

① $安全浓度=\frac{24h\ LC_{50}\times 0.3}{(24h\ LC_{50}/48h\ LC_{50})^3}$

② $安全浓度=\frac{48h\ LC_{50}\times 0.3}{(24h\ LC_{50}/48h\ LC_{50})^2}$

③ $安全浓度=96h\ LC_{50}\times(0.1\sim 0.01)$

目前用得比较普遍的是最后一种。系数的确定取决于毒物本身的化学性质，化学性质稳定，不易分解的取 0.01～0.05；化学性质不稳定，容易分解的取 0.05～0.1。

应用上述方法推导出的安全浓度，最好再进一步进行验证实验，验证实验一般用 10 尾以上的鱼，在较大容器中在安全浓度下喂养一个月或几个月，并设对照组进行比较。如有中毒症状发生，则应降低浓度再试验，直到确证某浓度对鱼是安全的，即可定为安全浓度。

2. 实际应用

鱼类急性毒性试验的方法可作为管理工业废水排放的一种鉴定方法。利用鱼类急性毒性试验的结果可以推算出废水的允许排放量和排放速率。处理前后废水毒性的改变可作为废水处理效果的鉴定指标，并确定处理效果。也可以利用鱼类毒性试验作为指标，检查地面水源是否已受污染。在判定水质卫生标准上已有人把水生生物毒性试验结果作为一项指标。在河流、湖泊或海岸受到污染时，可以从各工厂废水的鱼类急性毒性试验结果中找出主要污染源，在一个工厂内也可以通过鱼类毒性试验分析各车间废水的毒性，找出主要污染车间工段，以便采取相应措施。

总之，鱼类毒性试验作为水生生物测试方法中的一种，目前已被应用到工业废水的排放管理、卫生工程处理、渔业保护、水质卫生评价、水源保护等方面。但是除用单一毒物进行试验外，还应开展多种毒物的综合毒性试验，因为实际排入水体中的毒物成分往往很复杂，仅用单一毒物对鱼类急性中毒试验来评价水质是远远不够的。

复习思考题

1. 名词解释

①毒性试验；②急性毒性试验；③慢性毒性试验；④生物积累；⑤LC_{50}；⑥ LD_{50}；⑦EC_{50}；⑧安全浓度。

2. 鱼类急性毒性试验常用的受试鱼种有哪些？试验条件是什么？

3. 预试验有什么作用？如何判断受试物的毒性？

4. 种子发芽和根伸长的毒性试验中对种子有哪些要求？

5. 根据下表所给数据，分别用直线内插法、概率单位目测法和直线回归法计算 24h 和 96h 的 LC_{50}和 95%可信限。

废水浓度(体积分数)/%	试验鱼数/尾	试验鱼死亡数	
		24h	96h
10.0	10	10	10
7.5	10	7	10
5.6	10	2	9
4.2	10	1	8
3.2	10	0	3
2.4	10	0	1
对照组	10	0	0

任务二　溞类活动抑制试验

溞类是枝角类（Cladocera）的通称，在分类上属节肢动物门（Arthropoda）、甲壳动物纲（Crustacea）、鳃足亚纲（Branchiopoda）、双甲目（Diplostraca）、枝角亚目（Cladocera）。溞类广泛分布在淡水中，海水中种类较少。据调查，中国共有淡水溞类136种。溞类是水体中初级生产者（藻类）和消费者（如鱼类）之间的中间环节，能滤食水中碎屑和菌类，对水体自净起着重要作用，同时又是鱼类的天然饵料。

溞类繁殖快，生活周期短，培养简便，对许多毒物敏感，因此世界各国广泛使用溞类进行水生生态毒理学研究。溞类活动抑制试验即用溞类作为受试对象，测定毒物或废水的24h或48h有效中毒浓度EC_{50}，以反映毒物或废水毒性的大小。

一、受试生物种

目前世界上用于毒性试验的溞类种类很多。常用的种类有：大型溞（*Daphnia magna* Straus）、蚤状溞（*Daphnia pulex* Leydig）、隆线溞（*Daphnia carinata* King）。

由于大型溞是溞科中个体最大的种类，体长可达6mm，生殖量多，是毒性试验使用最广的一种。国际标准ISO 6341和中国国家标准GB/T 16125—1995都把大型溞作为准试验动物。

使用大型溞或其他适宜的溞类，试验开始时，溞龄应不超过24h。实验室繁殖表现健康、有明确来历（繁殖方式、预培养）的溞种才可用于试验。

二、试验程序

1. 准备

（1）试验用水　适于培养溞类的任何水，不论是天然水或标准稀释水，都可用于测试试验。建议在试验前使用的培养水应与试验用水相似，以利于溞类的适应。

标准稀释水应容许溞类在其中生存至少48h，并尽可能检查稀释水中不含有任何已知对溞类有毒的物质，如氯、重金属、农药、多氯联苯等。

（2）受试物溶液的配制　取一定体积受试物的贮备液，加入稀释用水，定容，制备成实验要求浓度的试验液。

对于受试化学品贮备液的制备，可将已知量的受试物质溶于一定体积的稀释水中，贮备液应于当天配制。对于高稳定性物质，最多允许配制供2天使用的贮备液。

配制贮备液时，难溶于水的物质可用适当的方法将其溶解或分散，包括采用超声波装置和使用对溞低毒的有机溶剂、乳化剂和分散剂等物质，并应加设助溶剂对照试验。助溶剂对照组的溶剂浓度应为试验溶液中的最高浓度。

对于工业废水，以原水样为试验液（100%），用稀释水按百分数（百分率）配制各浓度。采集废水样品时，应将水样瓶充满水样不留空气，样品采集后应立即进行试验，尽可能缩短水样保存时间，如果样品采集后6h之内不能进行试验，则必须将水样在0～4℃保存。

对于工业固体废物，首先磨碎，按固液1∶10比例加入去离子水，摇匀后浸泡24h，滤纸过滤。其溶解部分为被测工业固体废物的浸出原液（100%），再用稀释水按百分数配制成各浓度。

2. 试验操作

（1）预试验　在正式试验之前，先进行较大范围浓度系列（如1mg/L、10mg/L、100mg/L）的初步试验，为正式试验设置受试物的浓度提供依据。预试验中每个浓度放5只幼溞，持续时间24h（或48h）。用静态方式进行，不设平行组。

（2）正式试验　根据预试验的结果，在包括使溞全部产生活动抑制的最低浓度和未产生活动抑制的最高浓度之间以几何级数设置浓度系列。一般至少设5个浓度组，如2mg/L、4mg/L、8mg/L、16mg/L、32mg/L。最高试验浓度不应超过1g/L。必须设置空白对照。若使用助溶剂，还应增设助溶剂对照组，其助溶剂用量同最高浓度组。

每个浓度组和对照组至少要用20只溞，最好分成4组，每组5只。试验期间不要喂食。最大负荷为1只溞/2mL试验液。试验温度应在18℃±1℃～22℃±1℃。光暗周期无特殊要求，建议毒性试验在自然光照或相当于自然光照下进行，每天照明10h左右。

稀释水在加入到受试物中之前曝气。试验开始和结束时，应测定对照组和试验液中溶解氧的浓度。

在试验开始和结束时，应测定对照组和试验液中的 pH。不可调节试验液中的 pH。如有条件，应测定受试物的实际浓度。

试验期间，应经常观察溞类的活动与生存情况，及时取出死溞，记录 24h 和 48h 溞类累计活动抑制数。最好出现 0、<50%、>50%和 100%的溞类抑制的试验结果。

三、质量保证与质量控制

① 试验结束时，试验溶液中的溶解氧浓度应高于空气饱和值的 60%。

② 试验结束时，对照组中活动受抑制溞数应少于 10%。

③ 受试物实测浓度不能低于设置浓度的 80%。

④ 定期测定参比物的 24h EC_{50}，以检查供试溞的敏感性。满足参比物重铬酸钾（分析纯）的 24h EC_{50} 值不大于 2.0mg/L，溞敏感度符合要求。

四、数据与报告

1. 数据处理

用表格形式列出 24h 和 48h 对照组和各处理组试验溞个数、活动抑制溞个数及百分率。以受试物处理浓度为横坐标，死亡率为纵坐标，在计算机或对数-概率纸上作图，通过直线内插法、概率单位目测法或直线回归法求出 24h EC_{50} 和 48h EC_{50} 估计值，并计算 95%的置信限。

2. 结果评价

溞类的毒性可按以下标准分级（见表 4-4）。

表 4-4 溞类急性活动抑制毒性分级标准

48h EC_{50}/(mg/L)	≤1	1～10	10～100	≥100
毒性分级	极高毒	高毒	中毒	低毒

3. 编写报告

报告应包括试验名称、目的、试验原理、试验的准确起止日期，以及如下几条。

（1）受试物　对于化学品，注明其化学名称、其他名称（商品名等）、化学式、成分、来源（制造厂商等）、批号、纯度等级以及理化性质等；对于废水、废渣等环境样品，注明其来源、采样地点、采样时间等。

（2）试验用溞　溞类名称、来源、预培养、繁殖方式（包括食物来源、种类和数量、喂食频次）、溞龄、健康状况等。

（3）试验条件

① 使用的助溶剂、添加剂及其浓度。若观察到试验溶液不能保持均一和稳定，对结果的解释应慎重，并注明这些结果不能重复。

② 稀释水。来源、理化特性，包括硬度、pH、Ca/Mg、Na/K、碱度等。

③ 试验温度。

④ 光周期、暗周期。

⑤ 最好用表格列出试验期间 pH 和溶解氧的全部测定值。

⑥ 若使用参比物，记录其测试结果和数据。

⑦ 试验容器。容积、质地、密闭方式、溶液体积，每个容器中受试生物的数量，每个浓度测试容器的数量，试验容器的处理，受试物在稀释水中的引入。

⑧ 试验液的更换情况，更换顺序及方案、流动情况，受试物的输送系统及流速。

⑨ 受试物的实测浓度与测定日期。

（4）试验结果

① 溞类无活动抑制（EC_0）的最高浓度。

② 100%溞产生活动抑制（EC_{100}）的最低浓度。

③ 24h、48h 的每个浓度的累计死亡率。

④ 24h、48h 的 EC_{50} 及其 95%的置信限。

⑤ 浓度-抑制率曲线图。

⑥ 对照组抑制率。

⑦ 试验期间，可能会影响试验结果的隐患。

⑧ 对照组和试验组溞类的其他异常反应。

⑨ 如果进行参比物试验，报告试验结果。

(5) 结果讨论。

复习思考题

溞类进行水生生态毒理学研究的优点有哪些?

任务三 藻类生长抑制试验

藻类是水体中的初级生产者，也是水生食物链的基础环节。在光的作用下它们吸收水中的无机营养盐类和二氧化碳，制造有机物。它们的存在无论是对水体生产力还是水体污染的自净作用均具有十分重要的意义。因此，在研究毒物或废水对水环境的影响时，都把藻类测试作为一项重要内容。

藻类生长抑制试验的目的是确定受试物对单细胞藻类生长的影响，可用于受试物对藻类短期暴露效应的初评。当暴露使藻类的生长率低于未经暴露的对照组时，称为藻类生长抑制。

单细胞藻类个体小，世代时间以小时计算，采用本方法可以在较短时间内得到受试物（化学品或环境样品）对藻类许多世代及在种群水平上的影响。所得结果可反映受试物对水体中初级生产营养级的影响。

藻类毒性生长抑制是在加有不同浓度毒物或废水的藻类培养液中，接种数量相等的藻种，在藻类生长最适宜的环境条件下（如温度、光照等)，定时（每隔 24h）测定藻类生长情况，然后根据各浓度组与对照组的生长情况比较，求出抑制一半藻类生长的毒物浓度，即半数有效浓度（EC_{50}）。试验时间应不少于 96h。

试验需要在良好的控制条件下，也就是在能维持藻类正常生长的条件下进行，尽量排除试验毒物以外的环境因素对藻类生长的影响，以便能对试验结果作出符合实际的分析。

一、试验藻种的选择

用于毒性试验的藻类很多，最常用的有以下几种：羊角月牙藻（*Selenastrum capricormutum*）、斜生栅藻（*Scenedesmus obliquus*）、普通小球藻（*Chtorella vulgaris*）、蛋白核小球藻（*Chlorella pyrenoidosa*）等。若使用其他藻类，应标出相应拉丁名。

二、试验程序

1. 试验准备

（1）培养基　可用于培养藻类的培养基很多，其成分和浓度各不相同。本方法建议淡水藻类可用表 4-5 中推荐的培养基，经空气平衡后，培养基的 pH 接近于 8。亦可使用其他培养基，但对必要成分含量限制如下：P≤0.7mg/L，N≤10mg/L，螯合剂≤10^{-3} mmol/L，硬度（Ca+Mg）≤0.6mmol/L。配制好的营养盐类贮备液经 0.2μm 滤膜过滤或高压灭菌（120℃，15min）后 4℃避光冷藏保存。贮备液 4 只能用滤膜过滤灭菌。

表 4-5　藻类培养基

营　养　盐	贮备液浓度	测试液中最终浓度
贮备液 1:常用营养盐		
氯化铵(NH_4Cl)	1.5g/L	15mg/L
氯化镁($MgCl_2 \cdot 6H_2O$)	1.2g/L	12mg/L
氯化钙($CaCl_2 \cdot 2H_2O$)	1.8g/L	18mg/L
硫酸镁($MgSO_4 \cdot 7H_2O$)	1.5g/L	15mg/L
磷酸二氢钾(KH_2PO_4)	0.16g/L	1.6mg/L
贮备液 2:Fe-EDTA		
$FeCl_3 \cdot 6H_2O$	80mg/L	80μg/L
$EDTA\text{-}Na_2 \cdot 2H_2O$	100mg/L	100μg/L
贮备液 3:微量元素		
硼酸(H_3BO_3)	185mg/L	185μg/L
氯化锰($MnCl_2 \cdot 4H_2O$)	415mg/L	415μg/L
氯化锌($ZnCl_2$)	3mg/L	3μg/L
氯化钴($CoCl_2 \cdot 6H_2O$)	1.5mg/L	1.5μg/L
氯化铜($CuCl_2 \cdot 2H_2O$)	0.01mg/L	0.01μg/L
钼酸钠($Na_2MoO_4 \cdot 2H_2O$)	7mg/L	7μg/L
贮备液 4:$NaHCO_3$		
$NaHCO_3$	50g/L	50mg/L

（2）培养基的配制　配制培养基时可将营养盐类按所需浓度直接加入无菌的蒸馏水或去离子水中。应按顺序逐一加入，待一种盐类完全溶解后再加另一种。为了方便和节省时间，亦可先分别配制各种营养盐类的浓贮备液（如浓缩1000倍），经过滤或灭菌后避光冷藏保存，当需要配制培养基时，将一定量的浓贮备液依次摇匀加入到蒸馏水或去离子水中即可。

当保存藻种需要使用固体培养基时，可在灭菌前加入15～20g/L(1.5%～2.0%）的琼脂到培养基中。

（3）贮备培养　得到纯藻种后，需要加以保存，以备试验时用。

藻种可在试管内固体培养基斜面上保存。在培养基中加入1.5%～2%的琼脂，灭菌后倒入试管，冷却成斜面，然后接种藻类，棉塞封闭，在较低的光照和温度条件下可保存较长时间。每隔1～2个月转接一次。

如果经常进行试验，贮备培养物应在液体培养基中保存。在三角瓶中加入约100mL培养基，接种藻类，在试验要求的相同温度和光照条件下培养，7～10天转接一次，以保持培养物生长良好，随时有足够的数量可用于试验。

应该经常检查贮备培养基中藻类的生长情况，包括形态和生长速度，以及有无菌类和其他藻类的污染。

一般当藻类进入停滞生长期时应转接。培养物有畸形生长或受到其他藻类或菌类的污染时应废弃或采取纯化、复壮等措施。

（4）预培养　自贮备培养物中取出一定量的藻液，接种到新鲜的无菌培养基中，接种藻细胞浓度大约为10^4个/mL(±25%)，在试验要求的相同条件下培养。应使藻类在2～3天内达到对数生长，然后再次转接到新鲜培养基中。如此反复转接培养2～3次，经检查藻类生长健壮并正处于对数生长期时，即可用来制备试验中需要的藻试验液。

每次试验的藻试验液必须来自同一个贮备培养物。已经在以前的毒性试验中使用过的藻培养物不得再次使用。

（5）设定平行和对照　正式试验中每个测试浓度至少要设置3个平行样，每一系列设两个对照样。也可根据需要增加浓度或减少平行样的数量。

当使用助溶剂增加受试物的溶解度时，对照组中的助溶剂应与测试液中的助溶剂浓度最高时一致。

2. 试验操作

（1）预试验（确定浓度范围试验）　为确定正式试验中受试物的浓度范围，可以先进行一次预试验。

预试验的浓度可按对数间距排布，最低浓度应为受试物的检测下限，最高浓度应为饱和浓度。无需设平行样。测定项目和方法可简化，试验时间也可缩短。

如果预试验中在最高浓度测点，藻的生长抑制低于50%，或者在最低浓度测点中藻的生长抑制高于50%，可不必再进行正式试验。

如果有必要进行正式试验，可根据预试验的结果确定正式试验时受试物的浓度范围和浓度间距。

（2）易溶于水的化学物质的正式试验

① 受试物试验液。用经0.45μm滤膜过滤后的培养基配制受试化学品的贮备液，其浓度为测试时所需最高浓度的2倍。

用此贮备液稀释配制成一系列不同浓度的受试物试验液，其浓度也分别为测试时所需浓度的2倍。试验浓度可按10、$n/10$或$\sqrt[n]{10}$的几何级数或等对数间距设计。

试验前应测定受试物试验液的pH，必要时用HCl或NaOH液将pH调整为7.5±0.2。

试验结束时应测定受试物浓度。

② 藻试验液。藻试验液是用于进行试验的藻培养物，对藻类进行预培养后，镜检其生长情况，并计数细胞浓度，然后用培养基稀释至藻细胞浓度为2×10^{4}个/mL，即成为可用于试验接种的藻试验液。

③ 测试液。测试液是正式用于测试的、含有藻试验液和受试

物试验液的液体。

先在每个三角瓶（或其他培养容器）中加入 50mL 藻试验液，然后再添加 50mL 受试物试验液。

对照组瓶中不加受试物试验液而只添加 50mL 培养基。将各瓶摇动均匀后放入培养装置，试验正式开始。

④ 藻类生长状况的测定。试验开始后，每隔 24h，即在 24h、48h、72h 时，从每个瓶子取样进行生长测定。测定项目包括藻类细胞浓度、光密度或叶绿素。最好同时测定前两顶，如果工作量过大，也可只测定细胞浓度。当使用颗粒计数仪或分光光度仪进行测定时，过滤的培养基分别作为背景和空白。试验开始和试验 72h 后，应测定 pH。试验期间溶液 pH 偏差大于 1 个单位是不正常的。

(3) 有限水溶性化学物质的正式试验　如果受试物的水溶性低于 1000mg/L，试验操作应做如下修改。

① 受试物试验液。用适当的溶剂制备受试物的贮备液，其浓度应是测试时所需最高浓度的 10^4 倍，溶剂应对藻类生长无影响，并且在试验溶液中的含量最高不得超过 100mg/L。

要设置助溶剂对照，其浓度应与试验液中助溶剂的最高浓度一致。

② 藻试验液。用培养基将经过预培养的藻培养物配制成藻试验液，使细胞浓度为 10^4 个/mL。

③ 测试液。每个三角瓶中加入 100mL 藻种液，再添加 10μL 溶剂。其他步骤同易水溶性化学品。

(4) 挥发性化学物质的正式试验　目前，还没有被普遍接受的方法来测试挥发性物质。当已知一种物质有挥发倾向时，应使用密封的磨口烧瓶测试。应设法测定溶液中受试物的量，最后应说明易挥发性化学品的测试结果是在密闭系统中进行的。

(5) 废水或环境水样的正式试验　当受试物为废水或环境水样时，水样必须密封、低温存放（0～4℃）。样品瓶中应充满水样不留空气，尽量使样品毒性变化较小，而且在试验前的保存时间越短越好。测试废水样品或环境水样之前要预先振摇。可直接用水样作为毒物试验液，如果水样毒性过大，也可使用稀释水配成适当浓度的试验液。对于含有难溶性毒物的水样，同样可以使用助溶剂或乳化剂。

如果水样所含毒物在一段时间内不稳定，必须定期分析。

废水的稀释液浓度可用体积百分比表示。

(6) 藻类生长测定方法　测定藻类生长的指标和方法很多，推荐采用以下测定方法。

① 细胞计数。在显微镜下，用0.1mL计数框或血球计数板对藻细胞的数量计数。用计数框时可采用视野法，即对显微镜视野中的所有细胞计数。放大倍数40×10。每片至少计数10个视野，如果藻细胞密度小，则要适当增加计数视野。藻数按视野累加。每次计数（同一批取样的样品）应采用相同方法（视野数目、放大倍数等）。

每一样品至少计数两次，如计数结果相差大于15%，应予重新计数。如工作量过大，可先取样，用鲁哥液固定后保存，留待以后计数。镜检计数工作量较大，有条件时可采用电子颗粒计数仪。

② 光密度。取一定量的测试液在分光光度计上测定其光密度，波长可选用650nm、663nm或其他波长，亦可用荧光光度计测定。

③ 叶绿素。样品经离心或过滤后，用丙酮、乙醇或其他溶剂萃取，进行分光光度计测定，亦可用荧光光度计测定。

三、质量保证与质量控制

① 本方法适用于多种淡水绿藻。

② 本方法适用于水溶性且在试验条件下能保留在水中的物质。如果需要使用助溶剂（有机溶剂）来获得所要求的浓度，该助溶剂在水中的浓度不得超过100mg/L；使用乳化剂或分散剂时，其浓度应不影响光透性。

③ 当受试物是有限水溶性物质时，不适于对EC_{50}进行定量测定。本方法不适用于直接干扰藻类生长测定的物质。

④ 试验开始的3天内，对照组藻细胞浓度至少应增加16倍。

⑤ 因挥发损失的受试物不得超过20%，如果已（或可能）超

过，则应在密闭瓶内，在较低的标准产量下进行试验。

⑥ 除非受到受试物的理化性质或生物特性的限制，浓度设置应做到在某一浓度下试验组与对照组相比，生长率没有显著下降，而且另一浓度时，96h的生长抑制应高于50%。

⑦ 在试验时最好使用推荐的藻种，以利于提高试验结果的可比性和可重复性。若选其他种类，应在实验报告中写明方法和说明理由。

四、数据和报告

1. 数据处理

将测试液和对照组中细胞浓度与受试物浓度、测试时间一起制表。绘制每个受试物浓度和对照组的细胞浓度平均值与时间关系的生长曲线。可用下面所推荐的方法确定浓度-效应关系。

① 浓度的换算。把显微镜视野计数结果换算为细胞浓度 N。

$$N=\frac{1000C}{ADF}$$

$$A=\pi r^2$$

式中 N——每瓶试样中藻的浓度，个/mL；

D——视野深度，mm；

F——视野数；

C——F 个视野藻细胞数累加值；

A——视野面积；

r——测量的视野半径，mm。

② 生长曲线下面所包围面积的比较。生长曲线以下的面积可以按下式计算。

$$A=\frac{N_1-N_0}{2}t_1+\frac{N_1+N_2-2N_0}{2}(t_2-t_1)+\cdots+\frac{N_{n-1}+N_n-2N_0}{2}(t_n-t_{n-1})$$

式中 A——生长曲线以下的面积；

N_0——t_0 时刻每毫升藻液中的细胞数；

N_1——t_1 时刻每毫升藻液中所测得的细胞数；

N_2——t_2 时刻每毫升藻液中所测得的细胞数；

N_n——t_n 时刻每毫升藻液中所测得的细胞数；

t_1——试验开始后第一次计数的时间；

t_n——试验开始后第 n 次计数的时间。

每一受试物浓度细胞生长抑制的百分率（I_A）是根据对照组生长曲线下所包围的面积（A_c）与每个受试物浓度生长曲线下面所包围的面积（A_t）之差计算得到。见下式。

$$I_A=\frac{A_c-A_t}{A_c}\times 100\%$$

在半对数坐标纸上或半对数概率纸上，绘制 I_A 与相应浓度之间的关系曲线。若在概率纸上绘制的点可以拟合为一条直线，或可假设为一个正态分布时，应给出经计算所得的回归线。

可过 $I_A=50\%$ 的点画一条过回归线且与横轴平行的直线，该线与回归线的交点所对应浓度值为 EC_{50} 值。为了准确表示此值与本计算方法的关系，建议使用符号 E_bC_{50} 表示。在本方法中，指定用 E_bC_{50}（0～72h）表示在 24h、48h、72h 测定的 EC_{50} 值。其他 EC 值也可以从绘制的相应浓度曲线得到。

③ 生长率比较。对数生长期藻类平均特定生长率（μ）用下式计算。

$$\mu=\frac{\ln N_n-\ln N_1}{t_n-t_1}$$

平均特定生长率也可以用 $\ln N$ 对时间的回归线的斜率导出。

用每一受试物浓度与对照组相比所得到的生长率下降百分数对数浓度作图，可直接从图上读出 EC_{50}。为了表明此项 EC_{50} 是由该方法求出的，建议采用符号 E_rC_{50} 表示。必须标明相应测定时间，如相对于 24h 和 48h 的试验值用符号 E_rC_{50}（24～48h）表示。

注意：生长率是一对数项，生长率的微小变化可能会导致生物量的较大变化。E_bC 和 E_rC 值在数值上是不可比的。

2．结果评价

藻类生长抑制毒性评价的分级标准见表 4-6。

表 4-6　藻类生长抑制毒性分级标准

96h EC_{50}/(mg/L)	<1	1~10	10~100	>100
毒性分级	极高毒	高毒	中毒	低毒

3. 编写报告

报告应包括试验名称、目的、试验原理、试验的准确起止日期，以及如下几项。

(1) 受试物　名称、来源、成分表达式、批号、纯度等级、理化特性数据。

(2) 受试生物　名称、来源、室内培养号和株号、培养基、培养方法。

(3) 试验条件

① 试验开始和结束日期，试验持续时间。

② 温度。

③ 培养基组成。

④ 试验开始和结束时溶液的 pH。若观察到 pH 偏差大于 1 个单位应给出解释。

⑤ 用于溶解受试物的溶剂和方法及测试液中溶剂浓度。

⑥ 光强和光质。

⑦ 测试浓度（实测值或规定值）。

(4) 试验结果

① 每一个测试点上每瓶中的细胞浓度和测试细胞浓度的方法。

② 细胞浓度的平均值。

③ 每一浓度的时间-生长曲线图。

④ 浓度-效应曲线图。

⑤ EC_{50} 值和计算方法。

⑥ 无可观察效应浓度（NOEC）。

⑦ 其他的观察效应（如细胞色泽变化、形态大小变化、粘连或聚结情况、死亡情况、抑藻或杀藻效应等）。

(5) 结果讨论。

复习思考题

藻类的生长测定方法有哪些?

任务四　种子发芽和根伸长的毒性试验

一般而论，种子植物生长的顺序是：种子萌发、生根、出苗、开花、结果（种）。因此，种子的萌发及生根对于植物具有重要意义。种子的萌发和生根过程，是一个非常活跃的植物胚胎生长发育过程，更是一个生理生化变化过程，其间有许多酶参与。

当种子暴露于污染物或有害环境中时，发芽和根伸长常受到抑制，表现为发芽率低、根长短。种子发芽和根伸长的毒性试验就是根据这一特点，将种子放在含一定浓度受试物的基质中，使其萌发。当对照组种子发芽率达65%以上，根长（即从胚轴和根之间的转换点到根尖末端）达20mm时，结束试验，并测定种子的发芽率和根伸长抑制率。最终评价受试物对植物胚胎发育的影响。

一、受试生物种

可选用进行试验的植物包括如下几种。

① 西红柿（*Lycopersicum esculemtum*）。

② 黄瓜（*Cucumis sativus*）。

③ 莴苣（*Lactuca sativa*）。

④ 大豆（*Glycine max*）。

⑤ 卷心菜（*Brassica oleracea*）。

⑥ 燕麦（*Arena sativa*）。

⑦ 黑麦草（*Lolium perenne*）。

⑧ 洋葱（*Allium cepa*）。

⑨ 胡萝卜（*Daucus carota*）。

⑩ 玉米（*Zea mays*）。

也可选用其他对当地农业、生态学或景观具有重要价值或有代表意义的经济作物、园林植物等。

二、试验程序

1. 准备

① 清洁和杀菌。在每次试验前，应对所有的玻璃器具和基质（滤纸、石英砂、玻璃珠或其他用于填充的惰性基质）进行清洁处理。基质（除滤纸外）应用1.5%硝酸清洗，并用弱碱溶液，以及全玻璃蒸馏水或去离子水漂洗。清洗后基质的pH应接近中性。若玻璃珠是重复使用的，应在酸洗前将它们加温至100℃煮沸8～12h。清洗玻璃珠或培养皿时不能使用重铬酸盐溶液，石英砂不得重复使用。

若真菌或其他微生物的污染干扰致使对照组的发芽率低于65%，应在使用前将玻璃器具和（或）种子的表面进行消毒，例如，将种子放在10%的次氯酸钠溶液中浸泡10min，然后在全玻璃蒸馏水中漂洗和浸泡1h。

② 种子分组。按粒径的大小用标准种子筛网将种子分组。用于试验的种子，应全部来自占优势的粒径组。剔出破损的种子。

2. 试验操作

在玻璃培养皿中装满石英砂、直径200μm玻璃珠或其他惰性物质的基质，并用去离子水或全玻璃蒸馏水润湿。加入新配制的受试液。将试验用的植物种子置于基质表面，为其发育提供足够的空间。放置种子时，应尽量保持种子胚根末端和生长方向呈一直线。盖好玻璃培养皿，并用胶带封住。

将培养皿置入种子发芽试验器或其他培养仪器中。25℃±1℃下培养，保持黑暗。对照组种子发芽率达到65%以上，根的长度达至少20mm，即可结束试验。

① 预试验。即浓度范围选择试验，为了确定是否需要进行正式试验，并为正式试验确定供试溶液的浓度范围。

将种子暴露于一系列浓度的受试物中，如0.01mg/L、0.1mg/L、1.0mg/L、10mg/L、100mg/L和1000mg/L。其最低浓度应同分析方法的检测限。水溶性受试物的上限浓度应为饱和浓度。

试验由一组包括每种推荐植物或选择的替代植物的试验组成。

对于每种植物，每一处理下的种子数至少为 15 粒。无需设置平行组。当对照组种子发芽率达到 65%，根长达到 20mm 时，可结束试验。若数据可满足正式试验的要求，或正式试验即将进行，可以缩短暴露时间。

若受试物最高浓度处理的种子发芽抑制率或根长下降率低于 50%，或受试物最低浓度处理的种子发芽抑制率或根长下降率大于 50%，则不必要进行正式试验。

② 正式试验。用超过预试验的最少试验确定浓度-效应曲线、每种受试种子发芽率和根伸长的 EC_{10} 和 EC_{50}。

对每种植物的试验，至少应有 6 个按几何级数设置的不同处理浓度，其处理浓度比率在 1.5～2.0 之间，如 2mg/L、4mg/L、6mg/L、8mg/L、16mg/L、32mg/L 和 64mg/L。选择的浓度应在种子发芽率和根伸长的 EC_{10} 和 EC_{50} 的范围内。在使用前，应分析试验溶液或基质提取物以确定化学浓度。每一处理浓度组和对照组应设 3 次以上重复，每一重复至少有 10 粒种子。

每一试验应包括对照组。若需要载体（溶剂）悬浮或分散受试物，还应设一个单独的载体对照。

对照组种子发芽在 65%以上，根长度为 20mm 时，试验方可结束。当两者都达到条件时，便可确定每一处理（和对照）种子平均发芽的数和平均根长。若得不出发芽率和根伸长的 EC_{10} 和 EC_{50}，应用更高或更低的浓度系列重新进行试验。应确定并报告每一受试植物的浓度反应曲线、发芽率和根伸长的 EC_{10} 和 EC_{50} 及其 95%置信限。

对于任何不正常的种子发育现象，比如损伤、变色、肿胀及失去膨胀能力等，或测量到有刺激根生长的现象，都应在报告中记录。

在种子发芽器和生长室内应采用完全随机放置的方式。应按每小时记录发芽设备的温度。在正式试验开始时记录溶液的 pH。

③ 分析与测量。受试物浓度分析应用全玻璃蒸馏水或去离子水稀释贮备液，以准备供试溶液。如可行，应使用标准的分析方法

确定溶液的浓度，并在开始试验前确认。如果受试物的降解产物（如水解物和氧化物）对分析有干扰，就不能接受所采用的分析方法。在使用前应测试上述溶液的 pH。

应记数在每种植物的正式试验中发芽的种子，并测量其根长。应按序列测量完一种供试植物的所有根长后再测量下一种供试植物。

三、质量保证与质量控制

1. 限度

本方法最适用于水溶性受试物。

如果受试物不溶于水，可用水溶性有机溶剂载体，如丙酮、阿拉伯树胶、聚乙二醇、乙醇等。选择有机溶剂载体的原则是：最高用量对植物无毒；少量溶剂即可溶解或悬浮受试物；与受试物无协同或拮抗作用；载体在受试溶液中的浓度不超过 0.1mL/L。

对于某些受试物，若无合适的无毒载体可用，可用挥发性的溶剂。将溶于挥发性溶剂中的受试物和基质放在旋转蒸发器内。蒸发后，在基质上留下一层均匀的受试物。在填满容器前应用相同的有机溶剂和待测的受试物抽提称重过的基质。

2. 对种子的要求

对照组的种子发芽率大于 60%。

在一次试验中，只能使用来自同一年份或季节中的同一批未经杀菌剂、驱虫剂等处理过的种子，并要求大小一致，饱满度、粒径等级相同。供试植物种子含水率应低于 10%，在 5℃条件下保存。

若试验选用了所推荐 10 种之外的植物种，应调整培养条件，以满足其对照组发芽和根长指标的要求。

3. 其他

每次试验，都应设置对照组。水溶性受试物用全玻璃蒸馏水或去离子水做对照。若需使用有机溶剂作载体，还需设置溶剂对照。对照的试验条件、程序和方法等，同试验组。所有试验用的玻璃器皿和基质等须清洁，无污染。

四、数据和报告

1. 数据处理

统计每一处理及对照的种子发芽率和根伸长的平均值、标准方差。以概率分析计算 EC_{10} 和 EC_{50} 值。采用适当的统计分析对浓度-效应曲线进行拟合优度测定。

2. 结果报告

① 受试物。名称、来源、理化特性数据。

② 受试植物。种子来源的历史、批号、采集的年份或生长季节、发芽率，以及所用的受试种子粒径大小等级。每种植物每一处理的种子数目、重复次数、载体、培养条件和种子消毒方法。

③ 浓度。受试物的处理浓度及每一浓度的 pH。

④ 培养和测量原始记录。培养温度、发芽计数和根长测量的原始数据记录。

⑤ 分析及其原始记录。所有的分析方法和数据记录，包括方法确认和试剂空白对照。

⑥ 极限。若在浓度范围选择试验中，受试物的最高处理浓度（不低于 1000mg/L）对试验植物种子发芽率和根伸长无影响，表明该受试物对植物毒性甚微。

若在范围选择试验中，分析方法检测限浓度下受试物的发芽率和根伸长抑制率大于 50%，表明该受试物对种子的 EC_{50} 低于分析方法的检测限。

⑦ 结果。正式试验中每种植物每一种浓度处理组和对照组发芽率和根长的平均值、标准偏差，以及 95%的置信限下的浓度-效应曲线、拟合优度测定、EC_{10} 和 EC_{50} 值。

复习思考题

1. 种子发芽和根伸长的毒性试验中对种子有哪些要求？
2. 种子发芽和根伸长的毒性试验的原理是什么？

考核要求

能力要求	范　围	内　容
理论知识	水体污染的毒性试验方法	1. LC_{50}（LD_{50}）、EC_{50}的概念； 2. 鱼类毒性试验的意义和方法； 3. 藻类生长抑制试验的意义和方法； 4. 藻类生长的测定方法； 5. 种子发芽和根伸长的毒性试验的意义； 6. 溞类活动抑制试验的意义和方法
操作技能	1. 试验溶液配制； 2. 细胞计数； 3. 分光光度计测定光密度 4. 叶绿素的提取； 5. 液体培养基的配制； 6. 培养基的灭菌	1. 试剂用量的计算； 2. 台天平与分析天平的使用； 3. 移液管、容量瓶的使用； 4. 样品的溶解与稀释操作； 5. 显微镜的使用及细胞计数； 6. 分光光度计的使用； 7. 掌握萃取方法； 8. 高压蒸汽灭菌锅和电烤箱的正确使用
	数据记录与处理	1. 记录内容的完整性； 2. 有效数字的位数； 3. 数据的正确处理； 4. 报告的格式与工整性

项目五　环境三致物的生物检测

学习指南　环境三致物指的是能致畸、致癌、致突变的物质。目前测定环境三致物的方法有很多，本章将介绍紫露草微核试验、蚕豆根尖的微核试验、Ames 试验、Ames 试验的发光测定法、SCE(姐妹染色体交换）试验等。通过本项目的学习，要重点掌握紫露草微核试验、蚕豆根尖的微核试验以及 Ames 试验的原理和方法，其他方法可根据需要进行学习和了解。

环境三致物是指能致畸、致癌、致突变的物质，是目前环境污染中最令人关注的问题。三致的根本是致突变，致畸和致癌常是致突变的结果。

目前趋于标准化的三致物生物检测方法已经不少，概括起来无外乎是从 DNA、基因和染色体 3 个角度，来检测三致物的遗传学效应。检测三致物对 DNA 的作用有检测 DNA 损伤，DNA 损伤修复等。检测三致物对基因的作用则是检测基因突变，其中包括正向突变和回复突变。在基因突变的检测中，重要的是选择标记基因，即发生突变后使生物的某一种表现型消失或出现的基因。用于基因突变的试验材料很广泛，从微生物、昆虫一直到哺乳动物。检测三致物对染色体的作用有染色体畸变试验、微核试验、SCE(姐妹染色体交换）试验。上述生物检测法的共同特点是：实验耗时短，成本低，且结果可靠性较高。

本项目仅介绍几种已标准化的检测方法，可使人们对生物检测试验有一个大概的了解。

任务一　紫露草微核监测技术

微核技术是根据遗传学上染色体畸变的原理建立的，在20世纪70年代初就有研究。最早是研究动物的微核，以后慢慢发展到研究植物的微核。紫露草微核技术是1978年由美国西伊立诺大学的马德修教授创立的，他是用敏感植物紫露草（*Tradescantia*）研究1,2-二溴乙烷对染色体的破坏作用，并建立了X射线剂量与效应的直线关系。同时又为几种有名的化学诱变剂，如甲基磺酸乙酯、叠氮化钠（NaN_3）、叠氮酸及马来酰肼等的微核效应所证实（Ma和An，1978）。马来酰肼能损伤人体淋巴细胞的染色体，从它对紫露草染色体损伤的比较研究（Abmed和Ma，1980），可以建立人体细胞与植物细胞染色体损伤的关系，从而使这种监测方法得以广泛应用（Ma等，1980），主要是用来监测环境污染。1980年美国国家环保局将此方法确定为监测环境污染的常规项目，中国也于1986年把它编入《生物监测技术规范》。

由于紫露草微核试验具有快速（监测结果可在24～48h内得出）、简便、经济、有效等优点，已在地表水、地下水、饮用水源水、饮用水、工业废水、海水、大气、土壤、农药、食品、食品添加剂、放射性污染监测等方面得到了广泛应用。

近几年，微核技术的发展比较快，除紫露草外，又研究出了很多适用的植物材料，如蚕豆根尖、蚕豆叶尖、大蒜根尖、韭菜根尖等，使微核技术越来越完善，监测物谱越来越广，监测方法越来越简单，监测结果越来越准确。

一、紫露草微核技术的原理

生物细胞中的染色体在复制过程中常会发生一些断裂，在正常情况下，这些断裂绝大多数能自己愈合。如果生物细胞在早期减数分裂过程中受到辐射或受到环境中其他诱变因子的作用而引起染色体断片，由于缺少了着丝点，染色体断片不能受纺锤丝索动移到细胞两极，而游离在细胞质中，当新细胞形成时，这些断片就会形成大小不等的微核，分布在主核的周围。紫露草微核技术选用了对辐射和诱变反应十分敏感的紫露草作为试验材料，以减数分裂中花粉母细胞的染色体作为攻击目标，并以早期四分体中所形成的微核作为监测终点。在花粉母细胞减数分裂的早前期，如果受到有害因子的攻击，可能会发生染色体断裂，产生染色体片段，或干扰染色体的正常交换效应。染色体片段有的可能重新愈合，恢复正常，有的则由于缺乏着丝点，不能移向细胞的两极，变成小球，即微核，而游离于细胞质中。形成的微核越多，说明环境中的诱变物越强，所以可以根据微核率的高低说明环境污染程度。

二、紫露草的栽培管理

紫露草（*Tardescantia paludosa*）又名沼泽紫露草，系鸭跖草科（Commelinaceae）、紫鸭跖草属（*Tradescantia*），为多年生草本植物。紫露草植株直立，叶线形。花瓣 3，蓝紫色，辐射对称。两性花，雄蕊 9。子房 3 室，每室有 2 胚珠。聚伞状花序。蒴果开裂。染色体 $2n=12$。

可任意选择花盆土（砂两份、土四份、牛粪一份及泥灰苔土一份）、松软土壤或碎石土来栽培。平常每周可施用液体或固体肥料。

紫露草系温带长日照植物，宜在温暖、湿润、肥沃、有机质丰富的土壤中生长。白天要求最适温度为 21～26℃，夜间为 16℃左右，湿度 60%～80%，每天要求 16～18h 的日照，如果温度适宜可全年开花，光照不足开花少且不整齐。如果要在日照短的季节开花，需增加 1800lx 左右的人工光照，每天光照 16h。

很多品种的紫露草可以用来做这种监测，如 *Tradescantia paludosa* 二号、*Tradescantia paludosa* 三号、*T. virginicna*、*T. hirsutiflora* 和 *T. subcaulis*、杂种的四四三零号等。*T. paludosa* 三号是最合适的品种，这是因为此品种的本底微核率比较低（一般为 5%～9%），植物体比较小，同时很容易用无性繁殖法大量繁殖，而且留丛之中的分生茎又多。紫露草盆栽、地栽均可，最好是地栽。一个 16in（1in＝0.0254m）口径的花盆可以栽培 10～15 个植株。栽培的地方应尽量避免大气、水、土壤和放射线等污染。以施有机肥为好，少施化肥。每天要浇水一次。要适时整枝，初花、开过的花以及过密的枝条要及时摘掉。为了保持紫露草在遗传上的纯洁性，可在春季或秋季采用分株或扦插的方式进行无性繁殖。新植株不可用种子或种子所长出的幼苗繁殖。每隔1～2年采用扦插方式进行复壮更新，扦插最好在春季或秋季进行。如果发生病虫害，可采取人工拔除和人工捕杀，拔除的病株应就地烧毁。禁施农药和除草剂。当植株根多结团时，植株应该扔掉，或再分出几个新的无性繁殖系。为了解决紫露草在城市栽培的用地、光照等问题，紫露草可进行屋顶栽培。紫露草是温带长日照植物，喜温暖，长江以南的地方一般可在室外自然越冬。在北方或海拔较高的地方，冬季应将紫露草移入温室或塑料棚内。

三、水样的保存

用于微核试验的水样如不能及时进行检测，应置于4℃的冰箱中保存。

四、受试生物材料

美国沼泽紫露草3号，对辐射和诱变反应十分敏感，花粉母细胞在减数分裂时高度同步，自然本底微核率较低，微核形成过程时间较短，栽培方便，取材容易（在适宜的生长条件下，可全年开花）。通过营养繁殖和复壮，可保证品种的同一性。

五、试验步骤

1. 选择花序

通常一个典型的紫露草试验用的花序是幼期的花序，有10个以上花蕾，紧密地生长在6～8cm长的植株茎上，较长的花枝对液体的吸收能力较强，这些试验用的花枝应该以随机采样方式而得。把带有两片叶子的花序枝条，连同6～8cm长的茎取下，插入盛有自来水的容器中备用，容器上事先用一个有孔的铝片或薄塑料板盖上。

2. 调整酸碱度（pH）

用1mol/L HCl或1mol/L NaOH溶液调节水样的pH至5.5～8.5。

3. 处理

(1) 监测化学诱变剂　将药品配成所需浓度的水溶液，倒入500mL烧杯中，烧杯上蒙以带孔的塑料薄膜或盖上带孔的薄塑料板或铝片，将插在自来水中的花枝取出，插入试验液中，每处理组插15个花枝，对照组用自来水，在人工光源下处理6h。如果水样污染物浓度较高，可用自来水适当稀释；如果水样是海水，可用自来水稀释50%后再进行处理。水源水、生活饮用水或污染较轻的水样，可适当延长处理时间。非水溶剂可预先溶解，再用水稀释。

(2) 监测气体药物　如用气体药物处理时，花枝应放在玻璃箱中处理，箱中应有一定量气体经常通过。气体的浓度、气温、湿度应保持稳定。一种气体药物的处理法是将定量的某种纯气体引入处理箱内。另外一种办法是用定量的两种药物，使它们在密封的玻璃钟罩内发生化学反应而处理之。高挥发性的液体也可以当作气体在密封的处理箱内使用。处理时间也是6h。

(3) 监测空气污染　把花序插在自来水中，用清洁空气箱（特制的具有活性炭过滤小窗）运到现场，让花序接触污染空气6h，然后用清洁空气箱运回实验室。同时做一组室内对照和一组现场对照（一杯花序不做现场处理，只放在箱中沿途跟随作为现场对照）。这种花枝所接受的剂量由在现场停留时间的长短而定。处理期间的天气情况、路上汽车的多少和现场的确切地点都应详细记录。当时的风向、风速及污染物的发源地对现场的关系也需写明，因为这些都是很重要的因素。

(4) 监测放射性污染　如用外来的放射线处理紫露草的花序，花枝可以放在自来水杯中，把花序排列得同等高矮，就可以使它们接受到相同的剂量。以10cm左右的距离为最适宜，这样可以得到平均的剂量。处理后应将用过的水或培养液立刻换新。如用内源的放射线处理，所用的放射线同位素的放射性活度(Ci，1Ci=37GBq)应先算好，然后稀释，再以该同位素之半衰期计算最终的剂量，被处理花蕾中的放射线剂量，应该在处理时期内测量，以便明确有效的计量。所有在花枝上多余的放射性同位素应在处理时间终了后洗净。

4. 恢复培养

由于试验花枝减数分裂期中对诱变剂敏感性很不相同，且第一次分裂的早前期是敏感高峰，因而对已经接受处理的相应花枝，应该在固定以前给予一段恢复期，这个恢复期事实上是让在早前期中受损伤的染色体进行分裂，而达到四分体时期，这样才能检视微核的数目。比较合适的恢复期大致是24～30h。在此恢复期中，试验植株应该放在清洁的水中或清洁的空气中。如果药剂剂量过高，可能扰乱正常减数分裂的程序，从而引起减数分裂期的迟缓，迟缓期可能达到几个小时甚至1天之久。

5. 固定及保存

将恢复培养结束的花枝，除掉叶子和花梗，把花序放在新配制的卡诺液（冰醋酸∶无水乙醇＝1∶3）中固定24～48h，再将花序转入70％酒精中，即可制片观察。也可将固定后的花序置冰箱中（4℃）长期保存，但每月需要更换一次70％酒精。

6. 制片

要从一丛花序里大小不同的花蕾中，选择含有最适当的早期四分体的花蕾，应该用两个解剖针把一丛花蕾分开，按成熟期的早晚顺序排列。如果把小的花蕾打开后，其中所含的花粉母细胞是在第一次减数分裂的前期，可能遇到粗线期或双线期。在此期间染色体断裂的部分在平常的显微镜下是不能辨别出来的。那个比上述花蕾较大的花蕾中可能含有第一次分裂的中期或后期（在一起）。这是因为这两期的时间很短，如果有断裂的话，应在赤道板之外形成染色体片段，或是在后期中形成落后染色体。比上述花蕾再大一点的花蕾中，应含后期或二分体（两个细胞时期），并且有时微核就在真正细胞核的外面形成。含有早期四分体的花蕾通常是花序中从顶上往下数的第7对或第8对。紫露草四分体时期是比较长的一个分裂期，它们可以再分为3个早晚不同的时期，即早期四分体、中期四分体及晚期四分体。为获得较高的微核率，可在24～30h的恢复期中来固定处理的材料。早期四分体外面具有一个不易破裂的包膜，因此在制片时虽然加热又加压力，这个四分体的4个细胞也不会分散。中期的四分体的细胞核比较大，其中的染色体又较分散，因此在此时期的微核时常被蒙住不见。这是因为染色体片段中的螺旋形DNA也处在松散的状态下，是黑暗不明的时期。晚期四分体的细胞核较小，和早期相似，但是因为外面包膜渐渐消失，4个细胞有分散的倾向或形成4个半月形的单独细胞。通常一个花序中如遇到那种适当的早期四分体花蕾的话，只有一个花蕾含有这种早期四分体。这种早期四分体花蕾在一般花序中存在的概率为30%～50%。可以用解剖针打开花蕾及花药，用醋酸洋红染色后，在100倍的显微镜下寻找一个时期适当的花蕾，当找到早期的四分体后，每一个花药都需要进一步捣碎，从而得到其中所有的四分体，然后在四分体上加一滴洋红（但不可使洋红滴管与细胞相接触），要使四分体始终浸在洋红染色液中。假若加洋红液太多，四分体的释放比较困难，但也不宜太少。在把所有四分体从花药中全部释放以后，把药壁等碎物杂品清理干净，将盖片小心地放上，最好不扰乱玻片上四分体的位置。适量的洋红液可使所有的四分体在盖片下分散均匀，而不使它们堆积在一起。这时玻片就可以在酒精灯的火焰上加热到80℃左右，加热时应在酒精灯火焰上过来过去三四次，然后很快把热玻片放在几层吸水纸上，用手从上面轻轻加以压力。染色过深，需要退色时，其作法是把1～2滴45%的醋酸放在盖片一端，然后用一条吸水纸在另一端将醋酸吸引过去。在细胞核完全退色分明以后，就可以用来检视微核率。假若检视工作可以在8h以内完成的话，用不着把盖片封在载玻片上。若时间较长，可将依上述方法制成的玻片用Euparal(尤布拉）胶、密封蜡或指甲油封上。这种暂时玻片应在48h之内检视，不然就会形成洋红染料的结晶体或形成小点，可能与微核分不清。永久片可以由暂时片制成，首先要用干冰或冷冻板把玻片上的细胞快速冷冻，而后才能把盖片揭开。冷冻板通常可以达到－40～－20℃。这个快速冷冻的手续很简单，只要把玻片放在冻冷的平面上10～15min，就可以用刀片把盖片揭开，而不会把盖片下的细胞损坏。假若是用干冰，所打开的玻片可以直接放在70%及95%酒精中（每个浓度15min）脱水，然后用Euparal胶把盖片全部粘在玻片上。

7. 微核观察

每一种污染物的试验，包括几个不同的剂量处理组和对照组。几组的玻片制造应在一起进行，并要用铅笔记好号码，再用纸条密封，另编密码。玻片在100倍放大的显微镜下，通常可以在视野中看到50～100个四分体，并且微核的大小及数目都可以看清楚。但是在这种低倍镜下检视微核的数目是不太方便的，除非在目镜中加上格线板。在低倍镜下检视微核，虽然可以一下检视大量的四分体，而获得较高的效率，但随机性就减小了。通常随机方式的检视手续是用400倍的显微镜视野，从玻片的一端渐渐移向另一端，上下来回检数，计算出其中有1个、2个、3个、4个、5个微核和没有微核的四分体数目。每一个四分体算作一个检视单位。记录所观察的四分体数和微核数。

六、质量控制

（1）供试紫露草花序应生长良好且无病虫害，本底微核率应小于10%。

（2）采集的水样应及时检测，否则应将水样置4℃左右冰箱中保存。检测时应提前将水样从冰箱中取出，待水温升至室温后方可进行试验。

（3）供做阴性对照和稀释用的自来水与充氧蒸馏水微核率应无显著性差异，否则采用充氧蒸馏水做阴性对照。

（4）严格选择处于早期四分体时期的花蕾压片是试验成功的关键。早期四分体的直径为18～22μm，外具一层不易破裂的包膜，细胞核大而明显，如图5-1(b)。

一个早期四分体中的微核从无到数个不等。微核的直径为0.5～3μm，呈圆形或椭圆形，见图5-1(a)，分布在主核周围，着色与主核一致。下述情况的微核不应统计。

① 四分体以外的微核。

② 由于分裂延缓所造成的特别大的四分体中的微核。

③ 死亡四分体中的微核，见图 5-1(c)。

④ 雄蕊毛、花药壁及花丝细胞中的微核。

(5) 如果同一试验组的平行试验，平均微核率相差 2%以上，应重做试验。

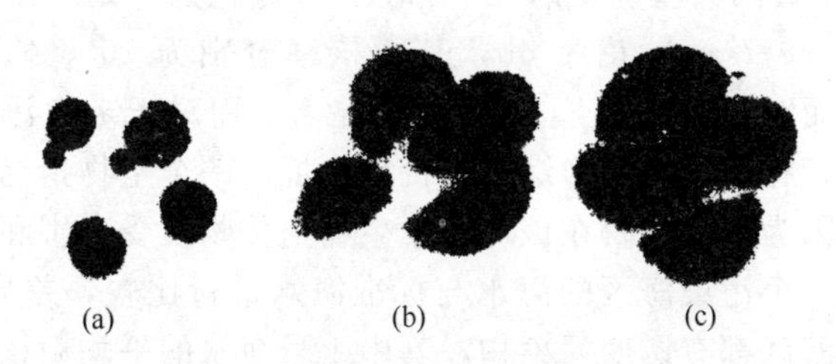

图 5-1 紫露草四分体和微核示意

(a) 紫露草早期四分体及微核；(b) 早期四分体；(c) 死细胞

七、微核统计和污染判断

根据统计学要求，每个处理组至少要做 5 张片子，一个花序一般只能做 1 张最好的片子，这要从 15 个花序中选取 5 个最好时期的花蕾。每张片子至少要统计 300 个四分体，这样每个处理组都有 1500 个以上的四分体，把这 1500 个四分体中的微核数全部加起来，求出微核率。

$$微核率=\frac{微核总数}{四分体总数}\times 100\%$$

因为未经处理的对照组也有自身的本底微核率，如果处理组微核有增加，但是否达到显著差异，这需要做统计学分析。方法是分别求出每实验组和对照组的平均值、标准偏差和标准误差，用下列公式进行比较。

$$S_d=\sqrt{(SE_t)^2+(SE_c)^2}$$

式中 S_d——平均值差的标准误差值；

SE_t——处理组的标准误差值；

SE_c——对照组的标准误差值。

当平均值差等于或大于平均值差的标准误差值的两倍时，表示差异显著（$P<0.05$），说明处理组已受到诱变剂污染。即处理组

的平均微核率与对照组的平均微核率就有显著的差别。

从应用微核技术监测空气、污水、土壤、化学诱变剂、农药和放射性同位素等污染的初步试验看，对于已知的单因子污染或已知主导因子的复合污染，可以得到该因子强度与微核率的相关性，了解其污染的程度。如用浓度为 0.01mmol/L、0.05mmol/L、0.10mmol/L 的典型诱变剂——NaN_3（叠氮化钠）处理山东毛萼紫露草（*T. reflexa*）花序 6h，其微核率分别为 10.6%、12.5%、14.6%，而对照组仅为 8.3%，差异显著。而对于未知污染因子的环境条件，将微核率作为综合评价该环境的一个生物指标是有实际意义的，因为它能反映在该环境下生物遗传物质受毒害和破坏的程度。如对 3 个污染海区的海水与标准海水进行比较，差异均显著，说明 3 个海区都有诱变污染物，其中 1 号海水的平均微核率为标准海水的 2.2 倍，其他两个海区为 1.9 倍，3 个污染海区的微核率大约相当于 10R($1R=2.58\times10^{-4}C/kg$) X 射线照射紫露草所产生的微核率的一半，说明海水污染的危害程度是相当高的。

八、紫露草微核技术监测环境污染的优点

① 紫露草是现在所知道的对辐射和诱变剂反应最敏感的植物。处在减数分裂过程中的花粉母细胞，尤为明显。

② 紫露草花粉母细胞在减数分裂过程中有高度同步性，能同时形成大量四分体，供计数。

③ 紫露草本身的自然本底微核率比较低（一般为 5%～9%），为观察微核数量的变化提供了方便。

④ 微核形成的过程较短，一般在 40 多小时之内就可完成实验全过程，得到结果。

⑤ 紫露草栽培方便，取材容易，这种多年生草本植物，如果温度适宜，可全年开花现蕾，提供实验材料。

总之，紫露草微核技术是目前监测环境污染的一种方法简单、使用经济、效果可靠、便于推广的生物监测手段。无论是大气、陆地和海洋的化学污染还是放射性污染，均可使用。所以紫露草微核监测技术已被美国国家环境保护部门定为环境污染监测的常规方法之一。

九、主要器材和试剂

1. 主要器材

① 显微镜、载玻片、盖玻片、手术剪、解剖针、解剖刀、镊子、酒精灯等。载玻片和盖玻片一定要清洁。

② 人工光源。日光灯架，架高约 50cm，光源为两支并列的 40W 日光灯。

③ 无毒塑料薄膜或直径为 10cm 左右的带孔薄塑料板。

④ 血球分类计数器。

⑤ 曝气鱼泵（供充氧用）。

⑥ 温度计。

⑦ 电冰箱。

2. 试剂

① 卡诺液。由三份无水乙醇和一份冰醋酸混合而成，固定液现用现配。

② 70%乙醇。

③ 1mol/L HCl。

④ 1mol/L NaOH。

⑤ 1mol/L 醋酸洋红。将 50mL 45%冰醋酸水溶液盛入 150mL 三角瓶中，徐徐投入 0.5g 洋红粉末，文火煮沸 1～2h。为增加染色效果，可在溶液中悬一小铁钉煮几分钟，使染色液含少许铁离子，或待溶液冷却后加入 1～2 滴乙酸铁溶液，将过滤后的染色液装于棕色滴瓶中备用。

⑥ 二甲基亚砜（DMSO）。

复习思考题

1. 紫露草微核技术的原理是什么？
2. 紫露草微核监测过程中为什么要设恢复期，要恢复多长时间？
3. 微核是什么？它是怎样产生的？

任务二　蚕豆根尖微核监测技术

蚕豆根尖微核技术是由 Francesca 和 Ma Te-Hsiu 1982 年建立

的。近年来，国内有人用蚕豆根尖微核技术来监测空气和水中的污染物，结果表明，微核率在不同污染时间及不同浓度下，均与对照组有显著差异，因此可作为监测环境污染的手段。

一、蚕豆根尖微核技术的原理

蚕豆根尖细胞在进行有丝分裂的过程中，染色体经常发生断裂，但一般情况下，断裂可以自行愈合，如果受到有害因子的攻击，染色体就不能愈合，甚至增加断裂，形成染色体片段，这些染色体片段由于缺乏着丝点而不能到达细胞的两极，而留在细胞质中，一旦新细胞核形成，这些片段就形成大小不同的小核，即微核。因此，可以根据微核率的高低说明诱变物的强弱。

二、受试生物材料

推荐的蚕豆品种为松滋青皮豆，是筛选出的较为敏感的品种。可采用直接购买或引种栽培繁殖的方法。

引种松滋青皮豆时，注意不要与其他蚕豆品种混种，不施用农药和化肥，以保持其较低的本底微核值。种子成熟晒干后，为保证其发芽率，应贮于干燥器内，或用牛皮纸袋装好后，放入4℃冰箱内保存备用。

如果只需对区域性水环境进行监测，也可用其他蚕豆品种。但应注意其来源稳定、可靠，同时注意经常检查其敏感性，以保证监测数据的历史连续性和可比性。

三、试验步骤

1. 蚕豆浸种催芽

(1) 浸种　将当年生或前一年生的蚕豆种子按需要量放入盛有自来水（或蒸馏水）的烧杯中，置25℃温箱内，浸泡26～30h，此期间至少换水两次。如室温超过25℃，也可在室温下进行浸种催芽。

(2) 催芽　待种子吸胀后，用纱布松松包裹置解剖盘内，保持湿度，在25℃的温箱中催芽12～30h。待种子初生根露出2～3mm，再选取发芽良好的种子，放入铺满薄层湿脱脂棉的解剖盘内，仍在25℃下催芽36～48h，当大部分种子的初生根长至2～

3cm 时，即可用于处理。

2. 处理根尖

每一处理选取 6～8 粒初生根生长良好、根长一致的种子，放入盛有被测液的培养皿中，让被测液浸泡住根尖即可，用自来水（或蒸馏水）做对照处理，方法相同。处理时间为 4～6h。

3. 根尖细胞恢复培养

将处理后的种子，用自来水（或蒸馏水）浸洗 3 次，每次 2～3min，然后把洗净的种子再放入湿脱脂棉盘中，按前述培养条件恢复培养 22～24h。

4. 根尖细胞的固定

将恢复后的种子，从根尖顶端切下 1cm 长幼根放入青霉素空瓶中，加卡诺液固定 24h。固定后如不及时制片，可换入 70％的乙醇中，置 4℃冰箱内保存备用。

5. 孚尔根（Feulgen）染色

① 固定好的幼根，在青霉素瓶中用蒸馏水浸洗 2 次，每次 5min。

② 吸净残水，再加 5mol/L HCl 将幼根浸泡，连瓶放入 28℃水浴锅中水解幼根 25min 左右，至幼根被软化即可。

③ 用蒸馏水浸洗幼根 2 次，每次 5min。

④ 在暗室或遮光的条件下加席夫（Schiff）试剂，染色 1～4h。

⑤ 除去染液，用 SO_2 洗涤液浸洗幼根 2 次，每次 5min。

⑥ 用蒸馏水浸洗 1 次，5min。

⑦ 将幼根放入新换的蒸馏水中，置 4℃的冰箱内保存，可供随时制片之用。

6. 制片

① 将幼根放在干净的载玻片上，用解剖针截下 1mm 左右的根尖。

② 滴上少许 45％的醋酸溶液，用解剖针将根尖捣碎。

③ 盖上盖玻片，注意不要有气泡。

④ 再在盖玻片上加一小块滤纸，轻轻敲打压片。

7. 镜检及微核识别标准

将制好的片子先在低倍镜下找到分生组织区细胞分散均匀、膨大、分裂较多的部位，再转高倍镜（40×物镜）下进行观察。

微核的大小是主核大小的1/3以下，并与主核分离，微核的形状为圆形、椭圆形或不规则形，着色与主核相当或稍浅。

每一处理观察3个根尖，每个根尖随机计数1000个细胞中的微核数，将结果记录到表5-1中。

表 5-1 蚕豆根尖微核监测记录表

试验号　　　　　　　　镜检日期　　　　　　　　　　　镜检者

片　号	微　核　数	观　察　的　细　胞　数
NO. 1		
NO. 2		
NO. 3		

四、质量保证与质量控制

① 对严重污染的水环境，监测时可能造成根尖死亡，应稀释后再做测试。

② 在没有空调恒温设备的条件下，如室温超过35℃，微核率本底可能有升高现象，但可采用污染指数法评价，不会影响监测结果。

五、实验数据的统计处理和污染程度的划分

1. 数据处理

将微核观察记载表上所得数据，按如下步骤进行统计学处理。

① 按以下公式计算各测试样品（包括对照组）的微核千分率（MCN‰）。

$$\text{MCN‰}=\frac{\text{某测试样点(或对照)观察到的 MCN 数}}{\text{某测试样点(或对照)观察到的细胞数}}\times 1000‰$$

② 如果被监测的样品不多，可直接用各样品MCN率平均值与对照比较（t检验），从差异的显著性判断水质污染与否。

③ 如果被检测的样品较多，可先用方差分析（F检验），看各样品的MCN‰平均值与对照的差异显著性。如差异显著，还可进一步进行多重比较，看被检测样品MCN‰平均值差异显著性的分

组情况，以归纳划分这些不同样品的污染程度级别。

④ 如果采用的是松滋青皮豆作实验材料，又专门隔离栽培，没有污染，且对照本底 MCN‰在 10‰以下，其监测样品污染程度的划分可直接采用下述 2.（1）的标准进行评价，不必进行上述②、③两种统计处理。

2. 结果评价

凡数值在上、下限值时，定为上一级污染。

（1）利用“MCN‰”进行评价　如果采用的是松滋青皮豆作实验材料，又专门隔离栽培，没有污染，且对照本底 MCN‰在 10‰以下，可利用 MCN‰按如下标准直接评价。

① MCN‰在 10‰以下基本没有污染。

② 10‰～18‰区间为轻污染。

③ 18‰～30‰区间为中污染。

④ 30‰以上为重污染。

（2）利用“污染指数”进行评价　此方法可避免因实验条件等因素带来的 MCN‰本底的波动，故较适用。

$$\text{污染指数(PI)}=\frac{\text{处理组 MCN‰平均值}}{\text{对照组 MCN‰平均值}}$$

PI 越高，说明污染越重。PI 在 0～1.5 区间为基本没有污染；1.5～2 区间为轻污染；2～3.5 区间为中污染；3.5 以上为重污染。

3. 结果报告

结果报告中应包括以下内容。

① 受试物：名称、来源、采样时间、地点等。

② 浓度：受试物的处理浓度或稀释浓度（以体积分数计）。

③ 各处理组的 MCN‰、统计分析方法及结果。

④ 结论：对于受试物为化学品或污染物等物质，报告其蚕豆根尖微核率显著性情况，评价其安全性；对于受试物为环境水样或污水，报告其污染程度。

六、仪器设备和试剂配制

1. 仪器设备

显微镜、温箱、恒温水浴锅、冰箱、计数器、解剖盘、镊子、解剖针、载玻片、盖玻片、试剂瓶、烧杯等。

2. 试剂配制

① 5mol/L HCl。

② 卡诺液。无水乙醇（或95%乙醇）3份加冰醋酸1份配成。固定根尖时随用随配。

③ 席夫（Schiff）试剂。称0.5g碱性品红（fuchsin basic）加蒸馏水100mL，置三角烧瓶中煮沸5min，并不断搅拌使之溶解。冷却到58℃时，过滤于深棕色试剂瓶中，待滤液冷至25℃时再加入10mL 1mol/L HCl和1g偏重亚硫酸钠（$Na_2S_2O_5$），或偏重亚硫酸钾（$K_2S_2O_5$），充分振荡使其溶解。塞紧瓶口，用黑纸包好，置于暗处至少24h，检查染色液，如透明无色即可使用。此染色液在4℃冰箱内可保存至少6个月左右。如出现沉淀，不可再用。

④ SO_2 洗涤液

贮存液：10%$Na_2S_2O_5$（或10%$K_2S_2O_5$）溶液、1mol/L HCl。

使用液：现用现配，取上述10%$Na_2S_2O_5$（或10%$K_2S_2O_5$）溶液5mL，1mol/L HCl 5mL，再加蒸馏水100mL配成。

复习思考题

1. 蚕豆根尖微核技术的原理是什么？
2. 蚕豆根尖微核监测过程中为什么要设恢复期，要恢复多长时间？
3. 简述蚕豆根尖微核监测的步骤。

任务三　沙门菌/哺乳动物微粒体酶系试验

沙门菌/哺乳动物微粒体酶系试验（Ames试验）是由美国加利福尼亚大学的生化教授B. N. Ames等人经过12年的辛勤研究，于1975年正式系统发表的一种测试方法。他们用紫外线照射诱导鼠伤寒沙门菌LT_2菌株，筛选出若干不同的组氨酸营养缺陷突变株为测试标准菌株，建立了鼠伤寒沙门菌/哺乳动物微粒体酶系试验，简称 Ames 试验。这种方法是目前国内外公认并首选的一种检测环境三致物的短期生物学试验方法，其阳性结果与致癌吻合率高达 83%。

一、Ames 试验的目的

Ames 试验是以微生物为指示生物的遗传毒理学体外试验，遗传学终点是基因突变，用于检测受试物能否引起鼠伤寒沙门菌基因组碱基置换或移码突变。

二、Ames 试验的原理

鼠伤寒沙门菌的野生型菌株在不另加组氨酸的基本培养基中生长良好，因为它能自己合成组氨酸。发生突变后，菌株的组氨酸基因失活，在不另加组氨酸的培养基中就不能生长，因此，把这种突变菌株称为组氨酸营养缺陷型（菌株）。

组氨酸营养缺陷型菌株能自发地回复突变成野生型菌株，但在自然条件下，自发回变的频率是相当低的，诱变剂能大大提高回变频率。Ames 试验的原理也就是：鼠伤寒沙门菌的标准试验菌株为组氨酸缺陷突变型，在无组氨酸的培养基上不能生长，在有组氨酸的培养基上可以正常生长。诱变剂（mutagen），又称为致突变剂或致突变物，可使沙门菌组氨酸缺陷突变型回复变为野生型，在无组氨酸培养基上也能生长。故可根据在无组氨酸的培养基上生成的菌落数量，判断受试物是否为诱变剂。

一些诱变剂必须在动物体内代谢活化后才有诱变作用，如果不预先活化，就无法测出它的诱变性。于是 Ames 等人在检测化学物质的过程中，加入由 9000g 高速离心处理后获得的大鼠肝脏提取液（简称 S-9），其中含有细胞色素 P450 等微粒体酶系。因此，Ames试验又称鼠伤寒沙门菌/哺乳动物微粒体酶系试验。

三、样品的采集

1. 仪器设备条件

采样瓶为棕色、大口玻璃瓶，瓶盖具聚四氟乙烯衬垫，或在样品无腐蚀性条件下使用具铝箔外衬的橡皮塞。

2．样品采集

用采样瓶手工采集适量样品，地表水和废水样品要完全充满容器，密封，并于2h内送于实验室，尽快进行处理。

四、地表水和废水的样品预处理

1．仪器设备条件

分液漏斗；贮水器，具下口的玻璃容器；树脂柱玻璃管，高不低于10cm，柱管直径与柱长比为1∶(4～10)之间；输液泵；旋转蒸发器或KD浓缩器；高纯氮气。

2．试剂

① 纯水。符合GB 6682—1192实验室用水规格。可用去离子水经全玻璃蒸馏器蒸馏制得。

② 10mol/L氢氧化钠溶液。

③ 硫酸溶液(1∶1)。

④ 1mol/L氢氧化钠溶液。

⑤ 1mol/L盐酸溶液。

⑥ 二氯甲烷、甲醇、丙酮、正己烷，不低于分析纯级，应在玻璃容器中重蒸馏后方能使用。

⑦ 二甲基亚砜(DMSO)。

⑧ XAD-2树脂或等效的大孔树脂。树脂应经纯水及甲醇漂洗后，在索氏提取器中分别用甲醇、二氯甲烷、正己烷、丙酮提取8h，去除有机物。净化后的树脂浸于甲醇中，置4℃冰箱备用。

3．样品制备

① 有机物分离提取前的样品预处理。将采样瓶于4℃静置24h，使非水液相、水相、沉积固相分离。水相按下述原则处理：地表水中悬浮物的量低于5%时可直接进行有机物的大孔树脂提取；悬浮物的量高于5%的地表水及废水进行有机物的液-液提取。

② 有机物的液-液提取。取两份1500mL的水样分放到两个2000mL分液漏斗中。用10mol/L氢氧化钠将pH调至11。向每个分液漏斗中加入150mL二氯甲烷，振荡2min，注意放气。静置至少10min，使有机相与水相分层，分出有机相。再各用100mL二

氯甲烷提取两次。将3次提取液合并在1000mL烧瓶中。如有机相与水相间的乳化层多于溶剂层的1/3，可离心以达到两相的分层。用硫酸溶液（1∶1）将水相的pH调至2以下。用二氯甲烷150mL、100mL、100mL分3次进行溶剂提取。将这3次提取的有机相也并入1000mL烧瓶中。

③ 有机物的大孔树脂分离提取。将净化后的树脂连同丙酮一起装入树脂柱，树脂上下端分别垫、盖玻璃棉。排去柱中丙酮，用纯水洗柱3次（注意每次不能把试剂排空）。使水样流经树脂柱，流速为1～2倍柱体积/min，水样量不超过2000倍柱体积；用真空泵抽去柱中水，然后用4～8倍柱体积85∶15的正己烷、丙酮和8个柱体积二氯甲烷分别3次浸柱以洗脱有机物。浸泡时间为每次10min。然后缓缓滴流，将洗脱液收集至烧瓶中。

④ 提取液浓缩。使用旋转蒸发器或KD浓缩器，将获取的提取液或洗脱液浓缩。浓缩液50%供质量分析或化学分析，余50%继续浓缩至1mL。

⑤ 溶剂置换。于40℃水浴，用氮气流将浓缩的提取液吹干。加入适量DMSO溶解提取物，并稀释备用。

⑥ 样品量计算结果的表示。样品预处理所得水相体积或经树脂柱水样的体积以升（L）表示。有机提取物的质量以毫克（mg）表示。结果应换算成原水的水样量。

五、鼠伤寒沙门菌回复突变试验

1. 仪器设备

洁净工作台、恒温培养箱、恒温水浴、蒸汽压力锅、匀浆器等实验室常用设备，低温高速离心机、低温冰箱（－80℃）或液氮罐。

2. 培养基制备

除说明外，培养基成分或试剂应是化学纯或分析纯。避免重复高温处理，注意保存温度和期限。

(1) 营养肉汤培养基　用作增菌培养。

牛肉膏	2.5g	磷酸氢二钾($K_2HPO_4 \cdot 3H_2O$)	1.3g
胰胨(或混合蛋白胨)	5.0g	蒸馏水	定容至500mL
氯化钠	2.5g		

加热溶解，调 pH 至 7.4，分装后于 0.103MPa 灭菌 20min，4℃保存，保存期不超过 6 个月。

（2）营养肉汤琼脂培养基　用作基因型（rfa 突变，R 因子，pAQ1 质粒，△uvrB）鉴定。

琼脂粉	1.5g	营养肉汤培养基	100mL

加热溶化后调 pH 为 7.4，0.103MPa 灭菌 20min。

（3）底层培养基　用于致突变试验。

① V-B 盐贮备液，50×

磷酸氢钠铵($NaNH_4HPO_4$)	17.5g	磷酸氢二钾(K_2HPO_4)	50.0g
柠檬酸($C_6H_8O_7 \cdot H_2O$)	10.0g	硫酸镁($MgSO_4 \cdot 7H_2O$)	1.0g

加蒸馏水至 100mL，0.103MPa 灭菌 20min。待其他试剂溶解后，再将硫酸镁缓慢放入其中继续溶解，否则易析出沉淀。

② 40%葡萄糖溶液

葡萄糖	40.0g

加蒸馏水至 100mL，0.055MPa 灭菌 20min。

③ 1.5%琼脂培养基

琼脂粉	15g	蒸馏水	930mL

溶化后 0.103MPa 灭菌 20min，趁热（80℃）以无菌操作加入如下试剂。

V-B 盐贮备液，50×	20mL	40%葡萄糖溶液	50mL

充分混匀，待冷却至 50℃左右时倒入培养皿，每皿（直径 90mm）25mL，37℃培养过夜，以除去水分及检查有无污染。

（4）顶层培养基

① 顶层琼脂

琼脂粉	0.6g	氯化钠	0.5g

加蒸馏水至 100mL，0.103MPa 灭菌 20min。

② 0.5mmol/L 组氨酸-生物素溶液

D-生物素(相对分子质量 244)	30.5mg	L-盐酸组氨酸(M_W 191.17)	23.9mg

加蒸馏水至 250mL，0.103MPa 灭菌 20min。

顶层培养基制备：加热融化顶层琼脂，每100mL顶层琼脂中加0.5mmol/L组氨酸-生物素溶液10mL。混匀，分装于灭菌试管，每管2mL，在45℃水浴中保温。

（5）鉴定菌株基因型用试剂

① 0.8%氨苄西林溶液（无菌配制）：称取氨苄西林40mg，用0.02mol/L氢氧化钠溶液5mL溶解，保存于4℃冰箱。

② 0.8%四环素溶液（无菌配制）：称取40mg四环素，用0.02mol/L盐酸5mL溶解，保存于4℃冰箱。

③ 0.1%结晶紫溶液：称取结晶紫10mg，溶于10mL灭菌蒸馏水。

④ 组氨酸-D-生物素平板

1.5%琼脂培养基	914mL	L-盐酸组氨酸(0.4043g/100mL)	10mL
V-B盐贮备液	20mL	D-生物素溶液(0.02mol/L)	6mL
40%葡萄糖溶液	50mL		

分别灭菌后，全部合并（1000mL），充分混匀，待冷却至50℃左右时倒平皿。

（6）氨苄西林平板（保存TA97、TA98、TA100菌株的主平板）及氨苄西林-四环素平板（保存TA102菌株的主平板）。

1.5%琼脂培养基	914mL	D-生物素溶液(0.02mol/L)	6mL
V-B盐贮备液,50×	20mL	0.8%氨苄西林溶液	3.15mL
40%葡萄糖溶液	50mL	0.8%四环素溶液(氨苄西林-四环素平板)	0.25mL
L-盐酸组氨酸(0.4043g/100mL)	10mL		

分别灭菌或无菌制备，注入1000mL瓶中，充分混匀，待冷却至50℃左右时倒平皿。

3. 代谢活化系统的制备

（1）大鼠肝S-9的诱导和制备　选健康雄性成年SD或Wistar大鼠，体重150g左右，周龄5～6周。将多氯联苯（Aroclor 1254或国产五氯联苯）溶于玉米油中，浓度为200mg/mL，按500mg/kg体重一次腹腔注射，5天后断头处死动物，取出肝脏称重后，用在4℃预冷的0.15mol/L氯化钾溶液冲洗肝脏数次。每克肝（湿重）加预冷的0.15mol/L氯化钾溶液3mL，用消毒后的医用剪刀剪碎肝脏，用匀浆器（低于4000r/min，1～2min）在冰浴中制成肝匀浆。以上操作需注意无菌和局部4℃冷环境。

将肝匀浆在低温0～4℃高速离心机，12000r/min离心10min。吸出上清液为S-9组分分装。保存于液氮或－80℃低温下。S-9应经无菌检查，蛋白含量测定（Lowry法）及间接诱变剂鉴定其生物活性合格。

（2）S-9混合液的配制

① 0.4mol/L氯化镁-1.65mol/L氯化钾：称取$MgCl_2 \cdot 6H_2O$ 8.1g，KCl 12.3g，加蒸馏水稀释至100mL，0.103MPa 20min灭菌或过滤除菌。

② 0.2mol/L磷酸盐缓冲液（pH7.4），每500mL由以下成分组成。

磷酸氢二钠（Na_2HPO_4 14.2g/500mL）	440mL
磷酸二氢钠（$NaH_2PO_4 \cdot H_2O$ 13.8g/500mL）	60mL

调pH至7.4，0.103MPa 20min灭菌或过滤除菌。

③ 10％S-9混合液的配制：每10mL由以下成分组成，临用时配制。

灭菌蒸馏水	3.8mL	葡萄糖-6-磷酸钠（M_W305.9，0.05mol/L）	40μmol
磷酸盐缓冲液（0.2mol/L，pH7.4）	5.0mL	辅酶Ⅱ（M_W 765.4，0.05mol/L）	50μmol
1.65mol/L氯化钾-0.4mol/L氯化镁溶液	0.2mL	肝S-9液	1.0mL

混匀，置冰浴待用。在4℃以下，其活性可保存4～5h。当日使用，剩余的S-9混合液废弃。

4. 受试生物

（1）试验菌株　采用4株鼠伤寒沙门突变型菌株TA97、TA98、TA100和TA102。TA97、TA98可检测移码型诱变剂；TA100可检测碱基置换型诱变剂；TA102检测移码型和碱基置换型诱变剂。

（2）增菌培养　取灭菌的25mL三角烧瓶，加入营养肉汤10mL，从试验菌株母板上刮取少量细菌，接种至肉汤中。37℃振荡培养10h，存活细菌密度可达$(1\sim2)\times10^9$/mL。

5. 菌株鉴定和保存

4种标准试验菌株必须进行基因型鉴定、自发回变数鉴定，以及对鉴别性诱变剂的反应的鉴定，合格后才能用于致突变试验。

(1) 菌株基因型鉴定

① 组氨酸营养缺陷型鉴定（组氨酸需求试验）。加热融化底层培养基两瓶各100mL。一瓶加L-盐酸组氨酸溶液（0.50g/100mL）1mL和D-生物素溶液（0.5mmol/L）0.6mL；一瓶加D-生物素溶液（0.5mmol/L）0.6mL。充分混匀，待冷却至50℃左右时各倒平皿4块，即分别为组氨酸-生物素平板和生物素平板。取组氨酸-生物素平板和生物素平板各一块，将试验菌株在此两组培养基上划线接种，经37℃培养24～48h，观察生长情况。此4种菌株应在组氨酸-生物素平板上生长，而在无组氨酸的生物素平板上不能生长。

② 深粗糙型（rfa）鉴定（结晶紫抑菌试验）。深粗糙型突变的细菌，缺失脂多糖屏障，因此分子量较大的物质能进入菌体。

鉴定方法：用移液器吸0.1%结晶紫溶液20μL，在肉汤平板表面涂成一条带，待结晶紫溶液干后，在与结晶紫带方向垂直划线接种4种试验菌株。经37℃培养24～48h，观察生长情况。此4种菌株在结晶紫溶液渗透区出现抑菌，证明试验菌株有rfa突变。

③ uvrB缺失的鉴定（紫外线敏感试验）。uvrB缺失即切除修复系统缺失。

鉴定方法：取受试菌液在营养肉汤琼脂平板上划线。用黑纸覆盖培养皿的一半，然后在15W的紫外线灭菌灯下，距离33cm照射8s，37℃培养24h。对紫外线敏感的3个菌株（TA97、TA98、TA100）仅在没有照射过的一半生长，而菌株TA102在没有照射过的一半和照射过的一半均能生长。

④ R因子和pAQ1质粒的鉴定。4个试验标准菌株均带有R因子，具有抗氨苄西林的特性。TA102菌株含pAQ1质粒，具有抗四环素的特性。

用结晶紫抑菌试验的方法，在两个肉汤平板上分别滴加氨苄西林溶液20μL(浓度为1mg/mL，溶于0.02mol/L NaOH）和四环素溶液20μL(浓度为0.08mg/mL，溶于0.02mol/L HCl)，并在肉汤平板表面涂成一条带，待溶液干后，垂直划线接种4种试验菌株。经37℃培养24～48h，观察生长情况。4个菌株生长应不受氨苄西林抑制，证明它们都带有R因子。TA102菌株生长应不受四环素抑制，证明带有pAQ1质粒。

(2) 自发回变数测定　取已融化并在45℃水浴中保温的顶层培养基一管 (2mL)，加入测试菌菌液0.1mL，迅速混匀，倒在底层培养基上，转动平皿使顶层培养基均匀分布在平皿底层上，平放固化。翻转平板于37℃培养48h，观察结果。计数回变菌落数。每株的自发回变率应落在表5-2所列正常范围内。

表5-2　试验标准菌株生物学特性鉴定标准

菌　株	基　因　型					自发回变菌落数
	组氨酸缺陷	脂多糖屏障缺陷	抗氨苄西林	抗四环素	uvrB修复缺陷	
TA97	+	+	+	−	+	90～180
TA98	+	+	+	−	+	30～50
TA100	+	+	+	−	+	120～200
TA102	+	+	+	+	−	240～320
备注	+表示需要组氨酸	+表示有抑制带	+表示具有R因子	+表示具有pAQ1质粒	+表示无修复能力	

(3) 对鉴别性诱变剂的反应　试验菌株对不同诱变剂的反应不同，应该在有代谢活化和没有代谢活化的条件下鉴定各试验菌株对诱变剂的反应。可按下述的点试验或平皿掺入试验的方法进行。各试验菌株对鉴别性诱变剂的反应见表5-3和表5-4。

表5-3　鉴别性致突变物在点试中的试验结果

诱　变　剂	剂量/μg	S-9	TA97	TA98	TA100	TA102
柔毛霉素	5.0	−	−	+	−	++
叠氮化钠	1.0	−	+	−	++++	−
ICR-191	1.0	−	+	+	++	+++
丝裂霉素C	2.5	−	++++	inh	inh	++
2,4,7-三硝基芴酮	0.1	−	inh	++++	++	+

续表

诱变剂	剂量/μg	S-9	TA97	TA98	TA100	TA102
4-硝基-*O*-亚苯基二胺	20.0	−	++	+++	+	+++
4-硝基喹啉-*N*-氧化物	10.0	−	+	++	++	++++
甲基磺酸甲酯	2.0(μL)	−	+	−	+	+++
敌克松	50.0	−	++++	+++	++++	+
2-氨基芴	20.0	+	++	++++	+++	
甲基硝基亚硝基胍	2.0	−	+	−	+++	+++

注：1. 每皿回变菌落数（扣除自发回变）的符号，"−"为小于20；"+"为20～100；"++"为100～200；"+++"为200～500；"++++"为大于500。

2. 柔毛霉素和叠氮化钠溶解在水中，其他所有化合物溶解在DMSO中。

3. ICR-191为2-甲氧基-6-氯代-9-[3-(2-氯乙基)氨基丙胺]吖啶·二盐酸。

4. inh表示因毒性而起的生长抑制。

表5-4 鉴别性致突变物在平板掺入法中的试验结果

诱变剂	剂量/μg	S-9	TA97	TA98	TA100	TA102
柔毛霉素	5.0	−	124	3123	47	592
叠氮化钠	1.0	−	76	3	3000	186
ICR-191	1.0	−	1640	63	185	0
链黑霉素	0.25	−	inh	inh	inh	2230
丝裂霉素C	2.5	−	inh	inh	inh	2772
2,4,7-三硝基芴酮	0.1	−	8377	8244	400	16
4-硝基-*O*-亚苯基二胺	20.0	−	2160	1599	798	0
4-硝基喹啉-*N*-氧化物	10.0	−	528	292	4220	287
甲基磺酸甲酯	2.0(μL)	−	174	23	2730	6586
敌克松	50.0	−	2688	1198	183	895
2-氨基芴	20.0	+	1742	6194	3026	561
苯并[*a*]芘	1.0	+	337	143	936	255

注：1."−"为小于20，"+"为20～100。

2. 表中回变菌落数取自于剂量-反应曲线的线性部分，并已扣去了对照值。

3. inh表示因毒性而起的生长抑制。

（4）菌株保存

① 鉴定合格的菌种应加入DMSO作为冷冻保护剂，保存在−80℃或液氮（−196℃），或者冰冻干燥制成干粉，4℃保存。

② 主平板保存。做主平板保存时，将菌落划线接种于主平板上，孵育24h后保存于4℃冰箱中。TA97、TA98、TA100菌株保

存在氨苄西林主平板上，可使用两个月。TA102 菌株在氨苄西林-四环素主平板上，可保存两周。应按时从保存的主平板上移菌，制备新的主平板。

6. 试验程序

(1) 实验设计　受试物最低剂量为每平皿 0.1μg，最高剂量为 5mg，或出现沉淀的剂量，或对细菌产生最小毒性剂量。一般选用 4～5 个剂量，进行剂量-反应关系研究，每个剂量应有 3 个平行平板。溶剂可选用水、二甲基亚砜（每皿不超过 0.4mL）或其他溶剂。每次实验应有同时进行的阳性对照和阴性（溶剂）对照。

(2) 方法和步骤　实验方法有平板掺入法和点试法。一般先用点试法做预试验，以了解受试物对沙门菌的毒性和可能的致突变性。平板掺入法是标准试验方法。

① 平板掺入法。平板掺入法是一种定量试验，目前主要采用这种方法来初步鉴定被测物有无致突变性。

a. 准备已灭菌平皿若干个（直径 90mm），每皿加入底层培养基 25mL，制成平板，并在底层培养基平皿上写上记号。

b. 加热融化顶层培养基，并将其分装于已灭菌的小试管（14mm×75mm）中，每管 2mL，在 45℃水浴中保温。

c. 在每管顶层培养基中依次加入受试物溶液 0.1mL、测试菌菌液 0.05～0.2mL(需活化时加 10%S-9 混合液 0.5mL)，迅速混匀，倒在底层培养基上，转动平皿使顶层培养基均匀分布在底层培养基上，平放固化后，将平板翻转，置 37℃培养 48h 观察结果。从 S-9 混合液接触顶层培养基至倒皿，要求在 20s 内完成，以免S-9失活。

d. 在每次试验中，都必须设阳性对照和阴性对照。以加 0.1mL 溶解受试物的溶剂代替受试物作为阴性对照，以加标准诱变剂代替受试物作为阳性对照。

② 点试法。点试法是平板掺入法的一个改变，它是将少量固体或液体（10μL 左右）的待测样品直接加到顶层培养基表面，经培养后观察回变情况，是一种简单快速的定性试验，可粗略地估计受试物的毒性程度，为通过掺入法进一步定量检测诱变效应提供选

择被测物剂量的信息。

a. 和平板掺入法一样，准备若干个已灭菌平皿（直径90mm），每皿加入底层培养基25mL，制成平板，并在底层培养基平皿上写上记号。

b. 加热融化顶层培养基，并将其分装于已灭菌的小试管（14mm×75mm）中，每管2mL，在45℃水浴中保温。

c. 在每管顶层培养基中依次加入测试菌菌液0.05～0.2mL(需活化时加10%S-9混合液0.5mL)，迅速混匀，倒在底层培养基上，倾斜平皿使顶层培养基均匀分布在底层培养基上，平放固化。同样，从S-9混合液接触顶层培养基至倒皿，也要求在20s内完成，以免S-9失活。

d. 取无菌滤纸圆片（直径6mm），小心放在已固化的顶层培养基的适当位置上，用移液器取适量受试物、阳性对照物、生理盐水各10μL，分别点在纸片上（后两者分别作为阳性对照和阴性对照），或将少量固体受试物结晶加到纸上或琼脂表面，将平板翻转，置37℃培养48h观察结果。

六、质量保证

应对水样预处理和鼠伤寒沙门菌致突变试验进行质量控制。

① 必须设置阴性对照。

② 必须设置阳性对照。

③ 致突变试验标准菌株应鉴定合格，实验应设置平行样。

七、数据与报告

1. 数据处理

结果以均数±标准差表达。利用适当的统计学方法处理数据。

2. 结果评价

（1）点试法　凡在点样纸片周围长出一圈密集的his^+回变菌落者，该受试物即为诱变剂。如只在平板上出现少数散在的自发回变菌落，则为阴性。如在滤纸片周围见到抑菌圈，说明受试物具有细菌毒性。

(2) 掺入法　计数培养基上的回变菌落数。如在背景生长良好的条件下，受试物每皿回变菌落数等于或大于阴性对照数的2倍，并有剂量-反应关系，或至少某一测试点有重复的并有统计学意义的阳性反应，即可认为该受试物对鼠伤寒沙门菌有致突变性。当受试物浓度达到抑菌浓度或5mg/皿仍为阴性者，可认为是阴性。

(3) 报告的试验结果应是两次以上独立实验的重复结果。如果受试物对4种菌株（加和不加S-9）的平皿掺入试验均得到阴性结果，可认为此受试物对鼠伤寒沙门菌无致突变性。如受试物对一种或多种菌株（加或不加S-9）的平皿掺入试验得到阳性结果，即认为此受试物是鼠伤寒沙门菌的致突变物。

3. 试验的解释和评价

① 细菌回复突变试验利用原核细胞，在某些方面不同于哺乳动物细胞，如摄取、代谢、染色体结构和DNA修复过程。本试验的体外代谢活化系统不可能完全模拟哺乳动物体内代谢条件，因此本试验对受试物在哺乳动物致突变性和致癌性强度方面不提供直接的资料。

② 虽然在本试验为阳性结果的化合物很多是哺乳动物致癌物，但其相关并不是绝对的，取决于化学物类别。有些在本试验未能检出阳性结果的致癌物，是因为经非遗传毒性机制或细菌缺乏的机制引起致癌作用的。

③ 本试验通常用于遗传毒性的初步筛选，并且，特别适用于诱发点突变的筛选。已有的数据库证明在本试验中为阳性结果的很多化学物在其他试验中也显示致突变活性。也有一些诱变剂在本试验不能检测出，这可能是由于检测终点的特殊性、代谢活化的差别等。另一方面由于本试验的敏感性可能导致高估了受试物的致突变活性。

4. 试验报告

试验报告必须包括下列资料。

① 受试物。水样采集地点，采样日期和时间，气象条件，水

样外观，水样预处理方法和过程，受试物浓度。

② 溶剂/赋形剂。溶剂/赋形剂选择依据为受试物在溶剂/赋形剂中的溶解性和稳定性（如已知）。

③ 菌株。所用菌株，每个培养物细胞数，菌株特性。

④ 试验条件。每平板受试物的量（mg/平板或 μL/平板），剂量选择的依据，每个剂量的平板数；所用培养基；代谢活化系统的种类和组成，包括合格的标准，处理方法。

⑤ 结果。毒性；各平板计数；每平板回变菌落均数和标准差；剂量-反应关系（如可能）；统计学分析（如有）；同时进行的阴性（溶剂/赋形剂）和阳性对照资料，包括范围、均数和标准差；历史性阴性（溶剂/赋形剂）和阳性对照资料，包括范围、均数和标准差。

⑥ 结果的讨论。

⑦ 结论。

八、安全措施与废弃物处理

① 应有专门的实验室，并具有良好的通风设备。

② 由于对样品制备中涉及的毒性与致癌性不完全清楚，应将其按有潜在健康危害的物质对待，试验者必须注意个人防护，尽量减少接触污染的机会。

③ 受试的致癌物与诱变剂的废弃处理，原则上按放射性同位素废弃物处理方法进行。

④ 所用沙门菌试验菌株一般毒性较低，具有 R 因子的危害更小。但要防止沙门菌污染动物饲养室。

复习思考题

1. 简述 Ames 试验的基本原理。
2. 试述 Ames 试验掺入法的测定过程。
3. 何谓野生型？何谓营养缺陷型？
4. 何谓 S-9？Ames 试验中为什么要应用 S-9？
5. Ames 试验前为什么要做菌株鉴定工作？主要包括哪些内容？

任务四　Ames 试验的发光测定法（工程菌法）

一、原理

Ames 试验的发光测定法是将发光细菌的荧光酶基因（Lux 基因）转入 Ames 试验用的几种菌株中，使它们获得合成细菌荧光酶的能力，从而像发光细菌那样也会产生蓝绿色荧光。细菌荧光酶催化的发光反应如下。

$$FMNH_2 + \text{脂肪醛} + O_2 \xrightarrow{\text{细菌荧光酶}} FMN + H_2O + \text{脂肪酸} + \text{可见光}$$

其中 $FMNH_2$ 是还原型黄素单核苷酸。这是典型的生物发光。

Ames 试验用的鼠伤寒沙门菌（his^-）各个菌株，在具有了荧光酶基因之后，就可在细菌细胞内合成荧光酶。但其细胞内尚缺少发光底物脂肪醛，所以必须人为加入脂肪醛后才可产生发光反应。本方法要求添加癸醛溶液。

已知发光强度与细菌数量呈线性关系，细菌数量越多则发光越强。发光的强度可以用发光仪检测。由于鼠伤寒沙门菌的各个菌株必须发生回复突变方能生长，故回复突变的菌越多，则发光越强，因此，可以用来估测回复突变的数量。更由于发光仪有足够的灵敏度，对微小的发光变化均可检测出来，因此本方法的灵敏度较好。与通常的 Ames 试验相比，由于不用平皿菌落计数，而是对发光强度进行检测，所以操作要简单得多，而且获得结果的时间也较快。

二、样品的采集与保存

同本项目任务三。

三、样品处理

同本项目任务三。简言之，固体物应配成溶液，而水样则应进行适当的浓缩或吸附。

四、仪器设备

(1) 仪器　发光检测仪。原则上生物化学测光仪均可以使用。

为检测方便，建议采用其样品室可一次放入多个试样，一次启动连续可自动检测多个样品的发光仪。

（2）设备条件　同本项目任务三的 Ames 试验。

五、受试生物材料

1. 供试菌株

有 4 株，分别为 LZ12、LZ14、LZ17、LZ18，它们与常规 Ames试验的菌株对应如表 5-5。

表 5-5　发光测定法与常规 Ames 试验的菌株对照表

常规法	TA97	TA98	TA100	TA102
发光测定法	LZ17	LZ12	LZ14	LZ18

根据表 5-5，它们分别可取代对应的常规 Ames 试验菌株。需特别指出的是，它们也均可作为常规 Ames 试验菌株加以使用。

2. 菌株保存

参见本项目任务三受试生物部分。

3. 菌株的基因型性质鉴定

（1）Ames 试验所规定的几个鉴定　①组氨酸依赖性；②R 因子鉴定；③紫外线照射试验（uvrB 缺陷突变鉴定）；④结晶紫敏感性试验（rfa 突变鉴定）；⑤自发回变率鉴定，参见本项目任务三受试生物部分。

（2）发光基因（Lux 基因）鉴定　在营养肉汤培养基中加入氯霉素，使终浓度为 25μg/mL。接入对数期的待测菌株的培养物，37℃培养 24h，取 1mL 培养的菌液，加入测量杯中，加入 50μL 癸醛液，充分混匀置测光仪中检测发光。同时空白肉汤培养基中也加入癸醛液作为空白对照。当发光基因存在并获得表达而产生足量的荧光酶时，则发光计数十分显著，可以是空白对照的十余倍或千余倍。此时，菌株才可以用于试验。

六、试验程序

1. 一般样品的检测

① 增菌培养。用接种针挑取少量菌苔接种于 50mL 的培养基

中（含氨苄西林和氯霉素，终浓度均为25μg/mL。但对菌株LZ18则为四环素和氯霉素，终浓度分别为2μg/mL和25μg/mL），37℃ 200r/min振摇过夜。取10mL菌液接入100mL肉汤培养基中，继续振摇2～3h，使培养物保持对数期生长。

② 清洗及重新悬浮细菌。上述培养好的菌液于4℃、5000r/min离心10min，弃去上清液，以基本葡萄糖培养基清洗两次，再重新用基本葡萄糖培养基（含少量组氨酸和生物素，终浓度约为0.045mmol/L）悬浮细胞，并使光密度OD_{660}为0.2。

③ 将样品以倍比稀释为5个浓度，成为5个试样，逐步加入各个组分（表5-6）。

表5-6 试验组分 mL

组 分	空白对照	试样1	试样2	试样3	试样4	试样5
基本培养基	1	1	1	1	1	1
二次蒸馏水	7.1	7	7	7	7	7
样品	—	0.1	0.1	0.1	0.1	0.1
菌液(OD_{660}=0.2)	0.7	0.7	0.7	0.7	0.7	0.7
总体积	8.8	8.8	8.8	8.8	8.8	8.8

注：其中受试样品稀释成5个浓度。

将上述总体积为8.8mL的空白对照及试样（有5个浓度），分装于小试管中，每管1mL，每列可得8个平行重复的样品。于37℃ 100r/min振摇培养36～48h，4℃ 5000r/min离心，去除上清液，用1mL无组氨酸的基本培养基重新悬浮细胞。

④ 测试发光强度。在上列每个试管中加入50μL癸醛，充分混匀。应特别注意的是，应在加入癸醛后1～2min时检测发光值。由于发光随时间而可能变化，故同一试验中应取统一的作用时间来读取发光值。建议在加入癸醛后1min时读取发光值。

⑤ 测试温度为25℃。此温度是荧光酶的最适温度。

2. 需添加S-9液的发光Ames试验

① 增菌培养。同本任务六、1.①。

② 清洗及重新悬浮细菌。同本任务六、1.②。

将样品以倍比稀释成5个浓度，成为5个试样（表5-7）。

表5-7　需添加S-9液的各管组分　　mL

组　分	空白对照	溶剂对照	试样1	试样2	试样3	试样4	试样5
基本培养基	1	1	1	1	1	1	1
二次蒸馏水	5.4	5.3	5.3	5.3	5.3	5.3	5.3
样品	—	溶剂0.1	0.1	0.1	0.1	0.1	0.1
菌液	0.7	0.7	0.7	0.7	0.7	0.7	0.7
S-9液(4%)	1.7	1.7	1.7	1.7	1.7	1.7	1.7
总体积	8.8	8.8	8.8	8.8	8.8	8.8	8.8

③ 温育预处理。将样品、菌液和S-9液充分混合，37℃温育8～10h。4℃离心（3000r/min），去掉上清液。以基本培养基清洗1次，条件同上，以去除S-9液。然后再以基本培养基重新悬浮细菌，使体积为2.5mL，再加入表5-7中的其余组分，混合均匀。

④ 将上述混合液分装于小试管中，每管1mL，每列有8个重复平行管。于37℃100r/min振摇培养36～48h。4℃离心（5000r/min），弃上清液，用1mL无组氨酸的基本培养基重新悬浮细胞。

⑤ 测试发光强度。在上列试管中加入50μL癸醛充分混匀，在每管加入癸醛后约1min时读取发光值。

七、质量保证与质量控制

1. 关于检测的质量

① 由于以发光值来取代菌落计数，发光值虽在一定条件下与菌数呈线性关系，但由于测试发光是在一定时间的回复突变发生之后进行的，一个回复突变菌可因繁殖而增加，从而使发光值上升，回复突变发生得越早，则其产生后代越多，发光值增加也越多。所以可以设想同样两个回复突变菌，由于发生的时间早晚不同，其所贡献的最终发光值两者差别是很大的，这不利于回复突变的对应计数。本试验按波动试验设计，对同一检测设置8个平行重复管，最后取8个重复管的平均值。空白对照和样品均如此，从而消除其波动影响。

② 关于添加S-9液的试验。S-9液的添加可以使Ames试验检

出某些潜在的诱变剂，即需代谢激活的诱变物质。在本试验中由于发光检测的特殊性，不能采用简单加入 S-9 液的方式，而是要预先温育 8～10h，使 S-9 液与试样中的潜在诱变物质作用之后，再洗去 S-9 液，然后再摇床培养，测定发光值。诱变结果可以通过发光值与样品浓度之间的关系曲线判断。

2. 检测条件

(1) 温度　25℃，此为荧光酶催化发光反应的最适温度。由于大大低于细菌生长温度 37℃，故可以减少细菌的增殖，从而减小发光值的波动。

(2) 癸醛溶液　凡长链脂肪醛（八碳以上）均可使细菌荧光酶发光。本方法规定用癸醛，并以 2g/100mL（癸醛：水）混匀后，以超声波处理，使之成为稳定的乳浊液后方可使用。规定 1mL 受试样品中加入 50μL 癸醛，终浓度约为 1mg/mL。过高浓度的醛会有毒害作用，反而使发光下降。

(3) 几种主要的培养基配方

① 营养肉汤培养基（增菌用）

牛肉膏	5g	K_2HPO_4	1g
蛋白胨	10g	蒸馏水	加至 1000mL
NaCl	5g	pH	7.0～7.2

121℃灭菌 15min。

② 基本培养基（或称基本葡萄糖培养基）

50×VB 盐	20mL（已灭菌的）	蒸馏水	930mL(121℃灭菌 20min)
40%葡萄糖	50mL(110℃灭菌 10min)		

使用前将各组分充分混匀。

③ 50×VB 盐

硫酸镁（$MgSO_4 \cdot 7H_2O$）	10g	磷酸氢二钾（K_2HPO_4）	500g
柠檬酸（$C_6H_8O_7 \cdot H_2O$）	100g	磷酸氢钠铵（$NaNH_4HPO_4$）	175g

将 670mL 蒸馏水放入 2L 的大烧杯中，在磁力搅拌器上加热到 45℃，按上述顺序加各种组分，要求在一种组分溶解之后再加后一种，待完全溶解后加水至 1000mL。分装后，121℃灭菌 20min。冷却后置 4℃冰箱备用。

④ 含有少量组氨酸-生物素的基本培养基（致突变试验用）

基本葡萄糖培养基　100mL　0.5mmol/L 组氨酸-生物素　10mL

临用前充分混匀。

⑤ 0.5mmol/L 组氨酸-生物素添液（致突变分析用）

D-生物素（相对分子质量 247.3）30.9mg　蒸馏水　250mL

L-盐酸组氨酸（相对分子质量197.1）24mg

生物素需加热才能充分溶解。配好的溶液在 121℃灭菌 20min。

制备 S-9 液的各种配方见本项目任务三。

八、数据与报告

1. 数据处理

① 相应的发光值可按表 5-8 记录。

表 5-8　各管的发光值　mV(或 pm，脉冲数)

平行管	空白对照	溶剂对照	试样 1	试样 2	试样 3	试样 4	试样 5
1							
2							
3							
4							
5							
6							
7							
8							
平均值							

② 作剂量与发光强度关系曲线图。对上述平均值，以发光值为纵坐标，试样 5 个浓度为横坐标，做出曲线，从而可以判断是否存在量效关系。

2. 结果评价

(1) 量效关系评价　Ames 试验规定，同一受试物有 3 个以上浓度引起的回变菌落数与空白对照相比有明显增加，且存在量效关系，即可判定受试物为阳性。以此为据，本方法规定：若受试物有 3 个以上浓度的平均发光值显著大于空白对照组（添加 S-9 的试验以溶液组发光值对照），且存在量效关系，可判定该受试物为阳性。

明确地说，按 Ames 法的回变率计算如下。

$$回复突变率(MR)=\frac{诱变菌落平均数/皿(R_t)}{自发回变菌落平均数/皿(R_c)}$$

当 MR>2 时为阳性。

本方法依据发光值与菌数呈正比的原理，将发光值代替上式中的菌落数，计算 MR 值。

$$回复突变率(MR)=\frac{样品发光平均值}{空白对照(或溶剂对照)发光平均值}$$

当 MR>2 时为阳性。

同时也应按 Ames 试验之原则，用已知诱变剂作为阳性对照。只有在用已知诱变剂作为阳性对照的结果确为阳性时，试验的结果才能认定有效，否则应重新试验。

（2）试样的毒性判断　若加入受试物的反应是在某浓度以上时发光值与对照相比明显减少，表明受试物在该浓度时有毒性。为此可以减小试验样品的浓度，直到无毒性反应为止。也可由此判断受试物在什么浓度时出现毒性反应。

3. 结果报告

结果报告中应包括以下内容。

① 样品名称。

② 采样地点、日期、时间。

③ 溶剂名称，浓度。

④ 试验结果。空白对照发光值；溶剂对照发光值；样品 5 个浓度的发光值；相应的 MR 值。

⑤ 结论。阳性或阴性。

⑥ 测定人。

⑦ 报告日期。

复习思考题

1. 简述 Ames 试验发光测定法的原理。

2. Ames 试验的发光测定法结果评价的方法有哪些？

任务五　姐妹染色单体交换试验

姐妹染色单体交换（SCE）是20世纪70年代发展的新技术，是化学毒物引起的一种细胞遗传损伤。细胞在胸腺嘧啶核苷类似物——5-溴脱氧尿苷（BrdU）或5-碘脱氧尿苷存在的条件下，经过两个复制周期，BrdU掺入到一条染色单体的DNA单链和另一条染色单体的双链，经分化染色，前者为深色，后者为浅色。两条染色单体在同源位点上发生片段性交换，称之为姐妹染色单体交换（SCE）。SCE可以看成是染色体同源位点上DNA复制产物的相互交换，与DNA断裂、复制有关。SCE频率可反映细胞在DNA合成期的受损程度，作为一个灵敏的遗传毒理学检测指标，已经得到广泛应用。

一、样品的采集与保存

根据检测目的和采样常规选点采集水样，每点50～100L，最好在现场初步处理水样。先用普通滤纸或多层纱布将粗泥砂过滤掉，用树脂吸附富集有机致突变物，以减少采样的质量，然后再运回实验室进一步处理。其他化学污染物，必须了解其主要成分、物态、溶解度和pH等。

二、样品预处理

水样用XAD-2树脂吸附有机物，以30～40mL/min速度过柱，用丙酮或乙醚洗脱，丙酮先与树脂平衡30min，再以1～2mL/min的速度收集洗脱液，在60℃氮气流下浓缩至干，用二甲基亚砜定容，存4℃冰箱备用。

三、受试生物物种与材料

目前对化学物质和环境污染物遗传毒性监测时，最常用的高等动物细胞有中国仓鼠肺成纤维细胞系（CHL、V79）、中国仓鼠卵巢细胞系（CHO）和人体淋巴细胞等。使用培养细胞检测的优点在于：①实验条件容易掌握，如受试物的量、时间和重复实验等；

②细胞分裂周期一致，染色体数目和形状易观察，可得到较多的染色体中期分裂相；③细胞株可长期保存，使用时可随时复苏，非常方便。应用最多的培养细胞有 CHL、CHO、V79 细胞株。仓鼠染色体数目少（$2n=24$ 或 $2n=24+1$）、个大，在显微镜下易分辨。用人淋巴细胞的优点是实验结果不用外推，直接反映了对人体的影响。进行整体实验选择较多的物种是小白鼠，可代表整体对毒物的反应，实验设备和用药品数量相对少，可节省费用。

四、试验程序

（一）哺乳动物培养细胞（CHL)SCE 测试法

1. 染毒

环境水样或化学污染物进行 SCE 监测试验之前，需经过样品处理，使之成为固体样品。然后，需确定其是否为水溶性的。如是水溶性的物质，可用灭菌生理盐水溶解；如是非水溶性物质，可用灭菌二甲基亚砜（DMSO）溶解。受试物在培养基中的浓度最高不得超过 5mg/mL。受试物浓度一般以能抑制 50%的细胞生长浓度为最高浓度，或以抑制细胞有丝分裂指数减低 50%为指标，因抑制有丝分裂也是物质毒性的一种表现。然后以倍比稀释法或数量级递减稀释确定受试物最高浓度，应多设几个剂量组，作细胞存活曲线，求出细胞存活一半时受试物的浓度，以免需多次实验确定。

确定染毒剂量的方法有如下几种。

① 以细胞生长克隆数作细胞存活曲线求 IC_{50}。先用培养基稀释细胞悬液为 1000 个/mL 左右，每培养瓶加 0.5mL 细胞悬液，再加 2.4mL 培养基，混匀后置37℃恒温箱培养，至细胞贴壁后染毒。将稀释好的受试物每瓶加 0.1mL，应设 7～10 个浓度组，覆盖 3 个数量级，每个浓度组设 3 个平行样。染毒 24h，去掉培养液，再换新鲜培养液 3mL，继续培养 4～7 天，使形成克隆。去掉培养液，加甲醇 0.5mL 固定 10～15min，Giemsa 染色，数克隆数。以空白对照克隆数为 100%，各剂量组克隆数除以空白组克隆数，得各剂量组克隆百分数。纵坐标为各剂量组克隆百分数，横坐

标为受试物浓度，绘制细胞存活曲线，求出 IC_{50}的浓度。

② 活细胞计数法求 IC_{50}。准备好接种细胞数一致、每瓶含培养液 2.9mL、已培养到细胞指数生长期的培养瓶若干瓶，加入已溶解好的不同浓度的受试物 0.1mL，混匀后置 37℃恒温箱培养。每种浓度需 3 个平行样，并设空白对照。继续培养 24h。倾去全部培养液，消化瓶壁细胞，加入定量培养液稀释并混匀为细胞悬液。取部分细胞悬液，按 9∶1 比例加入 0.4%台盼蓝染液。静置 2～3min，取细胞悬液滴在血球计数板盖玻片边缘，使液体充满计数板，但不能有气泡或过多液体使盖片漂浮。如操作不成功，可以重做。然后在显微镜下计 4 个角和正中间大方格中的活细胞数。活细胞不着色。如有压线细胞，计右侧和上线的，不计左侧和下线的。每个样品应重复计数一次，取平均值。细胞计数可按如下公式。

$$每毫升中细胞数=\frac{5\text{ 大格细胞总数}}{5}\times 10^4\times 稀释倍数$$

分别求出每种浓度存活细胞数后，在半对数坐标纸上作图。以存活细胞数为纵坐标，受试物浓度为横坐标，绘出细胞存活曲线，求出受试物半数抑制浓度。以 IC_{50}为最高剂量组，其余剂量组可以倍数关系递减，使结果呈一定剂量关系为原则。

2. 实验步骤

染毒剂量确定后，可进行正式实验。先设计分组，要设对照组(空白对照、溶剂对照、阳性对照等)，实验组数根据实验目的设置。每组至少设两个平行样。将繁殖有足够数量、处于指数分裂期、贴壁生长良好的 CHL 细胞，消化后用全培养液制成均匀一致的细胞悬液，每瓶加入量根据稀释细胞数而定，每瓶约 5×10^5 个/mL 或 1×10^6 个/mL 等量的细胞悬液，然后加入全培养基使总量为 3.0mL。置 37℃恒温箱培养 24～48h，观察细胞贴壁呈指数生长期。换不含血清的培养液每瓶 2.9mL，加入配制好的不同浓度的受检物，阴性、阳性对照物，使 25mL 培养瓶中培养液总量为 3.0mL，混匀，置恒温箱培养染毒1～2h；加活化剂 S-9 时，换不含血清的培养液每瓶 2.6mL，加入配制好的不同浓度的受试物，阴性、阳性对照物各0.1mL，加配置好的S-9活化剂0.3mL，使25mL培养瓶中培养液总量为3.0mL，混匀，置恒温箱培养染毒1～2h。去除含受试物的培养液，用Hank's液洗一遍细胞后，加入含BrdU(10μL/mL培养液）的完全培养液避光培养。如用普通温箱，则将瓶塞塞紧，如用CO_2孵育箱则瓶盖要松，以使CO_2能调节培养液的pH。继续培养两个细胞周期（24～28h，CHL细胞周期为12～14h）。在终止培养前2h，按0.02μg/mL（培养液）加入秋水仙碱，终止培养时倒掉培养液，消化收获细胞，制片。

染色体片制备方法如下。

将培养到期的培养基全部倒入事先已编号的离心管中，向每瓶细胞中加入消化液0.5mL，放置2～3min（视室温而定时间长短），使细胞全部脱落。再用原培养液将细胞转入离心管，并轻轻将细胞打成混悬液。以1000r/min离心5min，弃去培养液。每管加0.075mol/L KCl低渗液5mL，置37℃温箱15min。缓慢加入1mL新配置好的固定液（甲醇：冰醋酸=3：1），轻轻混匀。以1000r/min离心5min。弃去上清液，加固定液4mL混匀，固定20min。以1000r/min离心5min，至少固定两次，弃去上清液。加0.1～0.2mL新固定液，充分混匀制成清澈的细胞悬液。滴2～4滴于清洁、冰冻的玻片上，置玻片板上空气干燥。每一样品需制2～3片。

3. 分化染色

在细胞的DNA合成过程中，BrdU能作为核苷酸前体物替代胸腺嘧啶核苷（TdR）掺入到新合成的核苷酸链中。所以，当细胞在含有BrdU的培养液中经历第一次分裂时，形成的中期染色体中两条姐妹染色单体的DNA双链的化学组成就产生了差别。其中一条DNA链中的TdR的位置被BrdU代替，而另一条DNA链中的TdR未被代替。此时，当用Giemsa染色时，两条染色体着色程度一致，都被深染。而当细胞经历了两个细胞周期之后，中期染色体的DNA双链在化学组成上有了进一步的差别，其中一条染色单体的双链中都含有BrdU；而另一条单体中，仅有一条链含有BrdU。双股DNA链都含有BrdU的染色单体，当用热盐溶液处理或受到光的照射后易被水解，降低了与荧光染料或 Giemsa 染料的亲和力，从而着色浅，造成了两条染色单体染色深浅的不同。SCE 分化染色法可采用以下几种。

(1) Hoechst-33258 黑光灯法　将老化 3～7 天的染色体标本依次浸入 0.14mol/L NaCl、0.004mol/L KCl 和 0.01mol/L 磷酸缓冲液（pH 7.0）中各 5min。浸入用 0.01mol/L 磷酸液配制成的 1μg/mL Hoechst-33258 荧光染料中 20min。用磷酸缓冲液洗两次，每次 5min。取一金属盒放在 50℃ 的水浴箱支架上，将染色体标本平放在一金属盒的小玻璃架上，细胞面向上，盒盖中放入 2×SSC 溶液，使液体刚覆盖标本，同时用两只并列的黑光灯照射标本 40min，灯管距标本 3～5cm。在照射期间随时加 2×SSC 液，以保证照射期间标本不干。照后将标本浸入二次蒸馏水洗两次，每次 5min。用 2.5%Giemsa 染色 5～10min(染色时间与气温有关，室温高，染色时间短，反之，时间长）。然后在自来水流下冲洗，空气中干燥，镜下看染色效果。

(2) 热磷酸二氢钠加 Giemsa 染色法　将制备好的染色体标本老化 3～7 天后，放入 70～80℃ 烤箱中烤 1～2h，将标本浸入 83～88℃ 1mol/L NaH_2PO_4(pH8.0）溶液中处理 15～20min，用温蒸馏水冲洗 3 次，再用普通蒸馏水冲洗标本至干净，用 2%Giemsa 染色 20min，自来水冲去染料，空气中干燥，备镜检。

(3) 紫外灯照射 Giemsa 染色法　在恒温水浴箱内放一金属盒，内含 2×SSC 溶液，调水箱温度，使 2×SSC 溶液达 50℃，然后，在金属盒内放一铁丝架或玻璃架，其高度以 2×SSC 溶液不超过架子为宜。将染色体标本平放在架子上，并向表面滴加 2×SSC 溶液，然后盖上一张擦镜纸，使纸的两端浸在 2×SSC 溶液中，在水浴箱上面放一带罩的紫外灯，与标本垂直，距离为 6cm，照射 15～20min(紫外灯外面需用黑纸或黑塑料布覆盖，操作者需戴墨镜），用蒸馏水冲去擦镜纸及玻片上的 2×SSC 液，用稀释为 2%的 Giemsa(pH＝6.8）染液染色 10～20min，自来水冲洗，蒸馏水冲洗，空气中干燥，备镜检。

4. 镜检记录

选择细胞轮廓完整、染色体铺展良好、区分染色好、含有二倍体的细胞观察计数。体外实验，每实验点观察记录25～50个中期分裂相的SCE；体内实验，平均每只动物观察记录20～50个中期分裂相的SCE。记录的标准是：凡在染色单体端部出现交换计为一个SCE，在染色单体中间出现的交换计为两个SCE。凡在着丝点部位出现交换计为一次交换，但必须区分不是两条染色单体在着丝点部位发生扭转。大多数SCE的记录困难不大，但以下情况有时难以分辨。

① 分化染色反差过强或过弱带来的变异。

② 邻近着丝点扭转180°。

③ 有的染色体一条染色单体上带有暗的端区，但另一条染色单体上不带可分辨的浅色区。

④ 多重而间隔很近的SCE的观察计数较困难。在观察分析时注意区分，积累经验则能克服。

（二）小鼠整体SCE测试法

整体动物实验无需细胞培养实验条件，无需进行活化实验，但需动物饲养条件。整体实验需用的BrdU量大，一方面由于掺入的细胞量多，另一方面BrdU在体内很快被肝分解，如果是水溶性的，需多次注射，很不方便。因而，后改制成缓释剂，包埋在小鼠的皮下，每只需用8～10mg BrdU。选18～22g体重的小鼠，每组3～5只，动物染毒与一般动物实验类同。将BrdU缓释片包埋在小鼠皮下，24～30h后，处死动物，剥离股骨，用酒精纱布揩去肌肉，剪去股骨头，用1号针头在股骨另一端扎一孔，用注射器吸取0.5mL2%柠檬酸钠，将股骨内的骨髓冲洗出来，可反复冲洗2～3次，然后离心去柠檬酸钠液，再低渗、固定、制片，分化染色等均同前。

五、质量保证与质量控制

① 严格控制实验条件（包括实验仪器、器材、试剂、受试生

物品系或物种的质量等）。

② 严格按实验程序操作。

③ 设置阴性、阳性对照组。阴性对照结果应不出现超出以往的交换率，阳性对照组结果应出现较高的交换率，则说明本次实验成功。如果出现反常情况，则应舍弃本次实验结果，寻找原因，进行重复实验。应设以下质量控制组：阴性对照，设空白对照，不加任何受试物，只有培养基；溶剂对照，只加受试物等量溶剂，不加受试物；阳性对照，非活化阳性物，一般用丝裂霉素 C，活化阳性物，一般用环磷酰胺。

六、数据与报告

① 数据处理。以细胞为观察单位计算出每组的平均 SCE 数及标准差，然后以实验组的数据与对照组数据用单界限 t 检验进行统计分析。

② 结果评价。检测组 SCE 均值超过空白对照组或溶剂对照组的 2 倍，即相当于对照组的 3 倍者为强阳性；检测组 SCE 值超过空白对照组或溶剂对照组的 1 倍，即相当于对照组的 2 倍者为阳性；检测组 SCE 值与空白对照组或溶剂对照组比较，其结果有统计意义，$P<0.005$，但未达到上述阳性判断标准者，可判为可疑阳性，或弱 SCE 诱变作用。

③ 结果报告。应包括污染物采样情况、样品处理、溶剂理化性质、受试物的配制方法、采用的受试物物种或材料的来源，培养方法或生长条件，阳性对照物的选择及制备，空白或溶剂对照的设置，代谢活化系统在实验中的使用情况，试验程序，受试物接触持续时间，实验结果，统计处理方法，结果评价，实验开始、结束时间，实验室名称，实验负责人姓名。

七、实例

1. 哺乳动物培养细胞（CHL）SCE 测试法

（1）仪器设备　细胞培养首先需要有良好的无菌操作间，且室内密封性良好，经消毒杀菌后可长时间维持洁净无菌。如无过滤灭菌空气送入式无菌间，用一般无菌室并配有超净工作台也可完成工作。

① 恒温培养箱。使用 CO_2 孵育箱比较理想，保持 5%CO_2 浓度可维持培养液稳定的 pH。如条件不允许，用普通隔水式恒温箱也可满足要求，温度维持在 37℃±0.5℃，将培养瓶塞塞紧，可维持细胞培养所需的 pH。

② 电热干燥箱。用于烘干玻璃器皿和干热消毒。干热消毒温度要求达 160℃，2h 以上。

③ 超净工作台。最好选择双侧可操作式、空间较大型的，便于双人对坐操作。

④ 冰箱。普通冰箱，供经常使用的试剂、药品、培养液等冷藏用；－20℃低温冰箱，供批量贮存血清、试剂、培养液等用。

⑤ 天平。普通天平、分析天平、电子分析天平等，供称量药物、试剂等用。

⑥ 显微镜。普通光学显微镜、倒置显微镜、照相显微镜等。前两者必备。

⑦ 离心机。普通离心机，用于细胞悬液离心，最大转速 4000r/min 即可；小型台式离心机，供细胞复苏时离心用；高速离心机，制备 S-9 用。

⑧ 高压消毒锅。小型手提式。供各种不适于干热消毒的制品消毒用，如橡胶制品、塑料制品、针头和试剂等。

⑨ 水纯化装置。可根据各实验室使用水量大小而选购不同型号的纯化水装置。实验用水多用双蒸以上的蒸馏水。

⑩ 抽滤装置。用于不能加热消毒的培养液、试剂和小牛血清等除菌时用。玻璃细菌滤器，一般用 G6 漏斗抽滤，此滤器清洗、消毒、灭菌等操作较麻烦。目前使用金属滤器较多，可选用不同孔径滤膜加压过滤。滤器的清洗消毒较方便。滤膜为一次性用品。

⑪ 酸度计。用于测定各种溶液的 pH。

⑫ 电磁加热搅拌器。配制难溶试剂时加温、搅拌用。

⑬ 超声波洗涤机。洗涤器皿用。

⑭ 水浴锅。用于小牛血清灭活和染片等。

⑮ 紫外灯或黑光灯。30W 紫外灯，或两个 20W 黑光灯，供 SCE 染片时用。

⑯ CO_2 钢瓶。供应 CO_2 孵育箱用。

⑰ 加样器。5mL、2mL、1mL、0.5mL、0.2mL、0.1mL 等，用于加受试物、消化液、青霉素、链霉素等用。

(2) 器材 细胞培养需用大量器材，品种与数量都要充分。按正在使用、正在清洗、已清洗好备消毒、已消毒好备用等进行分类管理。玻璃制品的质量要求较严格。除厚薄均匀、透明度好外，还要求是中性玻璃，尤其培养瓶质量要求很高，否则细胞不贴壁生长。

① 试剂瓶。500mL、250mL、100mL、50mL、10mL 等各若干个。输液瓶亦可用于贮存试剂，因其有刻度，瓶塞紧，很好用。

② 培养瓶。一般常用 25mL 玻璃制品，也可用培养皿和培养板。

③ 容量瓶。1000mL、500mL、250mL、100mL、50mL 等，供配试剂用。

④ 量筒。500mL、250mL、100mL、50mL、20mL 等，配试剂用。

⑤ 烧杯。500mL、250mL、100mL、50mL 等。

⑥ 离心管。10mL 刻度离心管，需用量较多。

⑦ 三角瓶。250mL、100mL、50mL 等，配营养液用。

⑧ 吸管。10mL、5mL、2mL、1mL 等，移液用，需用量多。

⑨ 滴管。无刻度，移液和吹打混悬液体用，需用量多。

⑩ 金属盒（饭盒）。分装培养瓶、小试剂瓶、针头、滴管、胶塞等物品消毒、染色时用。

⑪ 其他。抽滤装置，G5、G6 砂芯漏斗，注射器，冻存管，酒精灯，吸头，橡皮吸球，试管架，橡皮塞，凉片架，凉片板，血球计数板，滤膜，滤纸，pH 试纸，记号笔，平皿，工作服，口罩，帽子，拖鞋等。

（3）试剂配制

① 培养液。目前对化学物质和环境污染物遗传毒性监测，最常用的细胞株有CHL、CHO、V79等，此类细胞用Eagle、MEM、RPMI-1640和F-12等培养基均可得满意结果，可按各培养基说明书配制。现介绍用RPMI-1640（Sigma公司出品）配制方法。RPMI-1640（Sigma公司出品）纸袋封装，每袋10.4g，加Hepes 3g、$NaHCO_3$ 2g，溶于1000mL二次蒸馏水中，或按比例缩减，无菌过滤，分装于2～3个试剂瓶中，密封，置−20℃冰箱保存，可用半年。用时取出存4℃冰箱，可用2周。

全培养液配制比例：RPMI-1640 9份，小牛血清1份，青霉素100U/mL培养液，链霉素100μg/mL培养液，调pH 7.0～7.2即可。人淋巴细胞培养时，需加入肝素、植物凝集素（PHA）。

② 消化液。

a. 0.25%胰蛋白酶。称取活性为1∶250的胰蛋白酶粉剂0.25g，另准备D-Hank's工作液100mL。先用半量D-Hank's工作液于烧杯，在控温磁力搅拌器上搅拌约1～2h使溶解，温度不超过36℃。再将剩余的D-Hank's工作液全部加入，用$NaHCO_3$调pH至7.2，然后，过滤除菌，分装于青霉素小瓶中，密封，置−20℃冰箱保存。

b. 0.5%胰酶-0.02%EDTA平衡盐溶液。称1g活性为1∶250胰酶，溶于200mL无菌的0.02%EDTA平衡盐溶液，在室温下溶解4h或4℃过夜，用5%$NaHCO_3$调pH至7.2，分装于青霉素小瓶，−20℃冻存。

③ D-Hank's液。D-Hank's原液，分别称取NaCl 80.0g、$Na_2HPO_4 \cdot 2H_2O$ 0.6g、KH_2PO_4 0.6g、$NaHCO_3$ 3.5g，加二次蒸馏水溶解至1000mL。配制时要注意按顺序逐一加入上述试剂，应等前一种试剂完全溶解后再加下一种试剂。原液配好后分装于500mL或250mL试剂瓶中，8pdl/in^2（1pdl/in^2 = 2.14296 ×

10^2Pa)15min 高压灭菌，冷后置普通冰箱保存。用时取 D-Hank's 原液 100mL，加三次蒸馏水 896mL，再加 0.5％的酚红液 4mL，混匀即成，存 4℃冰箱。

④ 0.02％EDTA 平衡盐溶液。称 EDTA 0.2g、NaCl 8.0g、KCl 0.2g、$Na_2HPO_4 \cdot 12H_2O$ 2.89g、KH_2PO_4 0.2g、葡萄糖 0.2g，溶于 1000mL 二次蒸馏水中，高压灭菌，用 $NaHCO_3$ 调 pH 为 7.2。

⑤ 0.5％酚红溶液。称 0.5g 酚红粉，置干燥研钵中研磨均匀，边磨边加入 0.1mol/L NaOH 12mL，使之完全溶解，然后加二次蒸馏水至 100mL，4℃冰箱保存。

⑥ 细胞冻存液。在含 20％～30％小牛血清的 RPMI-1640 培养液中，加入二甲基亚砜，使其终浓度为 10％(或加入丙三醇并使终浓度为 5％)。

⑦ 抗生素

a. 青霉素。取 80×10^4 U 青霉素一瓶，注入 8mL 生理盐水，分装于灭菌小塑料带盖离心管中，－20℃冰箱保存。

b. 链霉素。取 100×10^4 U 链霉素一瓶，注入 10mL 生理盐水，分装于灭菌小塑料带盖离心管中，－20℃冰箱保存。

⑧ 小牛血清或胎牛血清。是细胞培养时必不可少的营养物和刺激因子，采购时需选择新鲜出品，外观清澈、微黄，用前需置 56℃水浴，30min 灭活，无菌过滤（血清质量很好时，可免除），然后分装于青霉素小瓶（避免反复冻融，影响血清质量）密封，置－20℃冰箱保存。

⑨ S-9 混合液。S-9 1mL、NADP(氧化型辅酶Ⅱ) 33.8mg、G-6-P-Na（6-磷酸葡萄糖酸钠）14.1mg、1.65mol/L KCl 和 0.4mol/L $MgCl_2$ 混合液 0.2mL、0.2mol/L 磷酸缓冲液 5mL、无菌二次蒸馏水 3.8mL，混合得 10mL S-9 混合液。现用现配，其加量不得超过培养液的 10％。

⑩ 碳酸氢钠溶液。用于调 pH，可配 10％、5％溶液，用二次蒸馏水溶解，高压灭菌，8pdl/in^2（1pdl/in^2 ＝2.14296 × 10^2Pa）

15min，密封存于4℃冰箱，用过后再用时必须重新灭菌。

⑪ 秋水仙碱。一种抑制纺锤体的生物碱，起到积累更多染色体中期分裂相的作用，通常培养液中含0.2μg/mL即可达很好效果。秋水仙碱毒性强烈，可长期保存。称10mg秋水仙碱溶于100mL灭菌生理盐水，得0.01%浓缩液。4℃冰箱避光保存，最好用黑纸包好瓶子。用时再按1∶10稀释。

⑫ 低渗液。低渗处理为使细胞膨胀，核膜破裂，染色体适度分散而易观察。一般用0.075mol KCl溶液。称5.59g KCl，溶于1000mL蒸馏水中。室温保存。

⑬ 细胞固定液。起固定细胞表面，防止细胞粘连成团的作用。常用甲醇和冰醋酸混合液，按3∶1比例配制。需现用现配，配好的液体不应超过1h，因为混合液易挥发，影响固定效果。

⑭ 5-溴脱氧尿苷(BrdU)溶液。用无菌青霉素小瓶称BrdU 4mg，加入无菌生理盐水4mL，用黑纸包瓶(避光)，置4℃冰箱保存。

⑮ 2×SSC液。称17.53g NaCl、8.82g柠檬酸钠（$Na_3C_6H_7 \cdot 2H_2O$)，溶于1000mL蒸馏水中。

⑯ Hoechst-33258液。

⑰ 磷酸缓冲液（PBS)。

a. 称取9.47g Na_2HPO_4溶于1000mL蒸馏水。

b. 称9.08g KH_2PO_4溶于1000mL蒸馏水。

根据不同的pH需要，用时a、b液按不同比例配制。

⑱ Giemsa染液。取Giemsa染料1g，放研钵中，加甘油少许研磨，边研边加甘油，共加66mL，置60℃温箱中保温90min，冷却后加66mL甲醇（也可按比例一次多配，供长期使用)，混匀后于室温静置1～2周，过滤，用棕色瓶贮存备用。临用时磷酸缓冲液稀释至所需浓度。

2. 人外周血淋巴细胞SCE测试法

人淋巴细胞SCE测试法所用仪器、器材和试剂，与哺乳动物培养细胞（CHL)SCE测试法基本相同，无需再另做更多实验筹备工作。人淋巴细胞可在血站购买，也可选健康年轻的提供者，用时现抽静脉血。试剂需另配制如下几种。

（1）肝素　起抗凝作用。取注射用肝素一支，用无菌的生理盐水配成 500μg/mL 溶液。

（2）PHA　人淋巴细胞在外周血中是 G_0 期，PHA 可刺激细胞进入细胞周期。PHA 可购市售安瓿装的，用无菌生理盐水配制成 10mg/mL，现用现配。也可用菜豆自制，无菌过滤，冰冻保存。

复习思考题

1. 进行 SCE 监测试验时，如何确定染毒剂量？

2. 如何利用活细胞计数法求 IC_{50}？

任务六　微囊藻毒素测定法

微囊藻毒素是最常见的一类蓝藻毒素。水中微囊藻毒素（microcystin，MC，MCYST）的含量极微，一般在 1μg/L 以下。对它的检测技术，经典可靠的方法是生物检测法（bioassay），但因其灵敏度较低（mg/mL 级水平），不能用于水样检验。目前常用酶联免疫吸附法（enzyme-linked immunoso rbent assay，ELISA），灵敏度可达 ng/L 水平；蛋白磷酸酶抑制法（protein phosphotase inhibition assay），灵敏度在 μg/L 左右；高效液相色谱法（HPLC）。ELISA 方法需要制备 MC 的完全抗原及其抗体，目前国内仍无法供应，它只能测定总的 MC 量，无法将不同的 MC 分开。蛋白磷酸酶抑制法常与放射性 ^{32}P 或荧光剂结合使用，增加了测定操作和设备；藻细胞内源磷酸酶的存在，也增加了测定误差；此外，它也和 ELISA 方法一样，只能测定总的 MC 量。HPLC 法有较高的灵敏度和精密度，一次能测定多种 MC，因此，高效液相色谱仪在中国亦逐步普及。目前，虽然国际上还没有一个公认的标准方法，但用该法检测水中的 MC 是切实可行的。根据 Tsugi 等和中国科学院水生生物研究所做的结果，高效液相色谱法可测到0.02μg/L的MC。

一、样品的采集、保存及处理

用采水器采取1～5L待测水样，先用25号浮游生物网过滤，以除去水样中的浮游生物，然后用杯式滤器经0.45μm的滤膜减压过滤。滤液加10mL甲醇混匀后过C_{18}反相固相萃取柱(500mg/6mL)。C_{18}反相固相萃取柱预先用10mL甲醇活化，再以20mL的二次蒸馏水调整。将水样以5～10mL/min流速流过固相萃取柱进行富集浓缩，然后用10mL 5%的甲醇水溶液淋洗以净化样品，待固相萃取柱吹干后，以4mL甲醇将微囊藻毒素洗脱并经针头过滤器后收集于浓缩瓶内。洗脱液用旋转蒸发器蒸发干燥后于－20℃冷冻保存。分析前用甲醇溶解，定容至0.10mL，进样量10μL。

采集待测水样（1000mL)，立即加醋酸至5%固定，置于－20℃冰箱避光存放。

二、试验程序

1. 水样中微囊藻毒素测定法样品的制备

水样(1000mL,或用4000mL)
↓
酸化(按取样体积的4%加入醋酸)
↓
用玻璃纤维滤膜过滤
↓
8～10mL 20%的甲醇水溶液淋洗
↓
8～10mL甲醇洗脱MC
↓
上SiOH硅胶柱(按2g用量确定所用个数)
↓
8～10mL甲醇淋洗
↓
用三氟乙酸(TFA)的甲醇洗脱MC

此洗脱下来的MC溶液，用旋转蒸发器蒸干，加入适量（通常是0.4～0.5mL）的HPLC流动相定容，即可在HPLC中测定。对照MC的标准物，可确定MC的种类、数量。

2. MC的提取

根据上述样品制备程序提取MC。

(1) 硅胶柱活化　拔下注射器塞，将柱装于注射器头上，注入约10mL甲醇，使之缓缓过柱。完成后，取下柱子，再注入约15mL蒸馏水清洗柱，活化即完成。一个活化柱用于一个样品。

(2) 固相萃取　将水样通过已活化的C_{18}固相萃取柱，然后用约15mL 20%甲醇洗脱C_{18}固相萃取柱，除去部分极性的杂质，再用甲醇洗脱C_{18}固相萃取柱，柱上的毒素、色素等非极性物质被洗脱，收集洗脱液。

3. 毒素的净化

(1) 硅胶柱的活化　用10mL甲醇缓缓过柱，并用蒸馏水清洗硅胶柱两次。

(2) 净化　将上述甲醇洗脱液过硅胶柱，用8～10mL甲醇洗脱非极性的杂质，再用10mL三氟乙酸（TFA）的甲醇溶液（含10%H_2O、0.1%三氟乙酸）将毒素洗脱。收集洗脱液。

4. 毒素定容

将上述洗液收集于充分干燥的梨形瓶中。将过柱后的上清液再次过柱，洗脱液洗脱二次，洗脱液并入梨形瓶中，在旋转蒸发器上蒸干。

梨形瓶充分蒸干后，用1mL移液器吸取0.9mL甲醇充分洗涤梨形瓶，使粗毒素溶解，再转入离心管中，然后用移液器吸取0.6mL蒸馏水充分润洗梨形瓶，洗液并入离心管中，封好离心管，充分摇匀后，用移液器将其转入注射器中（注射器预先装上过滤头），收集约0.8mL滤液于另一离心管中用于测定。

注意：①甲醇有毒，使用时必须小心，尽量不使接触皮肤，实验过程中房间尽量通风；②所使用的容器，如梨形瓶、注射器等均需认真清洗并充分干燥。

三、测定

1. 测定条件

HPLC的流速为1mL/min。检测波长为238nm。流动相为pH 3的磷酸盐缓冲液和甲醇。经与标样比较便可以得到3种微囊藻毒素的含量。

将上述制备的样品用微过滤器过滤后，HPLC检测。

色谱条件：检测波长238nm；色谱柱Shim-pack CLC-ODS；反相柱0.15m×6.0mm；柱温40℃。流动相甲醇∶磷酸缓冲液＝6∶4，脱气处理。流动相流速为1mL/min。

可将甲醇和磷酸缓冲液分开用两个试剂瓶存放，双泵按照6∶4的比例分别进甲醇和磷酸缓冲液。

2. 进样

用微量注射器准确称取一定量的试样（1～5μL），迅速注入高效色谱仪后，立即拔出注射器。

四、质量保证和控制

实验中主要是注意干扰物质的影响，干扰物质可能通过下列途径进入，即采样器引入、固相萃取柱引入和溶剂引入。对于水体中的干扰物质主要是通过反相填料的选择性吸附后，利用不同极性的淋洗液将其去除；微囊藻毒素从SEP柱上洗脱时其洗脱条件也要优化，而且必须对SEP柱进行清洗；还要选择合适的洗脱液，90％或100％的甲醇可以达到较好的结果。

五、计算

根据下式计算出毒素含量。

$$C=\frac{EAV_1}{A_E V_2}$$

式中 C——水样中毒素的浓度，μg/L；

E——标样中毒素的浓度，μg/L；

A——水样测得毒素的峰面积；

A_E——标样测得毒素的峰面积；

V_1——试样体积，mL，本法为1.5mL；

V_2——水样体积，mL。

六、数据与报告

HPLC 方法的结果报告（表 5-9）。

表 5-9　HPLC 方法的结果报告

毒素类型	进水水样/(μg/L)	出水水样(×号)/(μg/L)
MC-RR MC-YR MC-LR		

七、仪器设备与受试验生物种或材料

1. 仪器设备

① 高效液相色谱仪，具紫外检测器。

② 真空抽滤器。

③ C_{18}反相固相萃取柱。

④ 硅胶柱：SiOH 正相硅胶柱。

⑤ 旋转蒸发器。

⑥ 微量注射器。

⑦ 注射器。气密性注射器。

2. 受试验生物种或材料

① 水样、微囊藻等。

② HPLC 用流动相的配制。甲醇∶磷酸缓冲液 = 6∶4。

③ 磷酸缓冲液的配制（以 4L 为例）。准确称取 27.22g KH_2PO_4(0.2mol)，溶解于 4L 去离子水中（先将 KH_2PO_4 加入装有 200mL 去离子水的 500mL 烧杯中加热溶解后，再定容至 4L)。后用 20%的磷酸调整 pH 至 3.0(pH 调过量可用 KOH 再调整)。配好后，置于大试剂瓶中，避光存放。

④ 甲醇。色谱纯。

⑤ 藻毒素标准样品。MC-RR、MC-YR、MC-LR。

复习思考题

1. HPLC 法有哪些优点？

2. 如何制备微囊藻毒素测定的样品？

考核要求

能力要求	范　围	内　容
理论知识	环境三致物	环境三致物的概念
	环境三致物的测定技术	1. 紫露草微核技术的原理； 2. 紫露草微核技术的试验步骤； 3. 微核率的计算； 4. 蚕豆根尖微核技术的原理； 5. 蚕豆根尖微核技术的试验步骤； 6. 微核的识别； 7. 用污染指数判断污染程度的方法； 8. Ames 试验的原理
操作技能	溶液配制	1. 试剂用量的计算； 2. 台天平与分析天平的使用； 3. 移液管、容量瓶的使用； 4. 样品的溶解与稀释操作； 5. 染液(席夫试剂)、SO_2 洗涤液及其他试剂的配制
	蚕豆根尖微核测定	1. 浸种催芽的方法； 2. 处理的方法； 3. 恢复培养与固定的方法； 4. 染色的方法； 5. 制片的方法
	数据记录与处理	1. 记录内容的完整性； 2. 数据的正确处理； 3. 报告的格式与工整性

项目六 大气污染的生物监测

学习指南 大气污染的生物监测主要以植物作为监测器，因为当大气受到污染时，某些植物的形态结构、生理功能会发生一些变化，人们就可以根据植物的这些变化来监测大气污染。通过本项目的学习，要掌握大气污染伤害与其他因素伤害的鉴别方法；掌握几种常见污染物的症状特点；掌握指示植物应具备的条件；了解指示植物的选择方法；了解用指示植物检测大气污染的方法；了解用地衣、苔藓监测大气污染的方法；掌握树木年轮监测法常用的监测指标；掌握污染物含量监测法的样品制备方法以及污染程度评价方法。

大气是生物赖以生存的条件，当大气受到污染时，某些植物的形态结构、生理功能会发生一些变化，人们就可以根据植物的这些变化来监测大气污染。

植物监测虽然不像仪器监测那样，能够精确地测出各种污染物的浓度及其瞬间变化，但由于它具有许多仪器所不及的优点，便于开展群众性的监测预报工作，仍然受到国内外的重视。即使在科学技术非常先进的国家，植物监测的应用也非常广泛。

植物监测的优点概括如下。

1. 植物能直接反映大气污染，而且能综合地反映大气污染对生态系统的影响

大气污染物质对生态系统产生的各种影响是不能用理化方法直接进行测定的。例如，几种污染物质同时存在于环境中时，会产生一些相互作用，如协同作用或拮抗作用，使它们对生物的毒性增强或减弱，这是用仪器无法测出的。又如有些物质能通过植物吸收富集而进入食物链，进而危害生态系统，这也是不能用仪器测出的。

因此只有通过对生物（包括植物）的观察和分析，才能较正确地综合评价大气环境质量。

2. 能早期发现大气污染

许多植物对大气污染物质的反应往往比动物和人敏感的多。例如，人在二氧化硫的浓度达到 2.86～14.29mg/m^3 时可闻到气味，其浓度达到 28.57～57.14mg/m^3 时才受刺激引起咳嗽流泪。而一些敏感的植物如紫花苜蓿，在二氧化硫浓度超过 0.86mg/m^3 时，短期内便会出现受害症状。唐菖蒲在 8.48μg/m^3 的氟化氢中接触 20h 便会出现受害症状。又如烟草和美洲五叶针对光化学烟雾很敏感，在只有用精密仪器才能检测出来的低浓度情况下，就表现出受害症状。矮牵牛对大气中的乙醛很敏感，在浓度超过 0.39mg/m^3 时，2h 就会出现可见症状。香石竹、番茄等对乙烯很敏感，在 0.125～0.625μg/m^3 的浓度中暴露几小时，花萼即发生异常现象。根据这些敏感植物的受害情况，可以及早发现大气污染。

3. 能检测出不同的污染物种类，找出污染源

植物接受不同的大气污染影响后，在叶片上会出现不同的受害症状。例如，植物受二氧化硫污染后，常在叶片的叶脉间出现漂白或退色的斑点；受氟化物污染后，常在叶片的顶端或边缘出现伤斑；臭氧的症状是叶表面产生点状伤斑；受过氧乙酰硝酸酯（PAN）急性危害后，叶背出现玻璃状或古铜色伤斑；乙烯会造成器官脱落及偏上生长反应等。根据植物出现的症状特点，可以初步判断污染物质的种类，找出污染源。例如，美国洛杉矶在 20 世纪 40 年代初期出现了一种浅蓝色的具刺激性的烟雾，开始人们认为是工业排放的二氧化硫所造成的。以后一些研究者根据植物出现的特殊症状，认为可能与某种新污染物有关。经过七八年的研究，证实是汽车排气所造成的光化学烟雾。

4. 能监测长时间的慢性影响

除了连续性自动检测仪器外，一般仪器和理化方法只能测出瞬时或短期的污染状况。而植物长期生长在污染地区，能日夜为人们监测污染，随时反映污染状况，相当于“不下岗的监测哨”。假如

一个地区发生了有害气体的急性危害，事后可以从遗留下来的植物受害情况判断急性危害的大致浓度。同时植物具有积累污染物质的能力，根据植物体内污染物的含量，可以反映一定时期内的污染状况，并且结果比较稳定可靠。

5. 能反映一个地区的污染历史

根据树木的年轮，能估计几年甚至几十年前的污染情况。如美国有人根据 43 株美洲五针松和 50 株鹅掌楸的年轮宽度，监测出一个兵工厂附近 30 年来的污染情况，并推测出该厂 30 年内的产量变化，与实际情况惊人的相近。又如美国宾夕法尼亚州大学采用中子活化法分析树木年轮中的重金属元素含量变化，监测出几十年前该地区的重金属污染情况。这是一般仪器绝对做不到的。所以植物监测可以反映一个地区的污染历史。

6. 植物种类多、来源广、成本低

植物分布广，各地都能找到一些敏感植物，可以就地取材，比起昂贵的监测仪器来，植物监测要便宜很多。

7. 方法简便、容易掌握

植物监测有时依靠直接观察污染症状即能判断污染情况，群众容易掌握。有时依靠采集植物样品分析污染物含量，也比同时同地采集大量空气样品进行分析方便得多。

8. 植物监测可以结合绿化、美化和净化环境来进行

除以上优点外，植物监测也有它的不足之处。①在自然条件下很难获得准确可靠的定量数据，不像仪器监测能精确地测出各种污染物的浓度及其瞬时变化。②在污染严重时，植物本身也会死亡，失去连续监测的能力。③同一植物在不同生长期敏感性不同，不能一年四季都进行监测。如唐菖蒲在 4 叶期最为敏感，开花以后，叶片逐渐老化，敏感性显著降低。④植物个体之间有一定差异，容易产生误差。

但是，植物监测可以反映环境污染的总体水平，因而在环境质量评价上是一个不可缺少的环节，它作为仪器监测的一个助手，有助于全面了解污染情况，同时也可以发现污染物所产生的生态潜在

危险，为长期评价环境提供依据，这是仪器监测所不能做到的。

本项目介绍几种常用的植物监测方法。

任务一　污染症状监测法

100年前人们就发现，在一些工厂周围的植物叶片上出现特殊的伤害症状，经研究与工厂烟囱冒出的二氧化硫等烟气有密切关系。1942年，在美国的洛杉矶盆地，烟草叶片上普遍出现了一种过去从未见过的“病症”，致使烟草种植业受到严重的打击，后来经过多年的研究，才知道祸根是大气中的光化学烟雾，“病症”正是烟草受到污染的症状。因此，在环境保护工作中，对大气污染伤害植物症状的观察与诊断，是监测大气污染状况的一种有效方法。

一、植物对大气污染的抗性

大气污染对植物的伤害程度与植物本身对污染物的抵抗力有关。各种植物对污染物的抵抗力是不同的，不同的植物对同一种污染物的抗性差异很大，如棉花对氟化氢抗性很强，而唐菖蒲对氟化氢却非常敏感。同一种植物对不同污染物的抗性也不同，如棉花对氟化氢抗性强，但对二氧化硫和乙烯却很敏感。因此在同一地区受大气污染时，往往不是全部植物受害，受害植物中也因种类不同而在受害程度上有差别。植物受害程度越重，说明植物的抗性越差，敏感性越强。通常将植物的抗性分为3种。

1. 抗性强的植物

这种植物在污染较重的环境中能长期生长，或在一个生长季节内受一两次浓度较高的有害气体的急性危害后，仍能恢复生长。叶片上基本上能达到经常全绿或虽出现较重的落叶、落花、芽枯死等现象，但生长能力很强，在短时间内，能再度萌发新芽、新叶，继续生长发育。

2. 抗性中等的植物

这类植物在污染较重的环境中能生活一定时间，在一个生长季节内经一两次较高浓度的有害气体的急性危害后，出现较重的受害症状，叶片上往往伤斑较多，叶形变小，并有落叶现象，树冠发育较差，经常发生枯梢。

3. 敏感性植物

这种植物在污染较重的环境中很难生活。木本植物常在栽植1～2年内枯萎死亡，幸存者长势衰弱，最多只能维持2～3年，但其叶片变形、伤斑严重，在生长季节内，经受一次浓度较高的有害气体的急性危害后，大量落叶、落花、芽枯死，很难恢复生长。整个植株在短期内枯萎死亡。因此该类植物可作为指示植物和报警器。

二、大气污染伤害与其他因素伤害的鉴别方法

通常，除了工厂排放的有害气体会使植物受害外，病虫害、干旱、肥料不足、霜冻、微量元素缺乏、农药使用不当等因素也可能使植物受害，而且它们所产生的危害症状有时容易混淆。这样就使正确判断受害原因产生一些困难。根据国内外所积累的经验，要区别大气污染和其他因素的伤害，可采取以下方法。

1. 了解污染源

了解受害植物地区附近是否有排放有害气体的工厂、车间或装置，以及排放有害气体的种类。根据目前的了解，如有二氧化硫、氯气、氟化氢、氨气、乙烯、臭氧、氮氧化物（特别是二氧化氮）、氯化氢、硫化氢等气体排放时，便有可能对植物产生危害。有时还应注意流动性的污染源，如运载氨水、氯气等化学物质的汽车、船只停放或经过的地点，当化学物质泄漏时，往往容易发生这些化学物质的急性危害。

在了解了污染源以后，必须掌握有害气体的排放浓度，包括正常情况下的浓度和事故性排放时的特殊浓度。必要时最好进行采样测定。

在调查中，一方面要注意工厂近来是否发生过跑气、漏气等事故，另一方面注意附近农村在农田管理，如施化肥、喷农药中是否发生过药害等事故，这样才能避免分析判断的片面性。

因为气候条件与植物受害关系密切，有些气候条件变化，如旱

春寒流、长期干旱等会直接使植物产生受害症状，有些气候变化如阴雨、闷热、静风等会阻碍有害气体的扩散而使其浓度升高，从而加重植物的伤害。所以在调查时应该了解近期的气候情况。

2. 观察叶子受害症状

植物如受到有害气体的急性危害，必然会在叶片上表现伤害症状。因此叶片伤害症状是判断受害原因的重要根据，必须仔细观察研究。

不过单纯从叶子的受害症状来鉴别受害原因有时有一定困难，因为某些其他因素造成的危害症状与大气污染造成的危害症状十分相似。

最易与大气污染混淆的是冻害。例如，小麦及竹类在早春遭受冻害后，自叶尖向下发黄萎蔫，与二氧化硫等有害气体危害的症状相似；樟树冬季受冻，在叶脉间出现点、块状伤斑，与二氧化硫危害相似，而有时在叶缘坏死，又似氟化氢危害的症状；石楠、广玉兰、女贞、桂花、山茶等的冻害症状与氯气危害症状相似。

病虫害的症状与大气污染的伤害症状一般比较容易区分，因为病虫害的伤斑常有固有的特点。例如，昆虫危害的伤斑会留下咬嚼的痕迹，真菌、细菌危害的病斑会有轮纹、疮痂、白粉、霜霉等特征，伤斑上都有病原菌生长，有时还有明显的孢子囊群，如梨、贴梗海棠的锈病，在叶面上呈现锈色病斑，而在叶背产生管状的孢子囊群，很容易区别。板栗白粉病的病斑远看很像氯气等有害气体的危害症状，而仔细观察可见叶背有白色分生孢子，有时还有黑色小粒状子囊孢子，也很容易识别。

缺乏微量元素产生的症状有时也会和大气污染的症状相混。例如，玉米缺钾时，叶片尖端和叶缘出现土黄色坏死斑，严重时叶片卷缩，与氟化氢引起的伤斑相似；棉花缺钾时，叶片脉间退色发黄，有时出现棕色小斑块，但与绿色组织间无明显界限，周围有黄化区，近似氯气污染的症状；棉花因硼素过多而中毒时，叶片脉间出现肉红色斑，近似二氧化硫危害症状；油菜缺镁时，植物生长矮小，基部叶片边缘和脉间出现紫红色斑块，也像二氧化硫等有害气体引起的症状。

长期干旱、施肥不足、自然老黄等产生的症状多半是叶片部分退色发黄，发黄部分与绿色部分之间无明显界限，并且一般不会产生坏死斑。但有一些单子叶植物如唐菖蒲、萱草、鸢尾等，有时因营养条件或自然老黄，叶片尖端会出现枯死情况，与氟污染引起的坏死斑相似。

另外，污水或土壤中含有有毒物质也会使植物受害，但其危害的特点是：①根部受伤腐烂（大气污染的危害一般不危及根部，所以受害植物能恢复萌发生长）；②下部叶子受害重，越向上受害越轻（大气污染危害则相反，往往上部或中部叶子受害重）；③一片叶子上往往基部受害重（大气污染危害往往在叶尖、叶缘或叶脉间产生伤斑，叶基部较少受害）。

3．观察植物受害方式

由于单靠叶片症状不易鉴别受害原因，还必须在现场观察植物的受害方式，这是十分重要的一环。

如果植物确实是受有害气体的危害，则除了症状本身的差别之外，还应有下列一些特点。

① 有明显的方向性。高浓度有害气体使植物发生急性危害，常与当时的风向有密切关系。如发生危害时正值东南风，则在污染源的西北方向被气体刮到的植物会发生明显伤害，植物的受害范围与气体的扩散范围相吻合，往往成条状或扇面状分布。树木受害时，同一株树上，面向污染源的部分要比背向污染源的部分受害严重。

② 植物受害程度与距离有害气体污染源的远近密切相关。一般距离越近，植物受害越重，距离越远，植物受害越轻。但如污染源是一个很高的烟囱，则在一定范围内离烟囱越近受害越轻。

③ 在有害气体扩散过程中遇障碍物，如建筑物、山丘、高墙、林带等，则气体会被阻挡，障碍物后面的植物可避免受害。

④ 危害不局限在一种植物上，而是涉及各种植物。有时同一受害地区可有几十种植物同时受害，其受害程度与它们对有害气体

的敏感性有关，敏感性越强，受害越重。

其他因素引起的植物伤害一般不具备上述特点。如冻害往往出现在冬季或早春，涉及的地区较广，无方向性，而受害植物局限于一些抗寒性差的种类，植物受害程度与其生长环境的小气候条件有关，如避风向阳处受害较轻，北坡或风口受害较重。

病虫害往往有其自己的发生中心，向四周扩散分布，与有害气体的污染源无关；危害的面积较广，但危害种类有局限性，如葡萄黑痘病专门危害葡萄，梨锈病主要危害梨树及一些蔷薇科植物，白叶枯病主要危害水稻等。

有一点应该注意，有时病虫害的发生与大气污染也有一定关系。由于大气污染危害了植物，使植物生长减弱，降低了抗病虫的能力，病虫因此乘虚而入。在这种情况下，两者交错影响，更要多加分析。

此外，生理缺素症主要与土壤因素有关；农药、药害、施肥不足等与农事活动有关；自然老黄与作物年龄和生长季节有关。

这样，了解了附近污染源，观察了植物的受害症状和受害方式，调查了工厂和农田的事故情况及近期气象条件，就可以进行综合分析和判断。必要时还应到非污染地区的农田进行观察对比，以期得到尽可能符合实际的结论，防止片面性。

4. 叶片污染物质含量分析

当根据叶片受害症状及现场调查尚不能完全判断受害原因时，就需要借助于叶片污染物质的分析化验。因为植物叶片有吸收有害气体的能力，植物受有害气体危害后，叶中的污染物质含量便会明显增高。例如，受到二氧化硫危害后，叶中含硫量增高；受到氟化氢或氯气危害后，叶中氟或氯的含量便会明显增高。通过分析化验可以进一步确定受害的原因。

在采集分析化验样品时，除采集污染区受害植物样品外，必须同时采集非污染区的同种植物作为对照。因为有些污染物质，如硫、氯、氟等在正常植物中也是有一定含量的（本底值），各种植物的本底值不同，所以只有与正常植物的本底值相比较才能确定污染物质是否增高。

三、各种污染物造成的生物反应

1. 二氧化硫（SO_2）

硫是植物必需的元素。空气中少量的 SO_2，经过叶片吸收后可进入植物的硫代谢，在土壤缺硫的条件下，对植物生长是有利的。如果 SO_2 浓度超过极限值，就会引起伤害。SO_2 的伤害阈值因植物种类和环境条件而异。综合大多数已发表的数据，敏感植物的伤害阈值为：8h 为 $0.71mg/m^3$，4h 为 $1.00mg/m^3$，2h 为 $1.57mg/m^3$，1h 为 $2.71mg/m^3$。

（1）被害症状　植物受二氧化硫伤害后出现的初始典型症状为：稍微失去膨压、失去原来光泽、出现呈暗绿色的水渍状斑点、叶面微有水渗出并起皱。这几种症状可以单独出现，也可能同时出现。随着时间推移，症状继续发展，成为比较明显的失绿斑，呈灰绿色，然后逐渐失水干枯，直至出现显著的坏死斑。坏死斑颜色有深（从黄褐色、红棕色、深褐色、黑色）有浅（灰白色、象牙色、灰黄色、淡灰色），但以浅色为主，具体颜色因植物种类而有所不同。例如，合欢、无患子、积壳等伤斑多呈象牙白或黄白色；马尾松、棕榈、银杏、刺槐、桑树、海桐等多呈土黄色、浅蓝色或浅黄绿色；侧柏、水杉、杉木、榆树、悬铃木、梧桐、臭椿等多呈土黄色、黄色或深黄色；雪松、垂柳、加拿大白杨、杜仲、板栗、丁香等多呈黄褐色、黄棕色、红褐色或红棕色；泡桐、枫杨、女贞、冬青、广玉兰、桂花等多呈深褐色、黑褐色或紫褐色。同时因叶龄大小、受害程度以及温度、日光等环境因子对伤斑色泽的变化也会产生一定影响。叶脉一般不受伤害，仍然保持绿色。阔叶植物中典型急性中毒症状是叶脉间有不规则的坏死斑，伤害严重时，点斑发展成为条状、块斑，坏死组织和健康组织之间界限明显；单子叶植物在平行叶脉之间出现斑点状或条状的坏死区；针叶植物受二氧化硫伤害首先从针叶尖端开始，逐渐向下发展，呈红棕色或褐色。这些症状可以作为二氧化硫污染的证据。

SO_2 经过气孔进入叶组织后，溶于浸润细胞壁的水分中，产生 SO_3^{2-} 或 HSO_3^-，然后被细胞氧化成 SO_4^{2-}，SO_4^{2-} 的毒性远比 SO_3^{2-} 或 HSO_3^- 小，而且可被植物作为硫源利用，所以这种氧化过程被认为是解毒过程。如果 SO_3^{2-} 进入的速度超过了细胞对它的氧化速度，SO_3^{2-} 或 HSO_3^- 积累起来，便会引起急性伤害。在继续不断地吸收并氧化 SO_2 的情况下，SO_3^{2-} 的积累量超过了细胞耐受的程度，就会造成慢性伤害。新近的研究表明，在 SO_3^{2-} 氧化为 SO_4^{2-} 的过程中可能产生自由基（特别是 O_2·），这些自由基可引起膜脂的过氧化，从而伤害膜系统。有人提出 SO_2 的毒害作用是它在组织内同代谢产物醛类和酮类发生作用，产生 α-羟基磺酸，此物质是一些酶的抑制剂，特别对乙醇氧化酶有抑制作用。而且这一反应捕获了代谢上有用的中间产物，干扰了代谢的正常进程。不过植物体内极少检测到 α-羟基磺酸，因而此说受到怀疑。SO_3^{2-} 有破坏蛋白质中的双硫键的作用，可能也是 SO_2 毒性反应的一种方式。

各种植物对二氧化硫抗性的差异见表 6-1。

表 6-1　各种植物对二氧化硫抗性的差异

植物类别	抗性指数①	植物类别	抗性指数①	植物类别	抗性指数①	植物类别	抗性指数①
紫花苜蓿	1.0	三叶苜蓿	1.4	醋栗	2.1	紫藤	3.3
大麦	1.0	大豆	1.5	韭葱	2.2	木槿	3.7
有刺莴苣	1.0	胡萝卜	1.5	黑麦	2.3	洋葱	3.8
棉花	1.0	洋芜菁	1.5	葡萄	2.2～3.0	丁香	4.0
香豌豆	1.1	小麦	1.5	椴树	2.3	玉米	4.2
萝卜	1.2	花椰菜	1.6	桃树	2.3	黄瓜	4.2
甘薯	1.2	香芹菜	1.6	杏树	2.3	葫芦	5.2
菠菜	1.2	糖用甜菜	1.6	羽衣甘蓝	2.3	柑橘	6.5～6.9
菜豆	1.1～1.5	芥菜	1.7	榆树	2.4	香瓜	7.7
荞麦	1.2～1.3	茄子	1.7	桦树	2.4	赤酸栗	11.9
甘蓝	1.3	番茄	1.7	李子	2.5	水蜡树	15.5
夏南瓜	1.3	苹果	1.8	白杨	2.5	玉米花	21.0
燕麦	1.3	豇豆	1.9	马铃薯	3.0	丝和花穗	
向日葵	1.3～1.4	卷心菜	2.0	蓖麻	3.2	苹果花	25.0
南瓜	1.4	豌豆	2.1	枫树	3.3	苹果芽	87.0

① 用对二氧化硫最敏感的紫花苜蓿为样品，用 3.57mg/m³ 二氧化硫处理 1h，即出现受害症状。以此作为相对标准，规定指数为“1.0”，其他植物与之比较，指数越大，对二氧化硫抗性越强。

（2）植物对 SO_2 的敏感性　美国科学家奥格拉（Ogara）曾对100种以上的植物进行 SO_2 的接触实验，找出了多种植物接触1h时后开始出现被害症状的浓度，换算成相对湿度100%时的值，再被最敏感的紫花苜蓿的被害浓度的3.57mg/m^3 除而得到各种指数，结果见表6-1。指数大小表明植物的抗性强弱，故称抗性指数。

2．氟化物

大气氟污染物主要为氟化氢（HF）。HF来源于炼铝厂、炼钢厂、玻璃厂、水泥厂、磷肥厂、陶瓷厂、砖瓦厂和一切生产过程中使用冰晶石、含氟磷矿石或萤石的工业企业的排放。它的排放量远比 SO_2 小，影响范围也小些，一般只在污染源周围地区。但它对植物的毒性很强，每立方米空气含微克级浓度的HF时，接触几周可使敏感植物受害。氟是积累性毒物，植物叶子能不断地吸收空气中极微量的氟，吸收的 F^- 随蒸腾流转移到叶尖和叶缘，在那里积累至一定浓度后就会使组织坏死。这种积累性伤害是氟污染的一个特征。叶子含氟量高到40～50mg/kg时，多数植物虽不致出现受害症状，但牛羊等牲畜吃了这些被污染的叶子就会中毒，如引起关节肿大、蹄甲变长、骨质变松、卧栏不起，以至于死亡。蚕吃了含氟量大于30mg/kg的桑叶后，不食，不眠，不作茧，大量死亡。

（1）被害症状　植物受氟危害的典型症状是叶尖和叶缘坏死，伤区和非伤区之间常有一红色或深褐色界限。氟污染容易危害正在伸展中的幼嫩叶子，因而出现枝梢顶端枯死现象。此外，氟伤害还常伴有失绿和过早落叶现象，使生长受到抑制，对结实过程也有不良影响。试验证明，氟化物对花粉粒发芽和花粉管伸长有抑制作用。氟污染使成熟前的桃、杏等果实在沿缝合线处的果肉过早成熟软化，降低果实质量。

在针叶树中，氟化氢导致组织坏死，首先从当年生针叶的叶尖开始，然后逐渐向针叶基部蔓延，被伤害的部分逐渐由绿色变为黄色，再变为赤褐色，严重枯焦的针叶则发生脱落。新长出的幼叶对氟化氢敏感，而比较老的叶片则不易被伤害。

氟在组织内能和金属离子如钙、镁、铜、铁、锌或铝等结合，所以金属离子可能对氟起解毒作用，但因这些对植物代谢有重要作用的阳离子被氟结合，容易引起这些元素的缺乏症，如缺钙症等。

(2) 植物对氟化物的敏感性　植物对氟化氢敏感性的高低因种类不同而异，即使是同一植物，也因品种及生育时期不同而有差别。严格而恰当地排列等级是困难的，但大致列出敏感植物和钝感植物并分为 6 个等级是可以的。如表 6-2 所示，1 类、2 类是浓度在 4.24μg/m³ 以下，接触 7～9 天，发生轻微伤害；3 类是用 4.24～8.48μg/m³ 浓度，4 类、5 类、6 类是用 8.48μg/m³ 以上浓度，出现轻微伤害的。

表 6-2　植物对氟化氢的敏感性差异

对 HF 的敏感性		植物类别
高	1 类	唐菖蒲、杏、荞麦、苔桃、郁金香、樱、落叶松
	2 类	谷子、甘薯、桃、草莓、葡萄、鸢尾、葱、松(嫩叶)
中	3 类	玉米、胡椒、杨梅、鸡小肠、大丽花、牵牛花、三叶草、小麦、亚麻、燕麦、苹果、枫、桑、柳、秋海棠、繁缕
	4 类	杜鹃、蔷薇、丁香、苜蓿、菜豆、胡萝卜、莴苣、菠菜、小麦、车前草
低	5 类	风铃草、柞、松、番茄
	6 类	棉、烟草、黄瓜、南瓜、甘蓝、花椰菜、茄子、玉葱、大豆、菊、金鱼草、香豌豆、石楠、百日草、柑橘类、槐、蒲公英、枞树

3. 光化学烟雾（氧化剂）

光化学烟雾主要是指氮氧化物和碳氢化合物（HC）在大气环境中受强烈的太阳紫外线照射后产生一种浅蓝色烟雾。在这种复杂的光化学反应过程中，主要生成光化学氧化剂（主要是 O_3）及其他多种复杂的化合物，统称光化学烟雾。

氧化剂以 O_3 为主，占总氧化剂的 85%～90%，其次为过氧乙酰硝酸酯（PAN），此外还有一些醛类等。当这些氧化剂的混合物

浓度达到 $(0.03\sim0.04)\times10^{-6}$ 时，则形成光化学烟雾。光化学烟雾是一种大气污染，也能造成对植物的危害。

（1）被害症状

① 臭氧（O_3）。臭氧是一种气态的次生大气污染物，是氮氧化物在阳光照射下发生复杂反应的产物。它具有很强的生物毒性。

植物与其周围环境进行正常的气体交换时，O_3 就经气孔进入植物叶片内，诱发一系列的污染伤害症状，许多叶片会呈现大片浅赤褐色或古铜色，并导致叶片退绿、衰老和脱落。这些症状的特征取决于植物的类型和品种、污染物的浓度、暴露的时间等多方面的因素。

植物受臭氧急性伤害后出现的初始典型症状为：叶片上散布细密点状斑，几乎是均匀地分布在整个叶片上，并且其形状、大小也比较规则、一致，颜色呈银灰色或褐色，随着叶龄的增长逐渐脱色，变成黄褐色或白色。这些斑点还会连成一片，变成大片的块斑(blotch)，致使叶片退绿或脱落。点斑通常是急性伤害的一个标志。

针叶树对 O_3 的反应有所不同，先是针叶的尖部变红，然后变为褐色，进而退为灰色，针叶上会出现一些孤立的黄斑或斑迹(mottling)。各种植物受臭氧污染后的症状见表 6-3。

表 6-3 各种植物受臭氧污染后的症状

植物种类	症状类型			植物种类	症状类型		
	坏死	斑点	小斑点		坏死	斑点	小斑点
番茄	＋＋			含羞草	＋＋		
斑豆	＋	＋		葡萄		＋＋	
菠菜	＋＋			美人樱	＋＋		
马铃薯	＋＋			梨		＋＋	
柳蓼			＋＋	甜菜	＋		＋＋
烟草			＋＋	草莓		＋＋	
锦紫苏	＋	＋		薄荷		＋	
菊	＋	＋		天竺葵	＋＋		
苜蓿	＋＋			唐菖蒲			
花生	＋		＋	胡椒			
土耳其烟草	＋		＋	蚕豆			
甘薯	＋		＋				

注：＋＋表示经常出现的症状；＋表示有时出现的症状。

② 过氧酰基硝酸酯类。包括过氧乙酰硝酸酯（PAN）、过氧丙酰硝酸酯（PPN）、过氧丁基硝酸酯（PBN）、过氧异丁基硝酸酯（PisoBN），其中含量最高、毒性最强的为PAN。它是一种次生污染物，是烃在阳光照射下发生复杂反应的产物。

PAN诱发的早期症状是在叶背面出现水渍状或亮斑。随着伤害的加剧，气孔附近的海绵叶肉细胞崩溃并为气窝（air pocket）取代，结果使受害叶片的叶背面呈银灰色，两三天后变为褐色。PAN诱发的一个最重要的受害症状是出现“伤带”（banding），这些症状出现于最幼嫩的对PAN敏感的叶片的叶尖上（与O_3伤害成熟叶的情形恰恰相反），随着叶片组织的逐渐生长和成熟，受害的部分就表现为许多伤带。

植物受PAN伤害的一个特点是：植物如果接触PAN前处在黑暗中则抗性强；如果受光照2～3h后再接触，就变得敏感。研究表明，这与植物的叶绿体中一种具有双硫链的蛋白质有关，这种蛋白质在光照下进行光还原，因而巯基增加，而含巯基的酶易受PAN氧化而失去活性。

（2）植物对氧化剂的敏感性　对O_3敏感的植物如烟草、菠菜、燕麦等在O_3浓度为$(0.05 \sim 0.15) \times 10^{-6}$的空气中接触0.5～8h就会出现伤害。对PAN敏感的植物如番茄、莴苣等在PAN浓度为$(15 \sim 20) \times 10^{-9}$的空气中接触4h即受害。其他植物的敏感性如表6-4、表6-5所示。玉米、棉花、黄瓜、洋葱、海棠、菊花等则是对PAN有抗性的植物。

表6-4　各种植物对臭氧敏感性的比较

对臭氧的敏感性	植物类别
高	烟草、苜蓿、小麦、菜豆、三叶草、玉蜀黍、燕麦、洋葱、花生、马铃薯、水萝卜、荞麦、菠菜、番茄、小麦、葡萄、葱、牵牛花、丁香、榉、白杨、豇豆、小豆、大豆、甜菜
中	赤松、椰、梨、蔷薇、鸡、头葛、桔梗、金钱、莴苣
低	薄荷、天竺葵、唐菖蒲、胡椒、银杏、松、杉、桧、里松、楠、海桐花、偻枞、夹竹桃、姬紫花、野菊、莎草、温州蜜柑

表 6-5　植物对 PAN 的敏感性

对 PAN 的敏感性	植　　物　　类　　别
高	牵牛花、菜豆、甜菜、繁缕、大丽花、莴苣、番茄、燕麦
中	苜蓿、小麦、甜菜、胡萝卜、大豆、菠菜、烟草、小麦
低	杜鹃、秋海棠、菊、玉米、棉、黄瓜、玉葱、水萝卜、甘蓝

4. 乙烯

乙烯是植物内部产生的激素之一，在植物生长发育中起着极重要的调控作用。如果大气受乙烯污染，就会干扰植物正常的调控机构，引起异常反应，影响农林业生产。

(1) 被害症状　引起植物产生反应的乙烯阈值浓度为 $(10\sim100)\times10^{-9}$。乙烯对植物的危害不像其他污染物那样会造成叶组织的破坏，它的作用是多方面的，其中一个特殊的效应是“偏上生长”，就是使叶柄上下两边的生长速度不等，从而使叶片下垂。乙烯的另一个作用是引起叶片、花蕾、花和果实的脱落，因而影响某些农作物产量和花卉的观赏效果。如棉花、芝麻、油菜、茄子、辣椒等作物极易受乙烯影响而落花落蕾，大叶黄杨、苦楝、女贞、刺槐、油橄榄、柑橘等遇到乙烯则易落叶。

有一些植物因接触乙烯而产生不正常的生长反应，如茎变粗、节间变短、顶端优势消失、侧枝丛生等；还有一些植物会产生一些特殊现象，如棉花花蕾萼片张开、黄瓜卷须弯曲等。

乙烯可使某些植物如石竹、紫花苜蓿、夹竹桃等正在开放的花朵发生闭花现象（又称“睡眠”效应），使洋玉兰的花瓣和花萼脱水枯萎，使菊花、一串红、三色槿的花期缩短，使石榴、凤仙花、紫茉莉等不能开花，使向日葵、蓖麻、小麦等结实不良，空秕率增加，使西瓜、桃子等产生畸形果和开裂果，坐果率降低。

促使叶片和果实失绿也是乙烯的常见效应，这同脱落和提早成熟有关，是衰老加速的象征。失绿是由于乙烯使植物的叶绿素酶活力提高和叶绿素的分解加速所造成的。

(2) 植物对乙烯的敏感性，见表 6-6。

表 6-6　植物对乙烯的敏感性

对乙烯的敏感性	植　物　类　别
高	洋玉兰、香石竹、蔷薇、香豌豆、番茄、黄瓜、豌豆、甘薯、桃、棉
中	杜鹃、胡萝卜、大豆、南瓜、白栀子
低	甜菜、甘蓝、三叶草、莴苣、洋葱、水萝卜、燕麦

5. 氨（NH_3）

工业生产中的偶然事故、管道断裂或者运输中发生意外，都可能将 NH_3 释放到大气中，泄露地点附近的植物就可能因此而遭受严重的急性伤害。但只有在浓度很高时 NH_3 才伤害植物。

NH_3 对植物的伤害，大多为脉间点状或块状伤斑。中龄叶片似乎对 NH_3 最为敏感，整个叶片会因受 NH_3 的伤害而变成暗绿色，然后变成褐色或黑色，伤斑与正常组织之间界限明显。另外，症状一般出现较早，稳定得快。叶片的 pH 可能会上升，这大概是叶片颜色发生变化的原因。低浓度的 NH_3，可能使叶片的背面变成釉状，或者呈银白色。这些症状可能与过氧乙酰硝酸酯引起的症状相混淆。人们还注意到，NH_3 可能使苹果皮孔周围变成紫色，进而成为黑色。

6. 氯气（Cl_2）

氯气是一种广泛应用的氧化剂，通常用卡车或火车运输。因此，偶然的泄露就可能在发生泄漏的地区造成严重的急性伤害。

Cl_2 对许多植物的伤害大多为脉间点状或块状伤斑，与正常组织之间界限模糊，或有过渡带。有些植物的症状出现在叶缘附近，先是出现深绿色至黑色斑点，继而转变成白色或褐色。严重危害时造成全叶失绿漂白，甚至脱落。针叶树种也会出现叶尖枯斑或斑迹。

四、受害阈值

并不是说环境中有污染气体就会使植物受害，污染气体使植物产生伤害必须达到一定浓度并接触一定的时间。污染气体使植物产生受害症状的最低浓度称为临界浓度；在临界浓度时，使植物产生受害症状的最短时间称为临界时间。受害阈值就是由这两个因素构成的。一般污染气体的浓度越高，产生症状所需的时间越短（表6-7、表6-8）。一般急性伤害值以植物叶片产生5%的伤害为标准。

表 6-7 SO_2 伤害植物的阈值

接触时间/h	产生5%伤害所需浓度/(mg/m^3)		
	敏感植物	中等植物	抗性植物
0.5	3.67～10.48	9.17～26.2	≥23.6
1.0	1.31～13.62	5.24～19.7	≥18.3
2.0	0.79～5.24	3.9～13.1	≥11.8
4.0	0.39～3.28	2.62～9.17	≥7.9
8.0	0.26～1.97	1.31～5.24	≥3.9

表 6-8 HF 伤害植物的阈值

接触时间/h	产生5%伤害所需浓度/($\mu g/m^3$)		
	敏感植物	中等植物	抗性植物
8h	2.0～6.0	5.0～30	≥25
12h	1.5～5.0	4.0～27	≥22
24h	1.0～4.0	3.0～20	≥15
1星期	0.75～2.0	1.5～8	≥7
1个月	0.5～1.0	1.0～5	≥3
生长季节	0.3～0.7	0.5～2	≥1
1年	—	0.2～0.5	—

了解大气污染物质对植物的伤害阈值是十分重要的。一方面它是制定环境标准的必要基准值；另一方面它是植物监测的重要基础，人们可以根据植物的受害程度来估测大气污染物的浓度。

五、污染程度判断

用伤害症状判断污染程度，主要根据叶片伤害面积的大小。一般可分为五级，即：无污染，叶片无明显伤害症状；轻度污染，叶片受害面积25%以下；中度污染，叶片受害面积25%～50%；较重污染，叶片受害面积50%～75%；严重污染，叶片受害面积75%以上。

对污染程度进行判断时，可选择一种分布较为普遍的敏感植物，也可选择两种或两种以上植物。若选择两种以上植物时，最后结果可用下式做相应处理。

$$S=\frac{1}{n}\sum_{i=1}^{n}S_i$$

式中　S——判断污染程度的标准叶面积；

S_i——i 种植物叶片受害面积；

n——选择的植物种类数。

污染程度的分级标准还可视当地具体情况而定。

复习思考题

1. 何谓受害阈值？了解受害阈值有什么意义？
2. 如何区别大气污染伤害和其他因素的影响。
3. 试述 SO_2、HF、氧化剂、Cl_2、NH_3 为害植物的症状特点。

任务二　指示植物监测法

环境中有污染气体存在时，一些敏感植物很快就会有反应，植物的这种反应叫环境污染的“信号”，人们用这种“信号”来分析鉴别环境污染状况。所以，把能够反映环境中的污染信息的植物称为指示植物。

一、指示植物应具备的条件

① 对污染物反应比较敏感。

② 症状明显、典型。

③ 是当地常见种，分布广。

④ 生长期长，能不断地萌发新叶。

二、指示植物的选择

指示植物监测环境污染的关键在于它对各种污染物质的敏感性，因此需要通过各种途径把敏感的植物选择出来。筛选监测评价大气质量状况的指示植物的方法大致有以下几种。

1. 野外现场调查法

这是比较简便而易行的基本方法，即在大气污染地区，特别是在排放有害气体的工厂附近，调查现有各种植物的表现，包括生长好坏、受害程度及死亡情况等。通过调查找出某一污染区最易受害、症状明显的敏感植物。在进行调查时应注意几点。

① 对污染源排放有害气体的种类和大致浓度有所了解，最好能配合进行所调查地区的大气测定。

② 调查工作最好在当工厂附近发生有害气体急性危害后进行，因为这时植物叶上受害症状明显，便于比较各种植物的受害程度。

③ 调查时应注意区别气体危害与其他环境条件影响及人为破坏。

大气污染地区植物调查项目包括两个方面。

(1) 生态环境

① 调查地点和调查日期。

② 污染源及其排污情况，包括污染物质的种类、排放量和排放形式等。

③ 植物生长时间的主风向。

④ 调查地的位置和至污染源的距离。

⑤ 地形、地物及其他。

(2) 植物生长发育及受害情况

① 树龄：幼苗、幼树、成年树、老年树。

② 树势：旺盛、衰弱、严重衰弱、死亡。

③ 枝梢枯损：未见、少量枯损、明显枯损、严重枯损。

④ 枝梢生长量：正常、偏少、少、极少。

⑤ 枝叶密度：正常、部分稀疏、明显稀疏。

⑥ 叶片受害情况：记载叶片所出现的症状，并估测受害叶百分数。

⑦ 叶形：正常、轻度变形、中度变形、严重变形。

⑧ 叶色：正常、轻度变色、中度变色、严重变色。

⑨ 叶片大小：正常、轻度变小、中度变小、严重变小。

⑩ 落叶程度：正常、少量落叶、大量落叶、严重落叶。

⑪ 开花情况：正常、大部开花、少数开花、不开花。

⑫ 结实情况：正常、轻度减少、严重减少、不结实。

⑬ 枝叶萌发能力：强、较强、一般、弱。

⑭ 病虫害：记载病虫害的种类、危害程度等。

⑮ 敏感性表现：根据野外调查观察，初步评出敏感性和抗性的等级，如强、较强、中等、弱等。

2. 盆栽试验和现场栽培（露天种植）法

将试验植物（草本花卉或两年生苗木）预先移入盆内，待成活后，连盆移放在污染源附近。定期观察、记录受害反应情况（症状出现的时间、形态及受害面积），筛选出敏感性的指示植物。这种方法的优点是可以根据需要选择不同种类植物，并可以任意选择污染程度不同的地点进行试验，可以随时移入污染区或搬回清洁区，对比观察较为方便。同时可以排除土壤因素的差异（盆土都取基本无污染的土壤），使之有可比性，并增强准确性。这种方法的缺点是搬盆和管理比较费工。为了克服这一缺点，便于广泛大面积试验，可将试验植物直接移入污染区栽上，定期观察。但存在着栽培土壤不易一致的缺点，如果污染区土壤已经污染，需要换土后再现场栽培。另一缺点是移入现场栽培未能成活时，难以分清是污染原因不能成活还是栽培不妥不能成活。

3. 植物人工熏气

植物人工熏气是研究植物与大气污染物相互作用的一种手段。一方面，它可以探明各种污染物单独或混合作用时，植物所产生的损伤反应特征；另一方面，当污染物类型与损伤反应特征间的关系建立以后，它可以作为一种生物监测器，从而根据熏气室里植物的损伤反应特征来判断大气受污染的状况。因此植物人工熏气既可以作为选择指示植物的一种方法，又可以作为监测大气污染的一种手段。

熏气试验有静式熏气、动式熏气、开顶式熏气 3 种方式。

(1) 静式熏气　最早应用的人工熏气装置是一个简单的密闭玻璃箱。试验时用它罩住生长在地上或盆栽的植物，并引入一定量的污染气体处理一段时间。箱内空气是不更换的，所以称为静式熏气。它的缺点很多。首先，由于预先计算好的有毒气体浓度会因植物、土壤和箱壁的吸收、吸附而降低，因而不能保持污染物浓度；其次，由于受试植物的蒸腾作用，箱内空气湿度会很快达到饱和，从而影响植物水分代谢和气孔开度；此外，在阳光直接照射下，箱内空气温度和植物体温度会显著升高。所以静式熏气不符合熏气试验的基本要求。但由于此法比较简单，目前仍有使用。

（2）动式熏气　这种熏气室的室内空气不断流通和更换，气体污染物有控制地加入气流中，从而能保持恒定的污染物浓度和温度、湿度等条件，为室内生长的植物提供了比较接近自然的环境。

人工熏气试验要有两个或两个以上的熏气室同时进行，其中一个通入经过过滤的清洁空气，作为对照；另一个（或几个）在通入的清洁空气中加入一定浓度的污染气体。

动式熏气室的大小、式样和结构可以因试验对象和目的而有所不同。如可用带自动调节温度与湿度的植物环境调节室改装而成。光源可利用人工照明，但一般多用透过玻璃室的天然光照（内容积 $4\sim8m^3$）。污染气体贮于压缩贮藏铁筒内，经 100～1000 倍空气稀释后注入玻璃室内。用室内的空气调节器稀释到所要求的浓度，使之在室内循环后，经活性炭过滤器排除到户外（污染气体被过滤）。用测定器测定室内放置的盆栽植物附近污染气体的浓度，并自动记录。玻璃室内的温度、湿度用空冷或水冷的方式调节。需要高的湿度时，利用加湿器自动调节。通常温度白天保持 15～30℃，晚间 10～25℃，湿度调节在 40%～80%的范围内。动式熏气室结构示意如图 6-1。

注意：①在工厂周围或大城市的大气中，如有 SO_2 或臭氧存在时，在试验室及对照室上都要安装空气净化装置（使用活性炭）；②有害气体接触室要使用耐酸性（SO_2）或耐氧化（臭氧）的材料；③向气体测定器注入空气时，其导入管应当用吸着气体少的材料（一般多使用玻璃管或氟树脂管）。

（3）开顶式熏气　动式熏气虽然比静式熏气进了一步，但是和

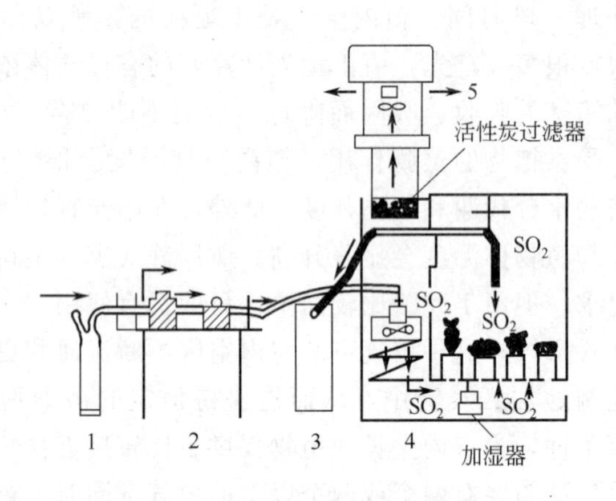

图 6-1 动式熏气室结构示意

1—二氧化硫贮气瓶；2—气体稀释装置；3—气体测定器；4—气体接触玻璃室；5—气流调节器

自然生长条件相比仍有一定差别。例如，处在熏气室内的植物受不到雨水的淋洗，没有昆虫授粉等。因此近年来又广泛采用了开顶式熏气室。它是一个圆筒形装置，顶部敞开。污染的或清洁的空气从底部送入，从顶部排出。由于气流是从下到上单向流动，周围空气很少，可能从敞开的顶部进入熏气室，所以污染物浓度基本上稳定在实验控制的水平上。室内植物实际上是在露天条件下生长的，因而更接近自然界的情况。这种装置适用于研究低浓度污染物长期暴露所引起的慢性伤害。

熏气室内的环境条件和自然界毕竟有所不同，特别是群体条件不同。因此有的学者设计了田间全开放式熏气系统，即把极低浓度的污染气体用密布于田间的管道通到植物周围，使该处植物除受污染气体接触外，其他环境条件完全处于自然状况。

4. 叶片浸蘸法

把生长的植物叶片直接在污染物的水溶液中浸泡 1min，取出后隔 24h，进行观察比较，受害严重者即为敏感种类。这种方法简便易行，效果也较为可靠。

三、常用的指示植物

1. 监测 SO_2 的指示植物

监测二氧化硫的植物有一年生早熟禾、芥菜、百日草、欧洲蕨、苹果树、颤杨、美国白蜡树、欧洲白桦、紫花苜蓿、大麦、荞麦、南瓜、美洲五针松、加拿大短叶松、挪威云杉，以及苔藓和地衣等。

2. 监测 HF 的指示植物

对 HF 特别敏感的植物是唐菖蒲，因此常用它作生物监测器。此外，金荞麦、葡萄、玉米、郁金香、桃、杏、落叶杜鹃、北美黄杉、美国黄松、小苍兰等都能作为监测 HF 的指示生物。

3. 监测 O_3 的指示植物

O_3 的监测植物及其典型症状见表 6-9。

表 6-9　O_3 的监测植物及其典型症状

监测植物	典型症状	监测植物	典型症状
美国白蜡	白色刻斑、紫铜色	松树	烧尖、针叶呈杂色斑
菜豆	古铜色、退绿	马铃薯	灰色金属状斑点
黄瓜	白色刻斑	菠菜	灰白色斑点
葡萄	赤褐色至黑色刻斑	烟草	浅灰色斑点
牵牛花	褐色斑点、退绿	西瓜	灰色金属状斑点
洋葱	白色斑点、尖部漂白		

4. 监测 PAN 的指示植物

PAN 的监测植物有牵牛花、甜菜、菜豆、番茄、长叶莴苣、芹菜、大丽花，以及一年生早熟禾等。

5. 监测乙烯的指示植物

乙烯的指示植物以洋玉兰最为有名，其他有麝香、石竹、番茄、玫瑰、香豌豆、黄瓜、万寿菊和皂荚树等。

6. 监测 NH_3 的指示植物

监测 NH_3 的指示植物有向日葵、悬铃木、枫杨、女贞等。

7. 监测 Cl_2 的指示植物

监测 Cl_2 的指示植物有荞麦、向日葵、萝卜、曼陀罗、百日草、蔷薇、郁金香、海棠、落叶松、火炬松、油松、枫杨等。

四、利用指示植物监测大气污染的方法

1. 在工厂周围栽培各种敏感性不同的植物

在栽种时可结合工厂绿化进行，达到既可美化环境，又可监测环境污染的目的。如雪松，一旦春季针叶发黄，枯焦，则其环境中很可能有 HF 或 SO_2。

2. 植物群落监测法

在一定地段的自然环境条件下，由一定的植物种类结合在一起，成为一个有规律的组合，每一个这样的组合单位叫作一个植物群落。群落中的植物与植物间、植物与环境间彼此依存、互相制约，存在着复杂的相互关系。环境条件的变化会直接地影响植物群落的变化。

在大气污染的情况下，由于植物群落中各种植物对污染物质敏感性的差异，其反应有着明显的不同。因此，分析植物群落中各种植物的反应（主要是受害症状和程度），可以估测该地区的大气污染程度。

江苏省植物所对某化工厂附近的植物群落进行了调查，观察记载了群落中各种植物的受害情况，其结果如表 6-10 所示。

表 6-10　某化工厂附近 35～50m 范围内植物受害情况

植物名称	受害情况
悬铃木、加拿大白杨、桧柏、丝瓜	80%或全部叶片受害甚至脱落
	叶片有明显大片伤斑，部分植物已枯死
向日葵、葱、玉米、菊花、牵牛花	80%左右叶面积受害，叶脉间有点带状伤斑
月季、蔷薇、枸杞、香椿、乌柏	80%左右叶面积受害，叶脉间有轻度点带状伤斑
葡萄、金银花、构树、马齿苋	10%左右叶面积受害，叶片有轻度点状伤斑
广玉兰、大叶黄杨、栀子花、腊梅	肉眼观察无明显症状

根据植物叶片所出现的症状特点（伤斑分布在叶脉间），表明该厂附近的大气已被 SO_2 所污染，从各种植物的受害程度，特别

是一些对 SO_2 抗性强的植物，如构树、马齿苋等的受害情况来看，可以判断该地区曾发生过明显的急性危害。有关资料表明，当 SO_2 浓度达 8.6～28.6mg/m^3 时，能在短时间内使各种植物产生不同程度的急性伤害。因此，可以估测该厂周围大气中的 SO_2 浓度可能曾达到这样的范围。

该所还调查了某铁合金厂附近的 120m 范围内植物群落的情况，如表 6-11 所示。

表 6-11　某铁合金厂附近植物的受害情况

植　物　名　称	受　害　情　况
悬铃木、玉竹	严重(受害叶面积 75%)
百合、山药、大蒜、玉米、韭菜	较重(受害叶面积 50%～75%)
吉祥草、沿阶草、虎杖、蚕豆、万年青、萬苣、栀子花	中度(受害面积 25%～50%)
虎耳草、枸杞、七叶一枝花、菊花、金银花、芹菜	轻度(受害面积 25%)
景天三七、京大戟、四季豆(苗)	未见明显受害症状

从植物叶片受害症状（大多是叶片边缘出现伤斑）来看，是属氟化物污染类型，表明该厂有较多的含氟废气散发出来。根据各种植物的受害程度来判断，大气中氟化物的浓度是较高的。经大气取样测定，这一地区大气中氟化物浓度达到 0.01～0.15μg/m^3，大大超过了国家允许标准。

许多资料报道，地衣是研究空气污染对绿色植物影响的好工具，特别是由于地衣的共生性更增加了它对环境胁迫因素的敏感性，对绿色植物损害不明显的轻微污染，也常对地衣某些种类的生长情况等产生明显影响。

总之，无论禾本植物、草本植物以至于苔藓、地衣和真菌，都能用来对大气中的气体及颗粒污染物进行指示和监测，但当今亟须解决的问题有如下几个。

① 需要发现更多更好的植物作为监测物。

② 建立植物监测器供应中心，以鉴别、评价、保存、繁殖并提供监测各种污染物的植物监测器。

③ 植物监测器和空气质量标准的共同使用。使生物监测的数

据广泛地用于大气的环境质量标准上。

3. 利用指示植物定点监测报警

选择敏感性强的植物作为指示植物，在没有污染的地方预先进行培育（一般用盆栽），生长一定时期后，将其移放到需要监测的地区，安放在不同地点，定期观察记载它们的受害症状和受害程度，以此来估测该地区的空气污染状况。现以唐菖蒲对氟化物的监测为例，介绍指示植物定点监测的方法。

四月初，先在非污染区将唐菖蒲的球茎栽种在直径20cm、高16cm的花盆内，等长出3～4片叶以后，把它们连盆移到工厂，放置在污染源的主风向下风侧不同距离（5m、50m、300m、500m、1150m、1360m）的监测点上，进行监测，定期观察、记录受害症状，并统计受害叶面积的百分数（目测法）。几天之后，唐菖蒲便出现典型的氟化氢危害症状，叶片的尖端和边缘产生淡棕黄色片状伤斑，受害部分与正常叶组织之间有一明显的界限。一星期后，除最远的监测点外，所有的唐菖蒲都出现了不同程度的受害症状。两星期后测定它们的受害情况，结果见表6-12。

表6-12　不同监测点上唐菖蒲受害情况

距离/m	受害叶面积/%	伤斑长度/cm	距离/m	受害叶面积/%	伤斑长度/cm
5	53.9	22.8	500①	6.8	6.0
50	28.6	15.9	1150	6.5	5.3
350	16.6	13.5	1350②	0.3	0.3

① 放置点树木较多。

② 第一个星期放在室内监测，未出现受害症状，第二个星期移至室外。

唐菖蒲受害的症状表明，该厂周围的大气已被氟化物所污染，其污染范围至少达1150m（在1350m处也有轻度污染）。植物的受害程度与距污染源远近有着密切关系，随距离的增大，受害减轻，距污染源5m的唐菖蒲受害面积百分数为1150m处的8.3倍。根据植物受害程度与大气中氟化物含量有着一定的相关性来估测，距污染源5m处的大气含氟量应为1150m处8倍左右，这种估测结果与当时该厂大气取样分析的结果基本一致。

美国曾用早熟禾、矮牵牛监测洛杉矶市的光化学烟雾污染程度。先将植物栽于控制条件下，然后同时运送到各监测点，暴露24h后送回清洁区，观察症状发展，最后统计植物的受害面积以判定各地的大气污染程度。

近年来，美国发现烟草对氧化剂污染物质十分敏感，认为它是一种很好的指示植物。特别是选育出来的 Bel W_3^- 品种特别敏感，已被欧美各国广泛用来监测光化学烟雾污染。

4. 利用简易植物监测装置监测空气污染

监测前将监测植物的种子放在发芽床上，在没有空气污染的地方进行发芽。发芽床由搪瓷盘（或其他容器）、薄木板和滤纸（或纱布）组成。在薄木板上铺一层比木板略大些的滤纸。把种子排列在上面，然后将木板放入事先已盛有干净水的搪瓷盘中。木板浮于水面，滤纸吸收盘中的水分，使发芽床保持湿润便可进行发芽。等长出 2 片子叶开始露出真叶时，将它们移栽到塑料钵中组成简易植物监测装置。

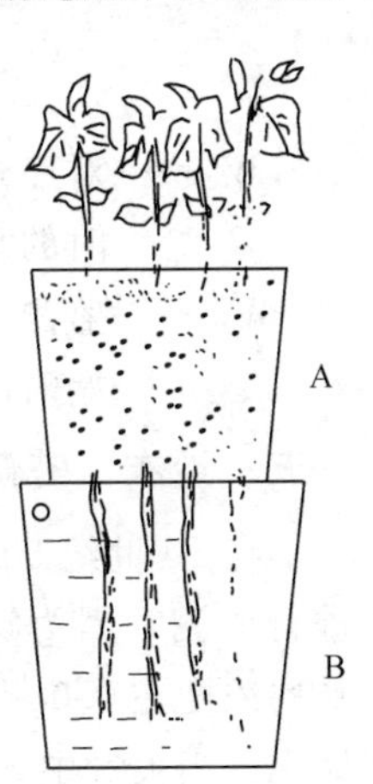

图 6-2 简易植物监测装置示意
（钵 B 左上方圆圈表示排水孔）

简易植物监测装置由两个直径 15cm、高 16cm 的塑料钵和监测植物的幼苗组成（见图 6-2）。塑料钵 A 内装干净的细砂，供栽培监测植物用。钵 B 中盛放 KnOP 培养液［其组成为 $Ca(NO_3)_2 \cdot 4H_2O$ 0.8g，$MgSO_4 \cdot 7H_2O$ 0.2g，KH_2PO_4 0.2g，KNO_3 0.2g，$FeCl_3$ 微量，H_2O 1000mL］。钵 A 的底部有 4 个圆孔，每孔装一根吸水绳（棉纱绳或纱布均可），它的一端放入砂内，另一端浸入钵 B 中吸收水分和养料，使其不断地进入砂中，以保证监测植物正常生长。

把发芽床上大小一致、生长健壮的幼苗，分别栽种在塑料钵 A 中。每钵栽 4～5 株，栽后把它叠在钵 B 上，放在荫处恢复几天再放在露地。待长出 2～3 片真叶后便可送到监测点进行监测。钵B中放2000mL的KnOP培养液，可保持10～15天不会干燥。为减少监测装置水分的蒸发，延长培养时间，可在砂面上盖一薄层蛭石粉。

监测时，将简易监测计同时移放在各监测点，并在非污染区设对照点。监测结束后移回到非污染区，立即剪取监测植物的地上部分，洗净烘干，测定其干重。

监测植物生长量的变化与空气污染（大多情况下是复合污染）的程度有着密切的关系。不同的污染度其减少的量是不同的。因此，根据生长量的变化可以判断空气的污染程度。以对照点监测植物的生长量作为标准，把各监测点植物的生长量与它进行比较，得出影响指数（I_A），影响指数越大，空气污染越重。影响指数计算方法如下。

$$I_A=\frac{W_c}{W_m}$$

式中　W_c——对照点植物监测结束时平均每株干重减去监测开始时的平均每株干重；

W_m——监测点植物监测结束时的平均每株干重减去监测开始时的平均每株干重。

五、地衣、苔藓监测法

早在20世纪50年代，人们就开始了利用地衣和苔藓对大气污染进行监测，因为这两类植物对SO_2和HF等反应很敏感。SO_2年平均浓度在0.04～0.3mg/m^{3}时，就可以使地衣绝迹。苔藓仅次于地衣，当大气中SO_2浓度超过0.05mg/m^{3}时，大多数苔藓植物便不能生存。因此1968年在荷兰召开的大气污染对动植物影响的讨论会上，推荐以地衣和苔藓为大气污染指示生物。目前有许多国家用地衣和苔藓对城市或以城市为中心的更大区域进行监测和评价，并绘制出大气污染分级图。

附生植物具有比较好的监测大气污染的功能，原因如下。

① 附生植物地理分布广，出现在各种自然环境，甚至工业区和城市市区。

② 附生植物无表皮和角质层，污染物容易通过。

③ 附生植物无真正意义上的根，也没有维管组织，其所需矿物质主要通过干湿沉降。在这些植物及其枝体中发现的全部污染物，是直接从空气中吸收或吸收沉降在植物体上的污染物。因此，能够根据附生植物体内污染物含量与其环境浓度及其沉积率之间的联系建立起良好的相关关系，能够较客观地反映大气污染。

④ 因为附生植物大多为单层细胞，污染物可以从背腹两面进入植物体，所以对大气污染敏感。

⑤ 附生植物大多分布在树干、枝、叶上，不受土壤污染的影响。

鉴于上述原因，地衣和苔藓植物被大量用来指示和监测大气中重金属、粉尘、SO_2 等污染。地衣和苔藓都能够从大气或沉积物中吸收重金属。有许多种地衣和苔藓已经用于监测空气中的重金属。地衣和苔藓中重金属浓度的变化，通常直接反映着它们从外界污染源摄入重金属的摄入率。

（一）利用地衣监测和评价

地衣是由真菌和藻类共生的特殊植物类群。其中藻类进行光合作用制造的有机物，供藻类和菌类的共同需要；菌类吸收的水分和无机盐又供藻类进行光合作用，并使地衣保持一定湿度。这种特殊的共生关系使地衣具有独特的形态、结构、生理和遗传的生物学特性。

地衣的形态，按生长型可分为 3 类，即叶状、壳状和枝状，还有一些种类为过渡类型。典型的叶状地衣外形呈叶状，内部构造分上皮层、藻胞层、髓层和下皮层。以假根或脐固着于基质上，与基质结合不牢固，易于剥落。典型的壳状地衣外形呈壳状，内部构造无皮层或只有上皮层，有藻胞层和髓层，以髓层的菌丝直接固着于基质，与基质的结合十分牢固，无法从基质上剥落。枝状地衣的外形呈枝状，内部构造呈辐射状，有外皮层、藻胞层和髓。

1. 种类分布调查

各种地衣对大气污染的抗性不同，根据敏感种类和抗性相对较强的种类的分布状况，对大气质量的污染程度做出评价。

(1) 生长型调查　地衣对大气污染的耐受能力是壳状地衣＞叶状地衣＞枝状地衣。通过对监测地区各类生长型地衣分布状况的调查，可把大气的污染程度分为四级，即：①最严重污染区，一切地衣均绝迹；②严重污染区，只有壳状地衣；③轻度污染区，具壳状地衣和叶状地衣，无枝状地衣；④清洁区，枝状地衣与其他地衣生长均良好。

(2) 种属分布调查　在对监测地区地衣的种属分布、数量和生长状态进行调查的基础上，进行综合分析，以敏感种类是否消失或分布的数量，以及较敏感种类的生长发育状态等为依据，进行评价。由于各地衣的种属分布不一，进行评价时应结合当地属种具体分析，进行判断。

(3) 含量分析　在调查地区选择抗性较强、吸污能力也较强的种类，分析原植体内污染物质的含量，根据含量的多少，做出相应评价。

(4) 用盖度和频率进行评价　地衣的盖度以地衣覆盖树皮的面积表示，又由于地衣在树干上多形成上下的带状群落，所以，也可以面积比，即地衣生长的宽度与树干周长之比表示，一般可分为5个梯度或3个梯度。地衣分布的频率以出现地衣的乔木的棵数占总调查棵数的百分比表示，也以5个梯度（20％为度）表示为宜。调查时应分别记录各种和全部地衣的盖度和频度，最后进行归纳分析，提出评价。

2. 人工移植法

把较为敏感的地衣移植到监测地区，进行定点监测。比较简单的移植方法，是把地衣连同树皮一起切下，固定在监测地区的同种树干上。为更具科学性，也可制作地衣、苔藓监测器，把地衣同时置于通入清洁空气和污染空气的两个小室，经过一定时间，进行观测。

评价方法：一是根据受害面积或受害长度的百分率，一般以受害面积的百分率为0时，定为清洁，0～25%为相对清洁，25%～50%为轻度污染，50%～75%为中度污染，75%～100%为严重污染；二是分析原植体污染物的含量，根据污染物含量的多少，结合具体情况制定相应标准，进行评价。

地衣中不同的种类对 SO_2 的抗性不同，在英国利用地衣这一特性研究制定出了一个检索表（表6-13），用以监测空气中 SO_2 的污染程度，有一定的实用价值。

表6-13　地衣检索说明

污染带	特　点
0带	二氧化硫在空气中含量超过170μg/m³，没有地衣存在，见有联球藻属(*Pleurococcus*)存在
第1带	空气中二氧化硫浓度在125～150μg/m³，地衣种类有 *Lecunora conizaoides*，混有联球藻属的绿藻生长其间
第2带	二氧化硫浓度为70μg/m³，见有叶状地衣 *Parmelia* 生长于树上，*Xanthoria* 生长于石灰石上
第3带	二氧化硫浓度为60μg/m³，地衣 *Parmelia* 和 *Xanthoria* 在所有树木上均见到
第4带	二氧化硫浓度为40～50μg/m³，地衣有 *Parmelia*
第5带	二氧化硫浓度为35μg/m³
第6带	二氧化硫浓度为30μg/m³，地衣有 *Usnea* 和 *Lobari*，这两种都是在纯洁空气中才能找到的典型种

英国还对一个工业城市纽卡斯尔（New Castle）地衣的发育情况进行了统计，发现地衣种的数目越接近城市数量越少，从55种降到5种（图6-3）。

有人曾对昆阳磷肥厂附近氟污染情况下的林地进行调查，结果如下。

严重污染：树干上没有梅衣属地衣；石蕊属地衣不能够形成子囊盘，甚至不能够形成柱体；粉状地衣只存在于地表及树干基部15cm以下；指裂梅衣含氟量大于570mg/kg。

中等污染：梅衣属地衣出现在树干高度4m以下，但没有连片生长的梅衣原柱体；指裂梅衣大部分个体不产生粉芽；石蕊属地衣的几个种虽然有柱体及子囊盘，但原植体不同程度小于正常生长者；粉状地衣在树干上可以分布到5m高处；指裂梅衣含氟量270～570mg/kg。

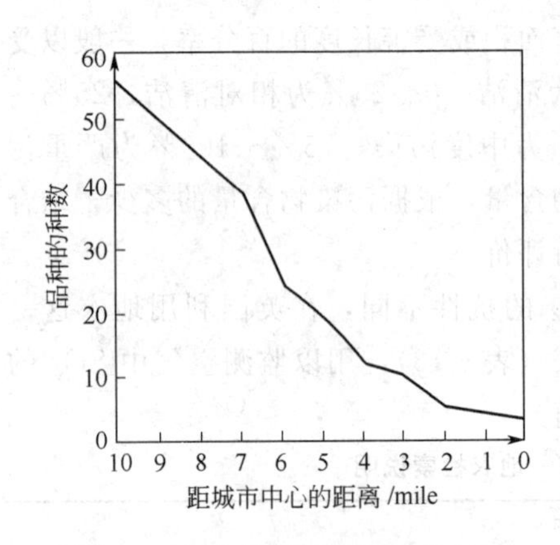

图 6-3 地衣品种随着距城市中心的接近而减少

（1mile＝1.609km）

轻污染：树花属地衣较多；梅花属叶状及粉状地衣分布高达树冠内部的主干上；指裂梅衣含氟量67～270mg/kg。

不污染：松萝属及树花属地衣在树木和灌木上普遍出现；梅衣属等叶状地衣在树干上大片分布到树冠内部的小枝上；指裂梅衣含氟量小于67mg/kg。

（二）利用苔藓监测和评价

苔藓植物是高等植物中最原始的类群，植株矮小，大者仅几十厘米，但已有茎叶分化。茎内无维管束，输导能力不强，主要起机械支持作用，兼有吸收、输导和光合作用的功能。叶多为单层细胞构成，除能进行光合作用外，也可直接吸收水分和养料。根为假根，主要起固着作用。苔藓植物的生活史是由孢子体世代（无性世代）和配子体世代（有性世代）组成，配子体世代在生活史中占优势，常见的苔藓植物的绿色植物体，即为配子体。苔藓植物多分布在潮湿的树干、墙壁、地表和石面等阴湿的环境中。

利用苔藓植物对大气污染进行监测的方法，主要有以下3种。

1. 根据种类和多度绘制大气污染分级图

首先确定监测地区的采样地点，每点确定10～15株（最少不能低于5株）树木作为被调查的植株，各点树木种类应力求一致，或树皮性质基本相同，否则会因树皮性质不同而使附生的苔藓种类不同，使调查结果出现误差。调查时记录从树基到树高2.5m处附生苔藓的种类和各种的多度。多度是指一个植物群落中各种间数量上的比例。记录附生苔藓的多度可分 3 级，用阿拉伯数字表示：1 表示稀少，表示偶然出现，覆盖率很低；2 表示较丰富，表示经常出现，覆盖率低或有时较高；3 表示丰富，表示经常出现，覆盖率也高。对各点调查结果，以株为单位，取平均值。最后以各监测点的种类和多度由少至多，按顺序列入表格，再根据种类和多度确定各监测点的污染等级，并绘制污染分级图。以一个城市的调查为例，其结果列入表 6-14。

表 6-14　一个城市的附生苔藓调查及大气污染分级

苔藓种类	调查地点														
	11	10	8	5	6	15	9	2	1	3	12	14	4	13	7
日本细疣胞藓				1	1	2	1	3	2	2	3	1	2	3	2
高领藓							1	2	2	1	2	3	2		2
日本锦藓										1		1	2	2	2
柱蒴绢藓											1	2		2	1
大灰藓(多形灰藓)										1	2	1	1	1	2
兜瓣耳叶苔													2	1	1
多枝藓													1	1	2
鳃叶苔													1	2	1
污染分级	A	A	A	B	B	B	C	C	C	D	D	D	E	E	E

表 6-14 内数字为各种苔藓在各监测点的多度。A 级各点已无附生苔藓，为严重污染；B 级各点只有一种日本细疣胞藓(*Clostobruella kusatsuensis*)，分布稀少或较为丰富，为重污染；C 级各点除日本细疣胞藓，又有高领藓（*Glyphomitrium humillimume*）出现，分布稀少或较为丰富，为中度污染；D 级各点除上述两种外，还有日本锦藓（*Sematopbyllum japonicum*）、柱蒴绢藓（*Entoton challengere*）和大灰藓（*Hypnum plumaetormis*）出现，为轻度污染；E 级各点除上述 5 种外，又出现了兜瓣耳叶苔（*Frullonia muscicola*）、多枝藓（*Haplohymenium sieboldii*）和鳃叶苔（*Frocholejeunea sandvicens*），为清洁区。

在根据种类和多度评价大气污染状况时，还可以不同生态类型对大气污染的敏感程度为参考的依据。不同生态类型对大气污染的敏感程度是：垫状<层状<交织生长<叶状体苔类或附生苔藓。

2. 移植法

从非污染区连树皮切下附生苔藓，切成直径为 5cm 左右的圆盘，置于各监测点 8～10m 高的树干或其他支架上，面向污染源。也可把附生苔藓放入用窗纱做成的袋内，制成直径为 4～5cm 的圆球形苔袋，代替上述圆盘。

监测时可观察苔藓色泽的变化、分析叶绿素含量、观察细胞的质壁分离以及测定苔藓体内污染物质的含量等，以这些变化为依据，对大气污染状况做出评价。

3. 苔藓监测器

苔藓监测器如图 6-4 所示。选择较为敏感的苔藓种类，分别置于净化室和污染室，经一定时间后进行观测。观测时可依下式求出受害率（HR）。

$$HR=1-\frac{S_1}{S_0}$$

式中 HR——受害率；

S_0——净化室内苔藓绿色部分的面积；

S_1——污染室内苔藓绿色部分的面积。

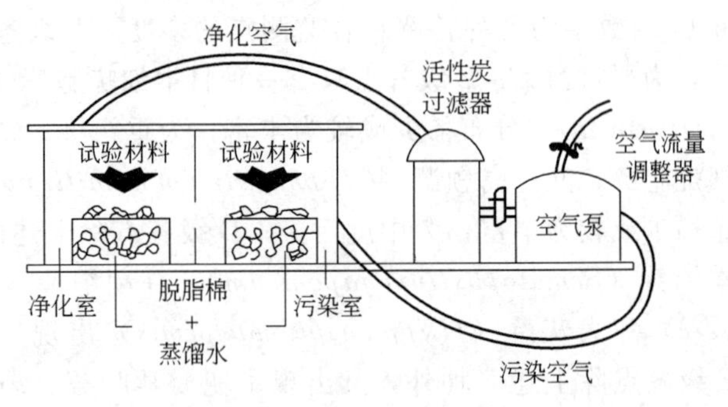

图 6-4 苔藓监测器示意

根据受害率的大小，对大气污染进行评价。若大气污染程度较轻，苔藓不出现受害症状，则可以两室苔藓的生长量之差为依据，对大气污染进行评价，因为污染室苔藓的生长量会明显降低。

还可用地钱的胞芽代替附生藓类，分别置于两室，经过一定时间后，测定胞芽总体的大小，并以此评价大气的污染程度。

六、树木年轮监测法

利用树木年轮监测可以取得连续的历史性的定量资料，能够反映一个地区的污染历史，还可以弥补现在各环境监测站观测资料年代较短的不足。所以，树木年轮分析法是研究环境质量变化和发展趋势的一个科学方法。

（一）树木年轮分析法常用的监测指标

1. 年轮的宽度

树木的生长与环境条件关系密切。如果某一年环境条件很好，空气很清洁，那么树木的生长就一定很旺盛，所形成的年轮相对来说就比较宽；相反，如果某一年大气污染很重，对树木的生长必然会产生影响，那么这一年所形成的年轮就会窄些。因此，可以根据树木年轮的宽度来反映大气污染程度。

测定时选择树龄在 30 年以上的树，从茎的基部离地面 40～60cm 处，用生长锥挖取一定数量的树木年轮芯条，或从伐倒的树干基部取离地面 40～60cm 高处的圆盘，作为测定年轮的标本。在放大镜下，用锉刀按年轮顺序分层剥离，按年轮年代分别保存样品，然后分别测定年轮宽度。读数时，要用 25 倍以上的放大镜，读数精度为 0.05mm，而且要求从两个不同方向分别进行读数。

在读数时有时会出现伪年轮。在树木生长季节内，有时遭到病虫、霜冻、干旱、水灾等的危害，使树木的生长暂时中断，若灾情不重，在短时间内就可恢复生长，使之在一年内形成双重年轮，即伪年轮的现象。但是伪年轮的界限不像正常年轮那么明显，并且不形成完整的年轮圆圈。

2. 年轮中重金属的变化

利用原子吸收法和溶出伏安法测定年轮中的重金属含量，利用年轮中的重金属含量来推测一个地区重金属污染的历史。因为树木在生长过程中，对各种元素均有一定的需求量和一定的吸收量，这些均能在年轮的分析中体现出来，当环境受到重金属污染时，树木年轮历史地连续记录了重金属的变化，从而推测出历史上的重金属污染程度。

（二）应用举例

中国科学院植物研究所的蒋高明利用油松年轮揭示了承德市自1760年以来大气SO_2的污染过程，结果认为：承德避暑山庄油松年轮内S含量自20世纪初开始升高，比19世纪初增加1～2倍，至20世纪70～80年代增加达3～5倍，而在90年代则增加达到10倍以上；油松年轮内的硫1760年为44.4μg/g，到1990年上升到420.7μg/g，其中碧峰门油松年轮内S含量由46.9μg/g增加到572.9μg/g，从而指示出承德市大气SO_2浓度由城市化初期的小于0.1μg/g增加到300μg/g。这一历史过程主要与承德市城市化过程尤其是近50年来工业的发展与污染密切相关。

复习思考题

1. 如何利用地衣、苔藓监测大气污染？
2. 树木年轮监测法常用的指标是什么？
3. 何谓指示植物？指示植物应具备哪些条件？
4. 如何选择指示植物？

任务三　污染物含量监测法

生活于污染环境中的植物、动物、微生物都能够不同程度地在体内吸收积累一些污染物。通过分析这些生物体内的成分，可以监测环境污染物的种类、水平等。

植物是一种污染物收集器，植物体内污染物及其代谢产物的含量在一定程度上可以反映空气中某种污染物的含量。为此需要建立良好的剂量-反应曲线。

利用高等植物叶片内污染物及其代谢产物含量监测大气污染，主要通过分析植物叶片中积累的污染含量的多少来评价大气的质量，如用叶片中的含硫量和含氟量分析评价空气中二氧化硫和氟化物的污染程度。

植物体内污染物含量与大气中相应的污染物浓度有很大的相关性，并且它能够反映较长时间内大气中污染物的平均浓度。在大气污染的环境中，植物叶片中污染物质的增加量 ΔC 与大气中污染物质的浓度 C 及暴露时间 T 有以下近似关系。

$$\Delta C = kCT$$

式中　k——系数。

这一关系式说明了植物叶片中污染物质的增加量随大气中污染物质的浓度及暴露时间的增加而增加，并呈直线线性关系。由于存在着这种很好的相关关系，所以，分析植物叶片中污染物质的含量，即可准确地判断大气质量的污染状况。例如，大叶黄杨叶片含氟量与大气中氟化物的浓度有明显的正相关性。利用上述原理，采集并且分析在不同地点生长的同一种植物的叶片污染物含量，就可以绘制出该污染物浓度的分布图。

李正方等（1981）曾对 18 个采样点中悬铃木叶中的含硫量与各点空气中二氧化硫浓度年平均值进行了比较。概率统计的结果表明它们之间的关系非常密切，其相关系数 $r=0.888$，在 $P=0.01$ 显著性水平上关联。

一、布点

布点前要对污染源、污染物种类、浓度、污染范围以及各种环境因素（包括地形、气候因素）进行调查，确定好采样区后布点。布点方法通常有两种。一是扇形布点，在上风向布 1～3 个点作为对照点，在下风向按扇形由近到远布点，靠近污染源的地方由于浓度高，随距离变化大，要多布几个点，远离污染源的地方可少布几个点。这种布点方式适于评价单一污染源的污染。二是网格布点，把所需调查的地区划分成很多网格，每个网格内布一个点。这种布点方式适于评价多个污染源的污染。

二、样品的采集

1. 样品采集的一般原则

所采集的样品要有代表性、典型性和适时性。代表性就是要采集能符合大多数情况的植物为样品，能代表这个点的大气污染状况，不要采集有灰尘、有病虫害、有损伤或死亡的样品，对照点要同时采样。采集农作物或蔬菜样时，不要采集田埂边上以及离田埂2m范围以内的样品。典型性就是说所采的样品要典型，要迎着污染源采样，最好采集有污染症状的样品，一般采集植株中部的叶片，而且要老叶、嫩叶、大小叶兼顾。适时性是根据研究的需要和污染物对植物的影响，在植物的不同发育阶段采样。

在利用叶片污染物含量对大气污染状况进行监测时，应选择抗性强、吸污能力也较强的植物。由于植物叶片的吸污量与植物种类、叶片着生部位、叶龄、生理活动强度和季节等有关，所以，在采集植物样品时，应注意以下几点：①植物的种类或品种应一致；②采取枝条的着生位置和方位应一致；③叶片在枝条上的着生位置应一致；④叶龄一致，多年生植物还应注意采用在年龄相同的枝条上生长的叶片；⑤叶片成熟度应一致；⑥采样季节一致。

此外，对氯、镉等污染物，不仅植物叶片可从大气中直接吸收，其根系也可从土壤中吸收，并输送到叶片。所以，对这类污染物进行监测时，还应注意排除土壤污染的干扰。

2. 采样方法

大面积的一般采用五点取样或交叉间隔取样（图 6-5、图 6-6）。采样的量应多于分析样品 10～20 倍。采集时应根据研究对象，分别采集不同植株的根、茎、叶、果实等不同部位。树木采样，一般选择合适的 3 棵，尽量选择树龄小的植株。

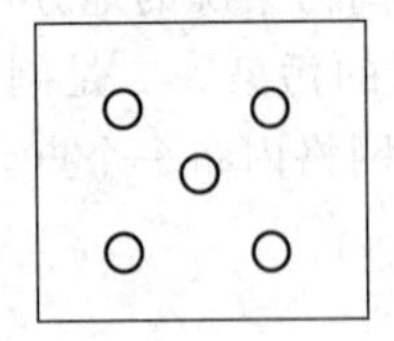

图 6-5　五点取样

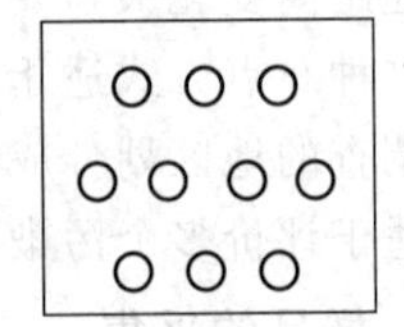

图 6-6　交叉间隔取样

三、样品的制备（前处理）

采回的样品一般按四分法选取。如果是叶片、根、茎等，一般做干样品分析。分析时先用自来水或蒸馏水洗涤干净，晾干或擦干后放在干燥箱里于60～70℃下烘干，以免发霉腐烂，然后用植物粉碎机粉碎（粉碎前应剔除粗大叶脉），过筛（一般40～60目）。用作重金属分析的样品需用玛瑙粉碎机粉碎，用尼龙布筛过筛。粉碎后的样品放在有磨口塞的广口瓶中保存备用。测氟化物的样品不用玻璃瓶而用塑料瓶密封。如果是蔬菜、水果类的样品应放在冰箱中备测，其样品分析时应先洗净、晾干或擦干、切碎、混合均匀，用捣碎机捣碎，供分析用。捣碎时应根据样品含水量多少适量加水，样品含水量越少，加水量应越多，反之亦然。

四、污染物含量分析

根据测试目的，选择合适的化学分析方法和仪器分析植物体内污染物的含量。

五、污染程度的评价

1. 根据植物体内（如叶片）含污量的分析

可以直接了解大气污染的种类、范围和程度。

2. 污染指数法

根据监测点与对照点（清洁点）含污量的比较，求出污染指数，再按指数大小进行污染程度划分，来评价环境质量。这种方法目前应用较多，又有单项指数法和综合指数法之分。

(1) 单项指数法　是用一种污染物的含污量指数来监测和评价大气污染，计算公式如下。

$$\mathrm{IPC}=\frac{C_m}{C_c}$$

式中　IPC——含污量指数；

C_m——监测点植物叶片（或组织）某污染物实测含量；

C_c——对照点同种植物叶片（或组织）某污染物实测含量。

英国根据含污量指数把空气污染分成4个等级，如下。

1级：清洁，IPC＜1.20

2级：轻度污染，IPC＝1.21～2.00

3级：中度污染，IPC＝2.01～3.00

4级：严重污染，IPC＞3.00

（2）综合指数法　如果污染物不只一种，就要用综合污染指数，其公式如下。

$$ICP=\sum_{i=1}^{n}W_i\times IPC_i$$

式中　ICP——综合污染指数；

W_i——第 i 种污染物的权重值；

IPC_i——第 i 种污染物的含污量指数；

n——污染物的种类数。

实际监测时，先要求出每种污染物的含污量指数，再根据事先确定的各污染物的权重值，计算综合污染指数ICP值，然后将ICP值进行污染程度分级（其分级标准可与IPC相同）。国内目前应用综合污染指数评价环境质量时，所测定的污染物一般4～5种，多的达十几种。

3. 污染程度相对值

用污染程度相对值进行评价时，需先用下式换算出各监测点的污染程度相对值。

$$C=\frac{C_i}{C_{\max}}\times 100\%$$

式中　C——污染程度相对值，%；

C_i——i 监测点植物叶片实测含污量；

$C_{\max}$——各监测点中最大的含污量。

评价标准一般采用四级，如下。

Ⅰ级：相对清洁，0～25%

Ⅱ级：轻度污染，25%～50%

Ⅲ级：中度污染，50%～75%

Ⅳ级：严重污染，75%～100%

复习思考题

1. 简述进行污染物含量测定的植物样品前处理的方法。
2. 简述以污染物含量测定植物样品的原则和采样方法。

技能训练　植物静态熏气试验

一、训练目的

① 掌握植物静态熏气的方法。

② 识别 SO_2 危害植物的症状特点。

二、概述

植物静态熏气是选择指示植物的一种主要方法，将盆栽植物或木本植物的离体枝条放在熏气箱中，通入一定浓度的污染气体，熏气一段时间，根据植物体对污染气体的反应（如症状出现的时间、受害程度等），选择对该污染气体敏感的植物作为指示植物。

三、样品的采集

采集待选植物的离体枝条，在采集时，要选择当年生的枝条，叶片上无病虫害危害、无伤斑。

或将待选植物栽培在花盆中（一般草本植物采用此种方法），长到一定时期时（敏感期）备用。

四、方法选择

静态熏气法。

五、试验方法

将采回的植物离体枝条插在装有自来水的三角瓶中，放入熏气箱。如是盆栽植物，直接放入熏气箱。

污染气体通过2种化学物质反应产生，如用 SO_2 熏气，可通过以下反应产生：

$$Na_2SO_3 + H_2SO_4 = SO_2 + Na_2SO_4 + H_2O$$

将浓 H_2SO_4 装入分液漏斗中，插在熏气箱顶部中央的小孔中；

Na_2SO_3 放入烧杯中，加水溶解，吊在熏气箱内顶部中央小孔的下面。将熏气箱密闭，打开分液漏斗，将浓 H_2SO_4 缓缓放入装有 Na_2SO_3 的烧杯中，通过它们反应产生 SO_2，熏气时间 6～24h。

六、结果评价

观察各种植物症状出现的时间，用尺子测量伤斑的长度，估测叶片受害面积的百分比。根据这些指标评价植物对 SO_2 的敏感性。

七、注意事项

① 熏气箱一定要密封，不能漏气。

② 植物离体枝条一定要插在有水的杯子中，以免植物死亡。

③ 放入熏气箱中的植物高矮尽量一致，离污染源（烧杯）的距离尽量一致。

八、思考题

① 植物静态熏气方法与动态熏气方法相比有哪些优缺点？

② 静态熏气时应注意什么问题？

阅读：植物急性污染事件的识别与鉴定

在城郊结合部或工矿区附近，常由于空气污染而发生绿化树木、农作物、蔬菜等植物的急性受害，即通常所说的污染事件。但有时植物受害却非源出污染，而是其他原因引起的，如病虫害、冻害、缺肥、微量元素缺乏症、农药或化肥施用不当等。如何识别或鉴定空气污染与其他非污染因素造成的急性受害，是农林和环保部门经常遇到的实际问题，它不仅关系到有关经济赔偿责任的承担，也涉及污染管理与防治工作中的一些问题。

作者自 20 世纪 70 年代初以来，在江苏各地及全国一些地区和单位进行了数以百计的急性污染事件的调查或鉴定工作，积累了一些经验，现将有关体会和实践概述如下。

一、急性污染事件发生的原因

1. 工厂发生严重的跑冒滴漏事故

工厂的跑冒滴漏现象一般难以避免，通常也很少对周围生态环境有严重的影响（少数污染严重的工厂例外）。但若发生严重的事故性的跑冒滴漏，就会逸散出大量的有害气体，随风飘移，向下风向扩散，浓度往往是平时的几倍乃至数十倍，从而造成下风向树木或农作物、蔬菜等植物急性受害。这种情况占污染事件的多数，许多工厂的污染事件均是由于这个原因而引起。

2. 工厂生产不正常造成非正常排放

当工厂发生人为的或非人为的因素（如停电、跳闸等）而使工厂正常的生产秩序受到干扰或被打乱时，往往会有大量的有害气体排放出来，造成工厂附近大面积的农作物受害。

3. 工厂试车、检修或排空尾气

有的工厂或车间投产试车时，由于种种原因，容易排放出高浓度的有害气体，污染大面积的农作物或绿化树木。如1988年5月，南京某家工厂因试车造成数千亩小麦、蔬菜和一些绿化树木受SO_2危害，损失严重。工厂在检修或排空尾气时，也往往使附近空气中的有害气体浓度突然增高而发生危害。

4. 某些原料或燃料含污量过高

煤、石油等燃料中含硫成分因产地和品质不同有较大的差异，某些矿石原料（如铁矿石、磷矿石等）含硫量或含氟量也有明显的差别。一些工厂在使用低硫或低氟原料或燃料时，平安无事，一旦改用高硫或高氟原料或燃料，由于污染物的排放量增加，浓度升高，就有可能造成污染危害。

5. 某些气象因素的影响

空气相对湿度增加，气温升高，都能加剧有害气体对植物的危害。因此，阴湿、闷热的高温天气，特别是出现逆温等天气现象时，工厂排放的有害气体不易扩散稀释，容易在近地面空气中积聚，使浓度上升，有可能对植物造成伤害。据广州市测定，每当近地面逆温强度大于每百米1.0℃时，市区SO_2平均浓度就超标。

6. 敏感的植物种类

当污染气体的浓度不太高时，只有那些敏感的植物种类受害，而其他植物却影响不大甚至没有受害表现。绿化树木中，雪松、松树等是敏感植物，一旦受到污染，最容易受害，伤害的程度也较严重。农作物中，芝麻对SO_2敏感，水稻对氟污染敏感，而棉花、山芋等抗性较强。因此，同一地点的不同植物，受害情况有时差异较大，有的严重，有的较轻，有的甚至无症状表现。

7. 植物处在受害敏感期

同一种植物，在不同的生长季节或生长期，对有害气体的反应常有较大的差异。在受害敏感期内，植物对有害气体比较敏感，一旦受到侵袭，容易受害。农作物在扬花期受到气体侵袭，对结实和产量的影响最大。果树在花期受害，则结实不良，落花落果，果实变小，品质变劣。树木在新叶旺盛生长期对污染物比较敏感。一般来说，一年中5～8月是植物最容易受害的时期，也是急性污染事件的多发季节。到秋冬以后，植物生长缓慢或停止生产，或者落叶休眠，抗性大大增强。因此，秋冬及早春季节急性污染事件就很少发生。

二、植物急性伤害的症状特点

有害气体对植物的急性危害主要表现在叶片上，因为气体首先从叶片上的气孔进入叶内，形成有害的化合物，杀死叶肉细胞，破坏和分解叶绿素，于是叶片上便出现了形状各异的坏死斑，甚至整片叶子发黄、枯焦或脱落。植物的茎干除了幼嫩部分外，一般不易受害。花和果实除花萼部分外，也不易出现伤斑，但高浓度的有害气体能够使花瓣退色或枯焦。尚未展开的幼小叶片和抵抗能力强的老叶不易受害。芽因外面有包被，也不易受害。最易受害的叶片是刚刚长成的新叶。

植物受到高浓度的气体危害后，严重的几小时内叶片会有水渍状或失绿退色斑出现，伤斑的颜色和受害范围会随着时间的推移而发生变化。如果受害不严重，叶片当天可能没有任何反应，但第二天一般会有比较明显的症状出现。不论受害程度如何，通常症状充分显现（包括伤斑的面积、分布、颜色等）要在受害后48～72h才能稳定下来。以后随着时间的延续，伤斑的症状特点又会有变化，症状逐渐减弱，这主要是由于叶片不断生长和对受害的恢复补偿作用。因此，当人们在田间看到植物典型的急性伤害表现时，实际发生污染的时间至少已有2～3天以上的时间。

三、植物急性伤害的鉴定与仲裁

植物受到急性污染危害后，受到危害的一方（如农村、绿化单位等）与造成危害的一方（如工厂）应及时向有关环保等部门报告。环保部门接到污染事件的报告后，一般采用听取双方的陈述，双方当事人现场调查、协商研究等方式来处理污染纠纷。如果双方协商意见取得一致，事情就能较快得到解决。若任何一方对事件的性质（即是否污染造成的危害）有不同的意见，或双方在有关问题上分歧较大，在这种情况下，环保部门通常邀请有关专家先进行污染鉴定，然后根据鉴定意见进行仲裁，处理污染纠纷。

（一）基本情况了解

接到污染事件的报告后，一般应向环保部门或当事人双方进行基本情况的了解，以便对污染纠纷有一个大体的认识，便于下一步的工作。要了解的主要内容有：危害发生的时间和地点，受害的经过和可能的原因，主要受害植物的种类和受害程度，受害的面积与范围，当地污染历史，近期的天气状况，双方当事人对这一事件的主要看法等。

（二）现场调查

在了解一些基本情况后，首先要尽快进行现场调查，这是污染鉴定最重要的一环。现场调查有关部门领导、双方当事人代表应一起联合参加。调查一般包括以下内容。

(1) 污染源情况　如果是空气污染造成了植物急性伤害，污染源距现场一般不会太远（高架源例外）。需了解污染物的种类、排放量大小、有无事故发生或严重的跑冒滴漏、工厂生产是否正常、原料及燃料使用情况等。如果附近工厂较多，污染源复杂，还要进一步了解各污染源的影响并找出主导因素。

(2) 受害的植物种类　哪些植物受害严重，哪些较轻。并了解当地敏感植物及抗性植物的受害表现。

(3) 植物的受害症状　是否与各主要污染物（如 SO_2、HF、Cl_2、乙烯等）的危害症状或特点相似。但在复合污染情况下，症状特点不典型，不易区分。

(4) 受害植物分布规律　有时气体危害的症状和病虫害、冻害、旱害、药害、营养元素缺乏、自然老化等原因引起的症状相似，可以用以下方法加以区别。

① 有明显的方向性。在有害气体排放的下风向植物受害，而上风向不受害；受害植物往往自污染源向下风向成扇状或条状分布；迎风面或面向污染源的一面，叶片受害比相反方向要重。如果受害植物分布呈现这些特点，则一般为气体危害造成。

② 植物受害程度与距污染源的远近有密切的关系。一般靠近污染源受害重；但若高架污染源，则稍远的地方受害重，邻近地区反而较轻。在有组织排放的情况下，植物受害范围通常在10～20倍污染源高度范围内。

③ 同一地区往往多种植物同时受害。高浓度的有害气体往往一次短时间的排放就能使数种甚至数十种植物同时受害。病虫一般只危害某种或几种植物；冻害多发生在不抗寒的植物种上；农药药害只发生在喷洒过农药的作物上；营养元素缺乏及自然老化也会因植物种类不同而表现各异。

④ 障碍物的影响。在高大建筑物、山丘、土岗、树丛、高埂等障碍物后面，植物受害明显较轻，因它们阻挡了气体的扩散，使植物接触有害气体时间短、次数少。

⑤ 受害部位。气体危害受害最重的部位一般是植物生理功能（如光合作用等）最强的功能叶片，幼叶及老叶通常受害较轻。

(5) 植物生长情况　观察并了解主要植物的生长势、生长量、开花结实情况、是否缺肥或缺乏营养元素，以及管理水平等，了解作物生长是否正常。

(6) 化肥、农药使用情况　近期内化肥、农药的使用情况，包括种类、产地、配比剂量、喷洒或施用方法等，重点了解有否发生使用不当现象。

(7) 受害面积统计　如果污染危害比较严重，涉及赔款问题，在现场调查时，有关人员应与双方当事人一起，按受害严重程度分类统计受害面积，以便日后赔款时参考。

（8）损失估价　损失估价是赔款的重要依据。面积较小或损失不大的污染事件，如果双方对事件的性质认识一致，可以当场进行估价与协商。若事件的性质不能认定，或污染严重、损失很大的污染事件，损失估价往往事后要反复多次才能达成协议，但在现场调查时，要注意尽可能搜集或测量有关损失估价的资料或数据。

（三）实验室分析

通常经过现场调查就能确定是否由于污染造成的危害。但如果认定的证据不足，或者当事人双方或一方认为需要进一步鉴定，则在现场调查的同时，应按采样要求在现场采集植物样品，由专家或专业人员带回实验室，分析样品污染物含量，以确定是否受到了污染。含污量分析是目前应用最广的一种鉴定技术。有时为了探讨植物受害原因，还要在实验室做组织解剖学或病虫害鉴定。通过实验室分析与鉴定，一般的污染事件都能得到及时的性质认定。

（四）综合诊断

有时实验室鉴定仍不能说明植物受害的原因，这时需采用一些特殊的措施进行综合诊断。常用的措施有如下几种。

（1）类比调查　在污染区和非污染区对同种植物进行类比调查。如20世纪70年代南京某工厂附近的大白菜叶片出现枯斑，农民认为是工厂 SO_2 污染引起。经化验分析，叶片含硫量并不高，现场调查也未发现 SO_2 危害特征，排除了 SO_2 危害的可能性。后来在非污染地区调查，发现所有的大白菜都有类似的叶片症状，经有关专家分析认定，是由于近期寒流南下冻害造成。

（2）资料分析　国内外学者对 SO_2、HF、Cl_2、乙烯等多种污染物都进行过大量的试验研究或调查，也对众多的绿化树木、农作物、蔬菜等植物做过许多熏气试验，这些资料对人们研究植物的急性伤害特点、症状表现、污染对植物生长及产量损失的影响，以及污染鉴定等，都提供了宝贵的参考资料或科学依据。

（3）熏气试验　对某些重大污染事件或某些重要症状特征有时需要进一步用实验方法论证的，可用人工熏气试验的方法进行研究，取得科学的鉴定依据。

（五）鉴定报告

鉴定报告可以在现场调查结束、事件性质已认定的情况下拟写，也可以在实验室分析鉴定后或综合诊断后拟写。鉴定报告一般包括以下内容：事件发生的时间与地点、现场调查情况、样品含污量分析数据及其他有关材料、事件性质的认定及其依据等。如有可能或必要，报告上还可以指出治理或减轻污染的方法与途径。若不是污染引起的危害，除了说明理由外，最好还能指明受害的原因。

（六）仲裁

环保及有关部门接到专家们的鉴定报告后，即可通知或召集当事人双方，做出肯定或否定污染危害的仲裁决定。

在实践工作中运用上述方法和程序，可以较好地处理一般的污染事件。如果污染源情况复杂，或者植物受害原因一时难以查明，则需进行反复多次的调查与分析，或请有关专家会诊，以便得出合乎实际的结论。

考核要求

能力要求	范围	内容
理论知识	大气污染生物监测	1. 植物受二氧化硫伤害后出现的初始典型症状； 2. 植物受氟危害的典型症状； 3. 植物受臭氧急性伤害后出现的典型症状； 4. 受害阈值的概念； 5. 指示植物应具备的条件
	大气污染生物监测技术	1. 大气污染伤害与其他因素伤害的鉴别方法； 2. 利用指示植物监测大气污染的方法； 3. 利用地衣、苔藓监测和评价大气污染的方法； 4. 树木年轮分析法常用的监测指标； 5. 植物干样品和新鲜样品分析的前处理步骤
操作技能	溶液配制	1. 试剂用量的计算； 2. 台天平与分析天平的使用； 3. 移液管、容量瓶的使用； 4. 样品的溶解与稀释操作
	植物静态熏气技术	1. 植物静态熏气技术的操作方法； 2. 熏气箱的使用； 3. 熏气结果的判断

综合技能训练

综合技能训练一　设计实验
水体中细菌总数的检测

一、目的

1. 掌握培养基的配制方法和水样的采集方法。

2. 掌握平皿计数法测定水中细菌总数的方法。

二、测定方法

细菌总数测定实际上是指 1mL 水样在营养琼脂培养基中，于 37℃培养 24h 后，所生长细菌菌落的总数。

三、水样的采集与保存

① 自来水。先将自来水龙头用火焰灼烧 3min 灭菌，再开放水龙头使水流 5min 后，以灭菌三角烧瓶接取水样，以待分析。

② 池水、河水或湖水。应取距水面 10～15cm 的深层水样，先将灭菌的带塞玻璃瓶瓶口向下浸入水中，拔玻璃塞，瓶口朝水流方向，水样灌入瓶内然后盖上瓶塞，将采样瓶从水中取出。最好立即检查，否则需放入冰箱中保存。

③ 采好的水样应迅速运往实验室，进行细菌学检验。一般从取样到检验不宜超过 2h，否则应在 10℃以下的冷藏设备保存水样，但不得超过 6h。

四、测定原理

细菌总数测定是测定水中需氧菌、兼性厌氧菌和厌氧菌密度的方法。因为细菌种类繁多，它们对营养和其他生长条件的要求差别很大，而且没有任何单独一种培养基能满足一个水样中所有细菌的生理要求。所以，以一定的培养基平板上生长出来的菌落可能要低于真正存在的活细菌的总数。

五、实验对象

生活饮用水、水源水、地表水和废水。

六、要求完成的工作

1. 掌握玻璃器皿的灭菌和培养基的配制方法。

2. 掌握水样的稀释方法。

3. 掌握水中细菌总数测定的方法和详细步骤。

4. 写出实验报告。报告应包括试验名称、目的、试验原理、试验的准确起止日期，水样的来源、采样地点、采样时间等，试验内容、试验结果及其讨论。

综合技能训练二　设计实验
水体中总大肠菌群的检测

一、目的

1. 掌握培养基的配制方法和水样的采集方法。

2. 掌握多管发酵法测定水中总大肠菌群的方法。

二、测定方法

总大肠菌群的检验采用多管发酵法。

三、水样的采集与保存

① 自来水。先将自来水龙头用火焰灼烧 3min 灭菌，再开放水龙头使水流 5min 后，以灭菌三角烧瓶接取水样，以待分析。

② 池水、河水或湖水。应取距水面 10～15cm 的深层水样，现将灭菌的带塞玻璃瓶瓶口向下浸入水中，拔玻璃塞，瓶口朝水流方向，水样灌入瓶内然后盖上瓶塞，将采样瓶从水中取出。最好立即检查，否则需放入冰箱中保存。

③ 采好的水样应迅速运往实验室，进行细菌学检验。一般从

取样到检验不宜超过 2h，否则应在 10℃以下的冷藏设备保存水样，但不得超过 6h。

四、测定原理

总大肠菌群是指那些在 37℃下培养 24h 能发酵乳糖产酸产气的、需氧及兼性厌氧的革兰阴性的无芽孢杆菌。主要包括有埃希菌属、柠檬酸杆菌属、肠杆菌属、克雷伯菌属等菌属的细菌。

总大肠菌群的检验方法中，多管发酵法可适用于各种水样（包括底泥），多管发酵是根据大肠菌群细菌能发酵乳糖、产酸产气以及具备革兰染色阴性、无芽孢、呈杆状等有关特性，通过初发酵试验、平板分离和复发酵试验 3 个步骤进行检验，以求得水样中的总大肠菌群数。

多管发酵法是以最可能数（most probable number，MPN）来表示试验结果的。实际上它是根据统计学理论，估计水体中的大肠杆菌密度和卫生质量的一种方法。如果从理论上考虑，并且进行大量的重复检定，可以发现这种估计有大于实际数字的倾向。不过只要每一稀释度试管重复数目增加，这种差异便会减少。对于细菌含量的估计值，大部分取决于那些既显示阳性又显示阴性的稀释度。因此在实验设计上，水样检验所要求重复的数目，要根据所要求数据的准确度而定。

五、实验对象

生活饮用水、水源水、地表水和废水

六、要求完成的工作

1. 掌握玻璃器皿的灭菌和培养基的配制方法。

2. 掌握水样的稀释方法。

3. 掌握水中总大肠菌群(多管发酵法)的测定方法和详细步骤。

4. 写出实验报告。报告应包括试验名称、目的、试验原理、试验的准确起止日期，水样的来源、采样地点、采样时间等，试验内容、试验结果及其讨论。

综合技能训练三　设计实验　鱼类急性毒性试验

一、目的

掌握急性毒性试验的方法以及评价指标。

二、试验方法

采用静止试验或半静止试验的方法，前者完全不换水，后者至少每24h换水3次，对不稳定、易挥发的样品，每8h或6h换水一次更好。

鱼类急性毒性试验的时间定为96h。

根据中国特点，试验鱼可用普遍饲养的白鲢（*Hypophthamichthys molitrix*），可在养殖场中收集到，要求血统尽可能纯正，健壮无病，并由人工繁殖而取得的规格大小一致的幼鱼。体长3～4cm。

供试鱼用于试验之前，必须在实验室至少暂养12天。临试验前，至少驯养7天。

驯养开始48h后，记录死亡率，并按下列标准处理：7天内死亡率小于5%，可用于试验；死亡率在5%～10%之间，继续驯养7天死亡率超过10%，该组鱼全部不能使用。

三、试验用水和受试溶液的配制

试验用水使用高质量的自然水或标准稀释水，也可以使用饮用水（必要时应除氯）。水的总硬度为19～250mg/L（以$CaCO_3$计），pH为6.0～8.5。

稀释用水需经曝气直到氧饱和为止，贮存备用。使用时不必再曝气。

将受试物贮备液稀释成一定浓度的受试物溶液。试验溶液的稀释浓度可以等对数间距来设计，如1、1.8、3.2、5.6、10等，或更窄一些间距，如1.0、1.35、1.8、2.4、3.2等。也可以几何级数设计间距，如8、4、2、1、0.5等。

四、试验原理

生物暴露于不同剂量或浓度的受试物下将有不同的反应，如抑制生长、活性下降，严重时导致死亡。因此，可建立起剂量（浓度)-效应曲线。LC_{50}（LD_{50}）是指使一群动物接触化学物质一定时间后，并在一定的观察期限内死亡50%个体所需浓度（剂量）。EC_{50}是指半数效应浓度，即外源化学物质引起机体某项生物效应发生50%改变所需的浓度。根据这些指标，可对受试物的毒性进行评估。

鱼类毒性试验在研究水污染及水环境质量中占有重要地位。通过鱼类急性毒性试验可以评价受试物对水生生物可能产生的影响，以短期暴露效应表明受试物的毒害性。因此在人为控制的条件下，所进行的各种鱼类毒性试验，不仅可用于化学品毒性测定、水体污染程度检测、废水及其处理效果检查，而且也可为制定水质标准、评价水环境质量和管理废水排放提供科学依据。

五、试验对象

某些有毒化学物质、废水或受污染水体。

六、要求完成的工作

1. 将受试物贮备液稀释成一定浓度的受试物溶液，掌握试验溶液的稀释浓度设计。

2. 掌握预试验、正式试验和极限试验的详细步骤和操作。

3. 掌握LC_{50}值的计算方法。

4. 用鱼类急性毒性分级标准对受试物进行毒性评价。

5. 编写报告。报告应包括试验名称、目的、试验原理、试验的准确起止日期；受试物，对于废水、废渣等环境样品，其来源、采样地点、采样时间等；试验用鱼，试验条件，24h、48h、72h、96h的LC_{50}，及其95%的置信限；浓度-死亡率曲线图。

附　录

附录一　浮游生物主要类群图

一、蓝细菌门

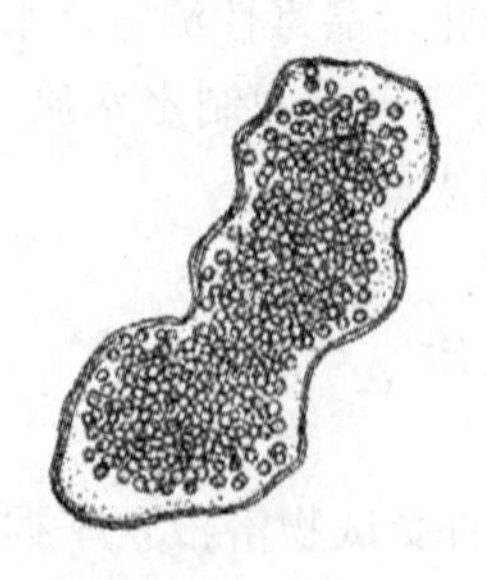

附图 1-1　具缘微囊藻
(*Microcystis marginata*)

附图 1-2　铜绿微囊藻
(*Microcystis aeruginosa*)

附图 1-3　微小平裂藻
(*Oscillatoria tenuissima*)

附图 1-4　针状蓝纤维藻
(*Dactylococcopsis acicularis*)

附图 1-5　不整齐蓝纤维藻
(*Dactylococcopsis irregularis*)

附图 1-6 方胞螺旋藻
(*Spirulina jenner*)

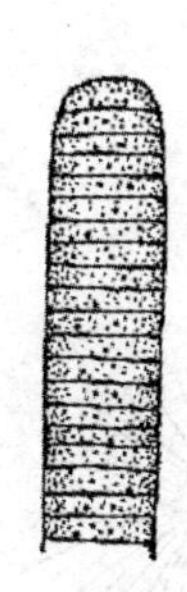

附图 1-7 巨颤藻
(*Oscillatoria princeps*)

附图 1-8 小颤藻
(*Oscillatoria tenuis*)

附图 1-9 层理席藻
(*Phormidium laminosum*)

二、隐藻门

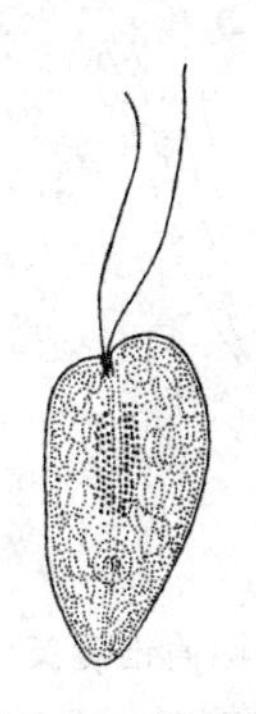

附图 1-10 啮蚀隐藻
(*Cryptomonas erosa*)

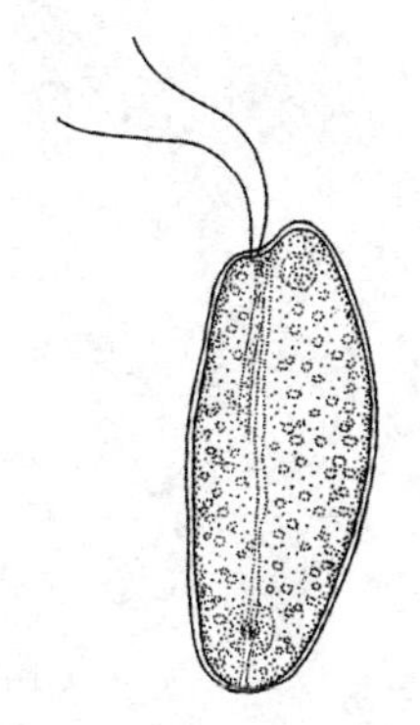

附图 1-11 卵形隐藻
(*Cr. ovata*)

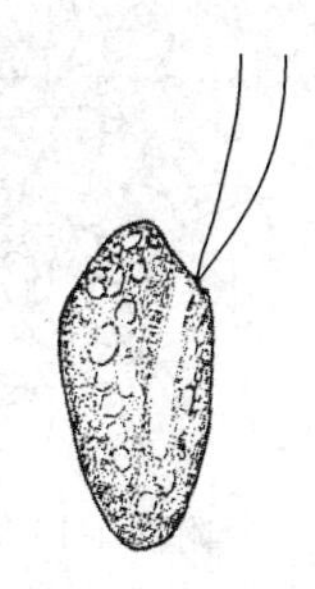

附图 1-12 倒卵形隐藻
(*Cr. obovata*)

三、金藻门

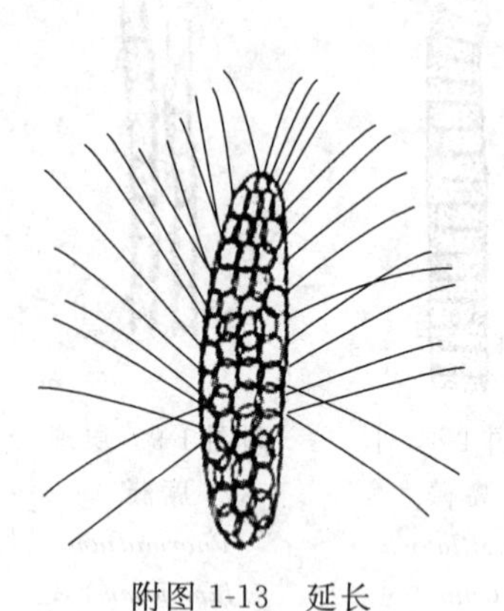

附图 1-13　延长鱼鳞藻（*Mallonmonas elongata*）

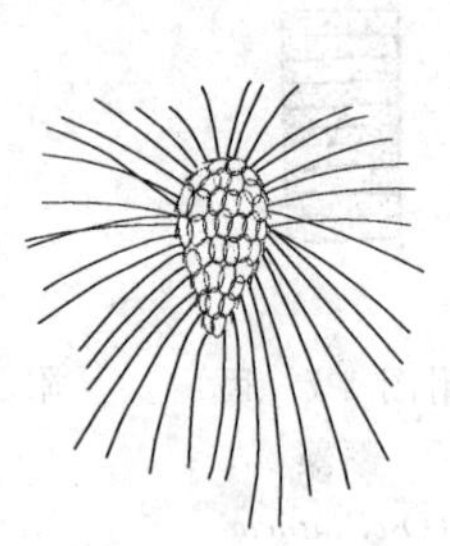

附图 1-14　具尾鱼鳞藻（*M. caudata*）

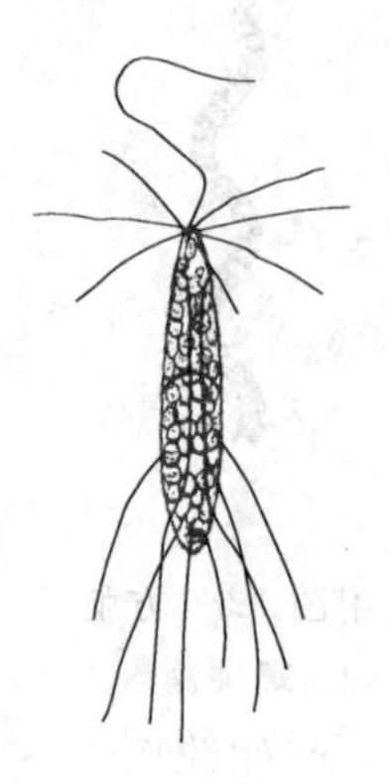

附图 1-15　端刺鱼鳞藻（*M. litomesa*）

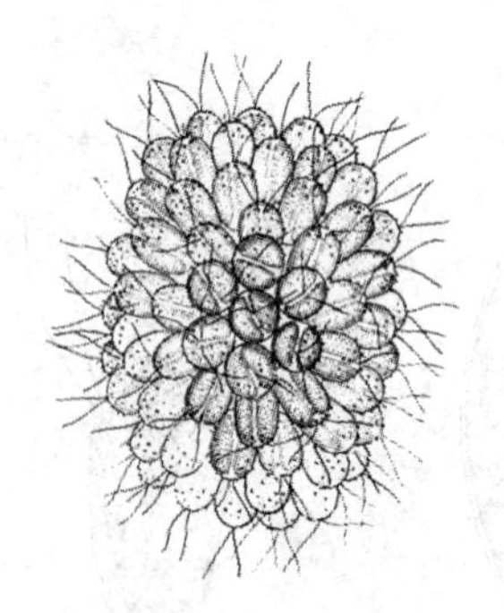

附图 1-16　黄群藻（*Synura urella*）

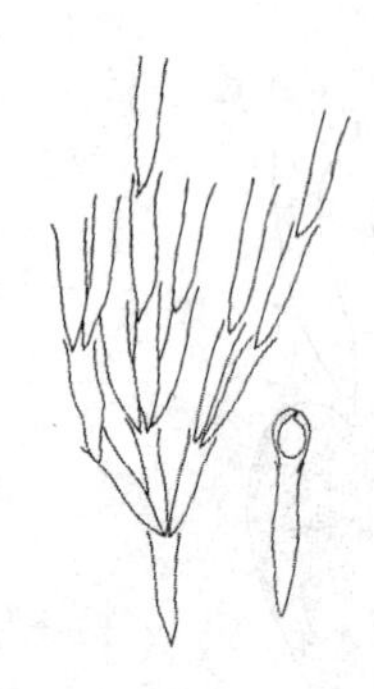

附图 1-17　圆筒锥囊藻（*Dinobryon cylindricum*）

四、甲藻门

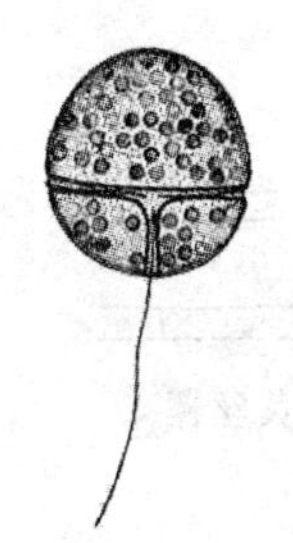

附图 1-18 奇异裸甲藻
(*Gymnodinium paradoxum*)

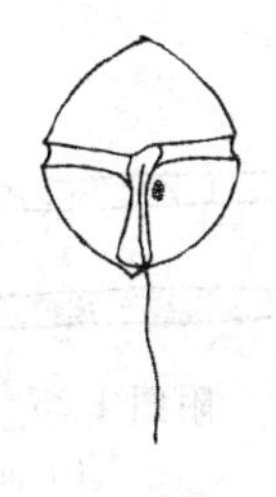

附图 1-19 光薄甲藻
(*Glenodinium gymnodinium*)

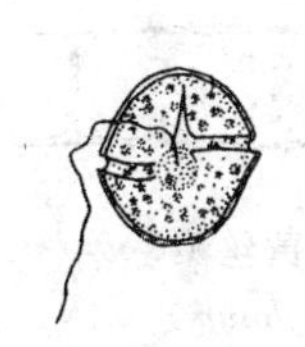

附图 1-20 薄甲藻
(*Gl. pulvisculus*)

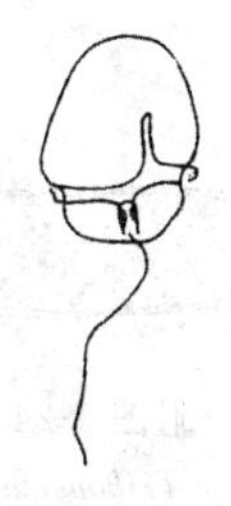

附图 1-21 圆后沟藻
(*Massartia campylops*)

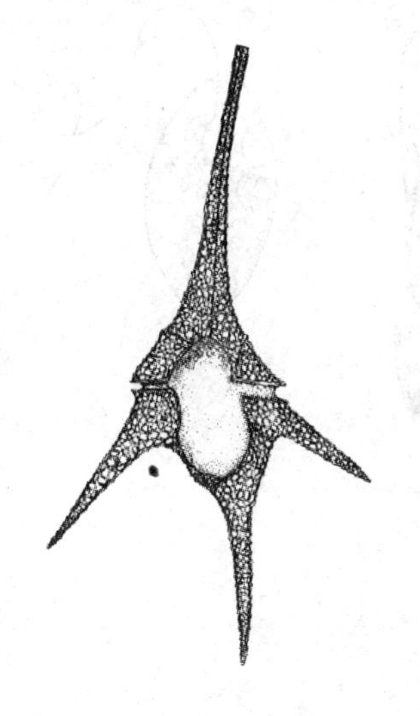

附图 1-22 角甲藻
(*Ceratium hirundinella*)

(a)

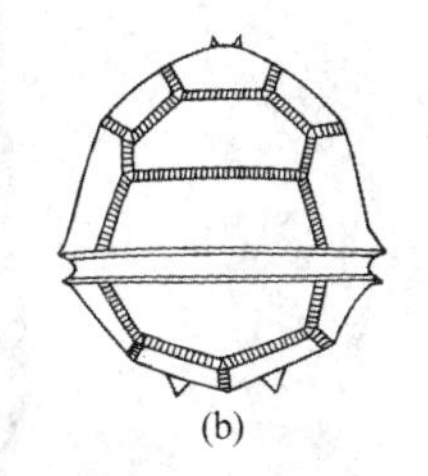

(b)

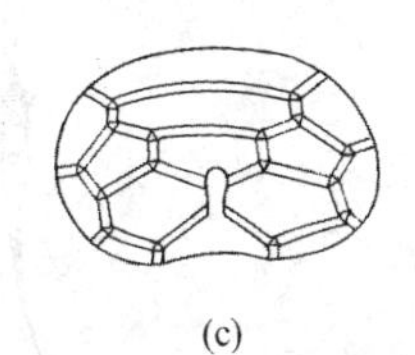

(c)

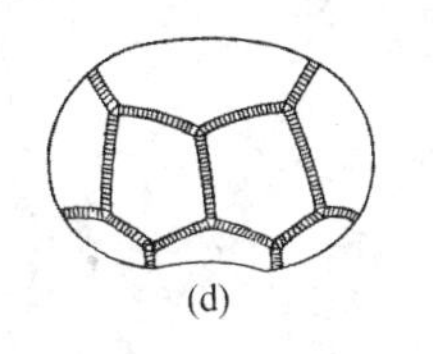

(d)

附图 1-23 二角多甲藻
(*Peridinium bipes*)
(a) 正面观；(b) 背面观；
(c) 顶面观；(d) 底面观

五、黄藻门

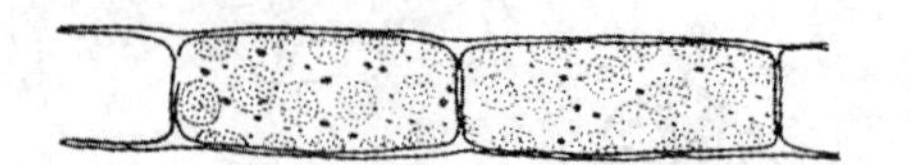

附图 1-24　囊状黄丝藻

(*Tribonema utricuculosum*)

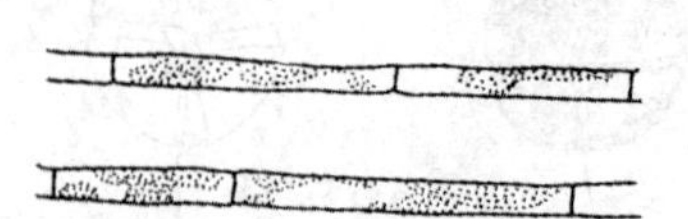

附图 1-25　近缘黄丝藻

(*T. affine*)

六、裸藻门

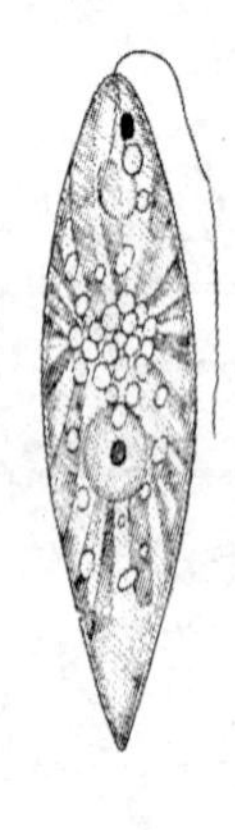

附图 1-26　绿色裸藻

(*Euglen viridis*)

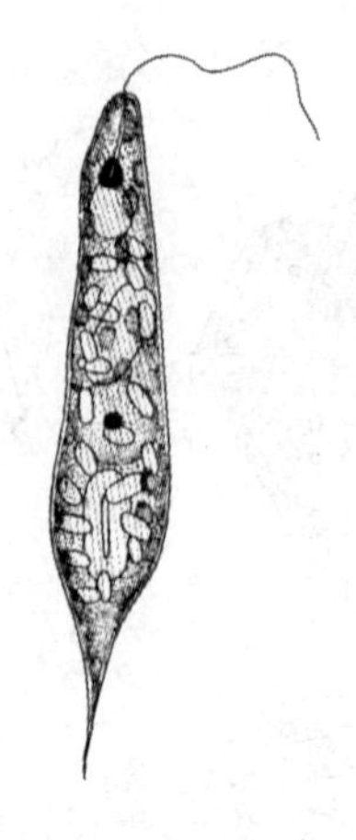

附图 1-27　刺鱼状裸藻

(*Euglena gasterosteus*)

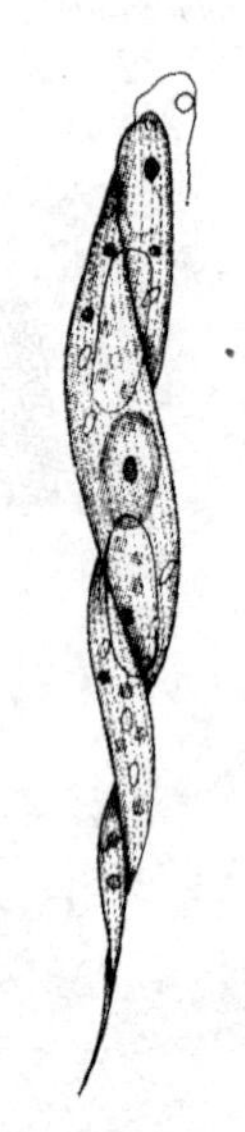

附图 1-28　三梭裸藻

(*Euglena tripteris*)

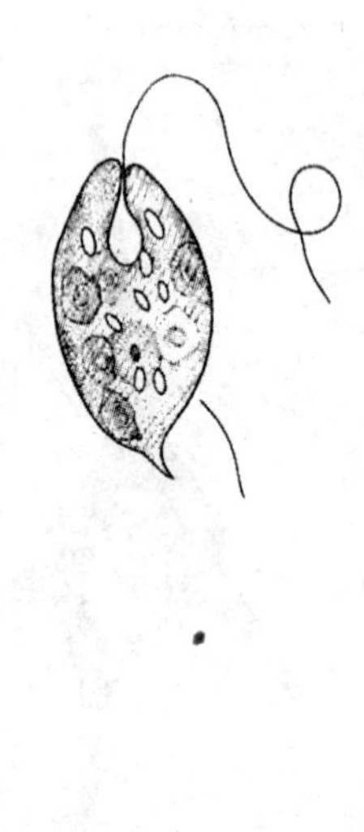

附图 1-29　棒形裸藻

(*Euglena clavata*)

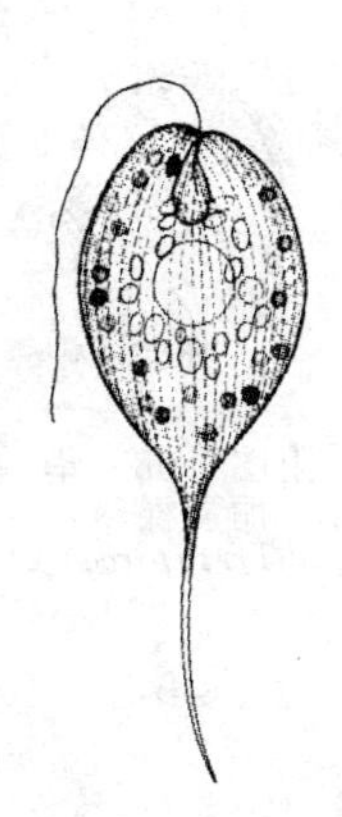

附图 1-30 长尾扁裸藻（*Phacus longicauda*）

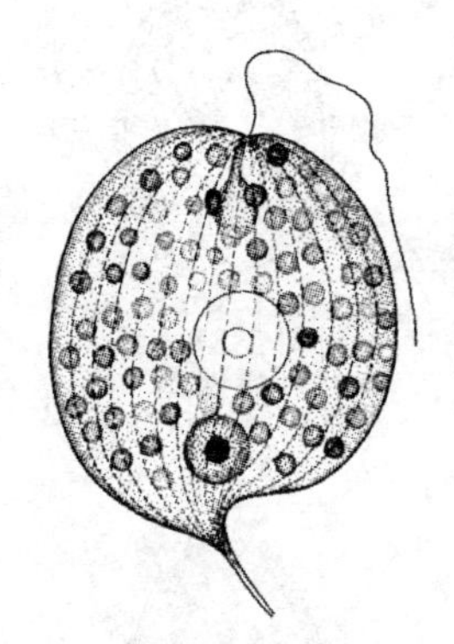

附图 1-31 宽扁裸藻（*Phacus pleuronestes*）

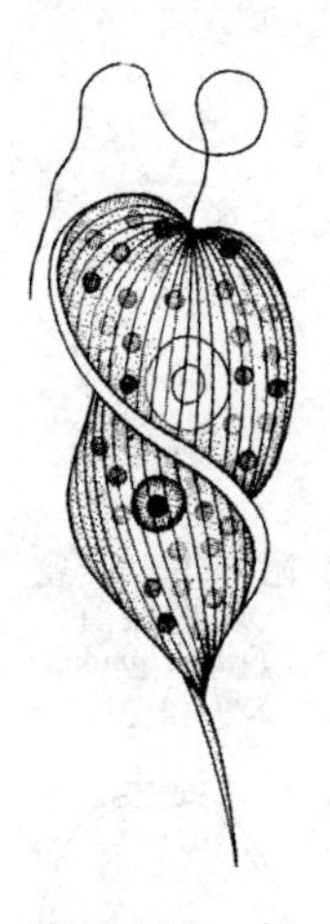

附图 1-32 扭曲扁裸藻（*Phacus tortus*）

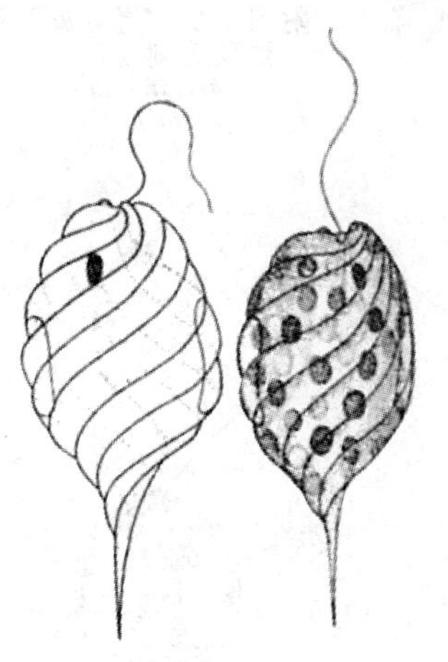

附图 1-33 梨形扁裸藻（*Phacus pyrum*）

附图 1-34 具瘤扁裸藻（*Phacus suecicus*）

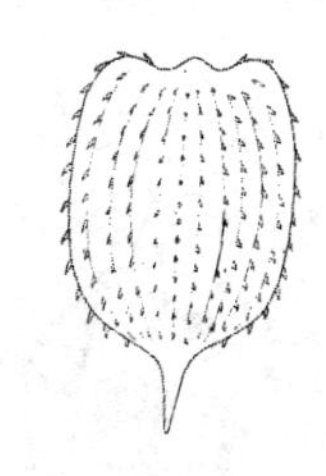

附图 1-35 具刺扁裸藻（*Phacus horridus*）

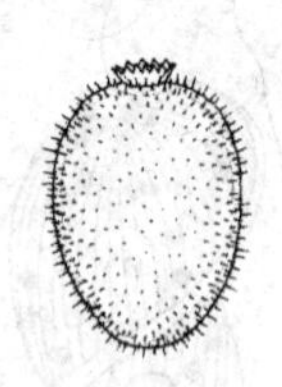

附图 1-36　密刺囊裸藻 (*Trachelomonas sydneyensis*)

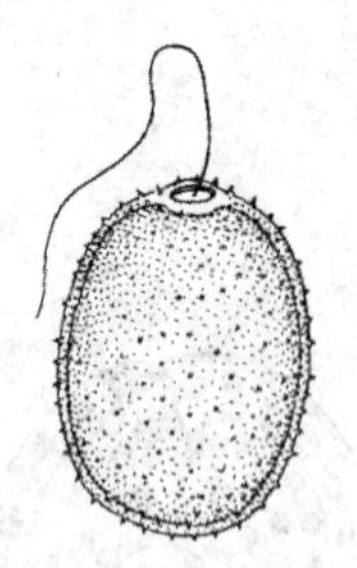

附图 1-37　棘刺囊裸藻 (*Tr. hispida*)

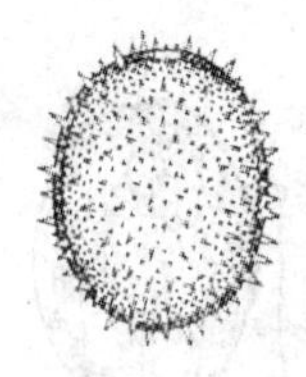

附图 1-38　华丽囊裸藻 (*Tr. superba*)

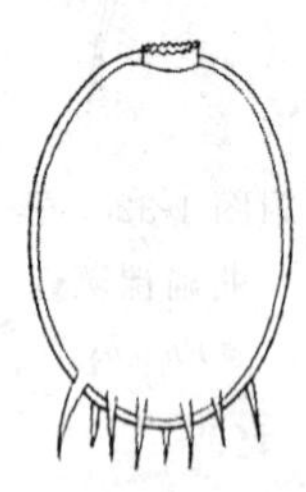

附图 1-39　尾棘囊裸藻 (*Trachelomonas armata*)

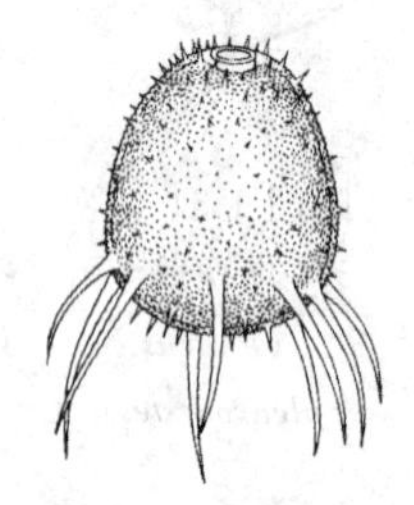

附图 1-40　尾棘囊裸藻长刺变种 (*Tr. armata* var. *longispina*)

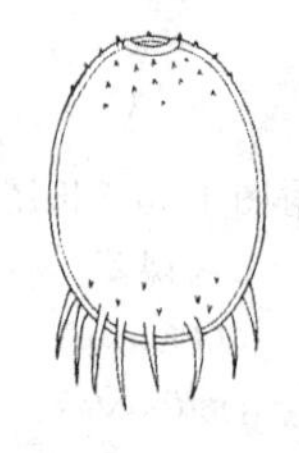

附图 1-41　尾棘囊裸藻短刺变种 (*Tr. armata* var. *steinii*)

七、绿藻门

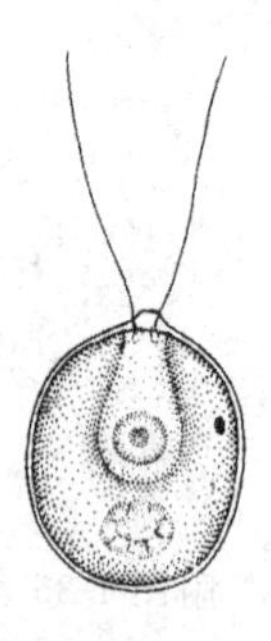

附图 1-42　德巴衣藻 (*Chlamydomonas debaryana*)

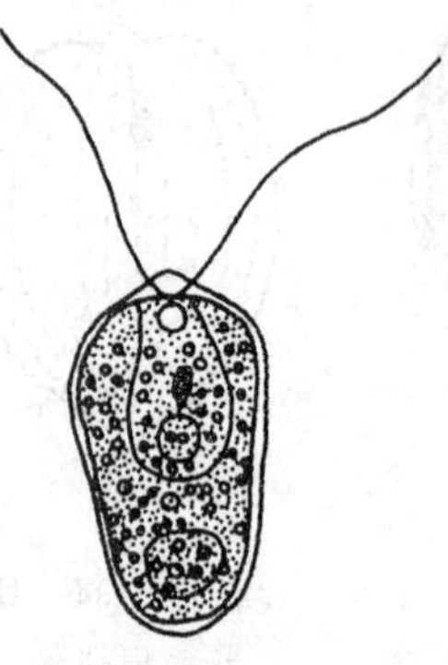

附图 1-43　蚕豆衣藻 (*C. pisiformis*)

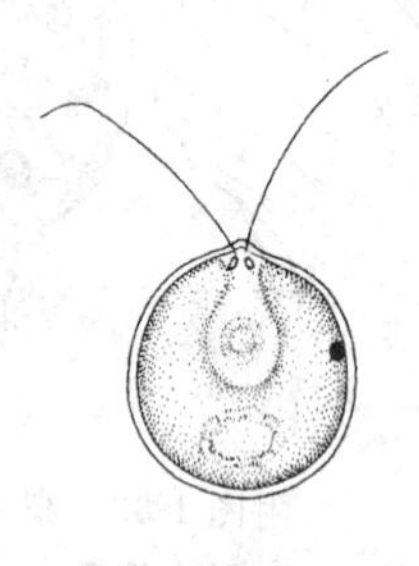

附图 1-44　小球衣藻 (*C. microsphaera*)

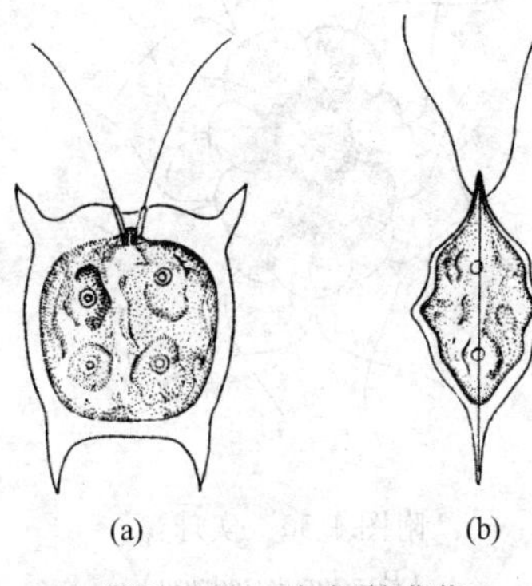

附图 1-45　尖角翼膜藻
（*Pteromonas aculeate*）
（a）正面观；（b）侧面观

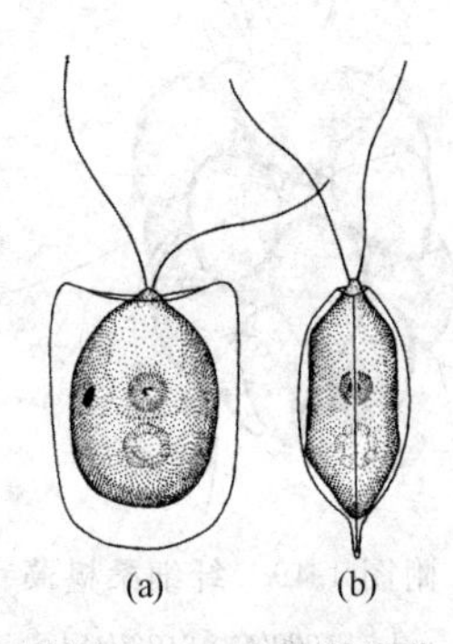

附图 1-46　具角翼膜藻
（*P. angulosa*）
（a）正面观；（b）侧面观

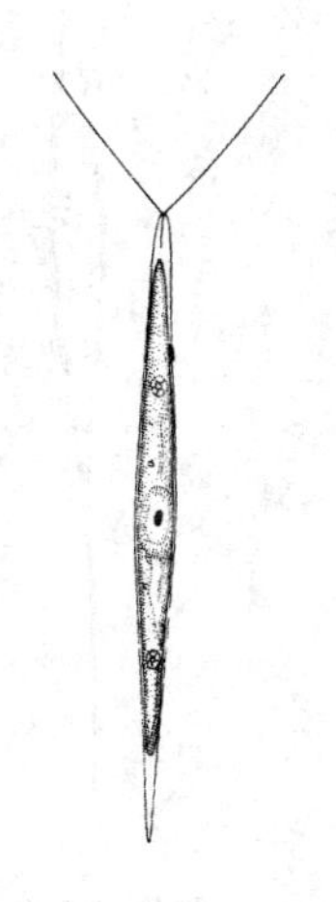

附图 1-47　长绿梭藻
（*Chlorogonium elongatum*）

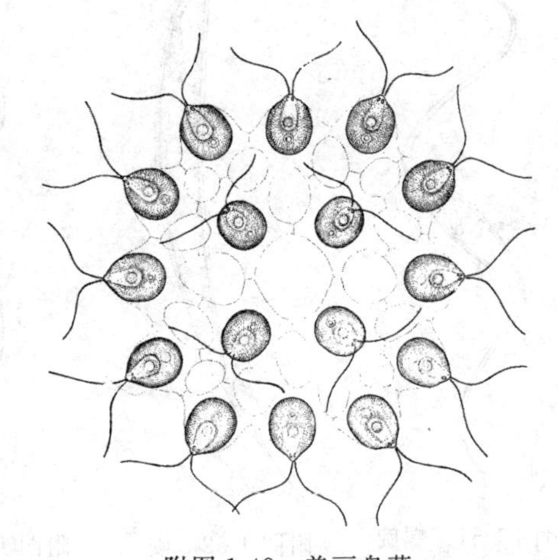

附图 1-48　美丽盘藻
（*Gonium formosum*）

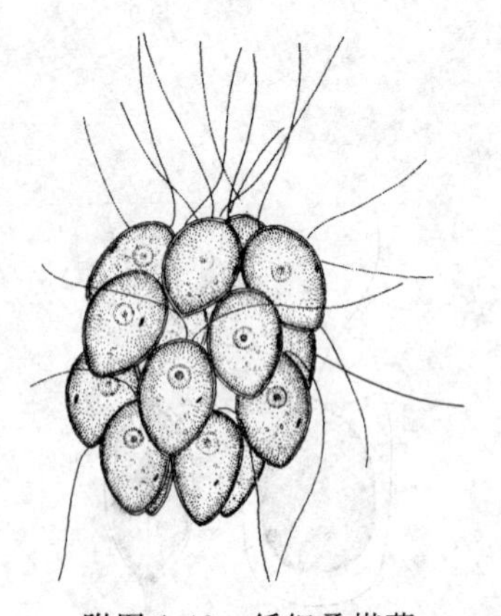

附图 1-49　纤细桑椹藻

(*Pyrobotrys gracilis*)

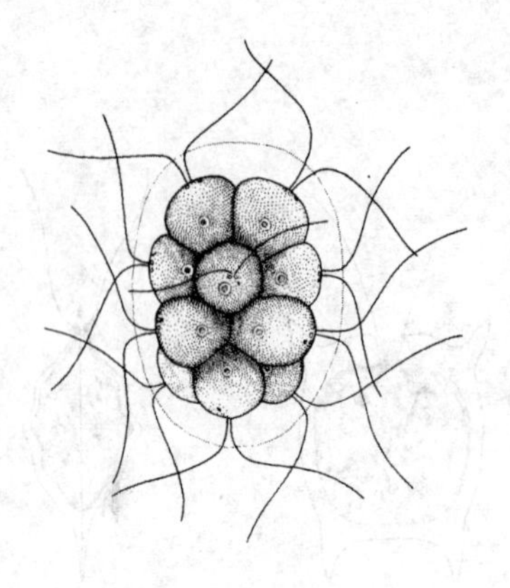

附图 1-50　实球藻

(*Pandorina morum*)

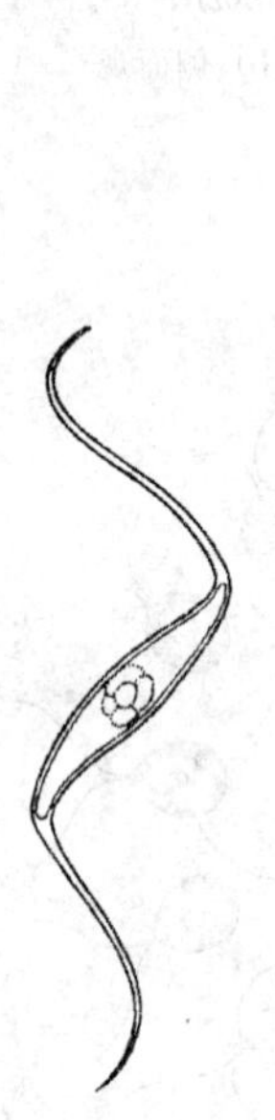

附图 1-51　螺旋弓形藻

(*Schroederia spiralis*)

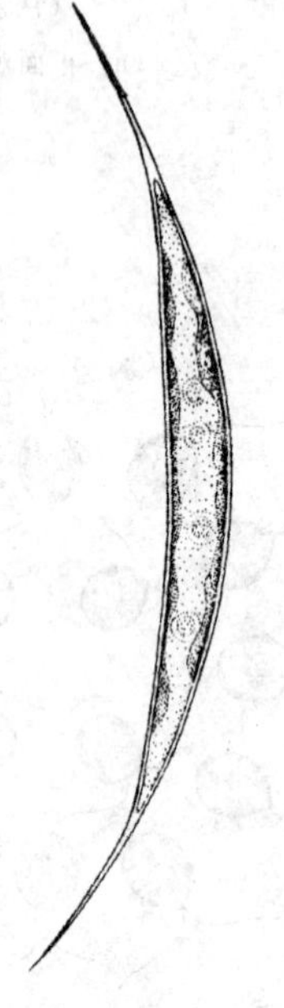

附图 1-52　硬弓形藻

(*S. robusta*)

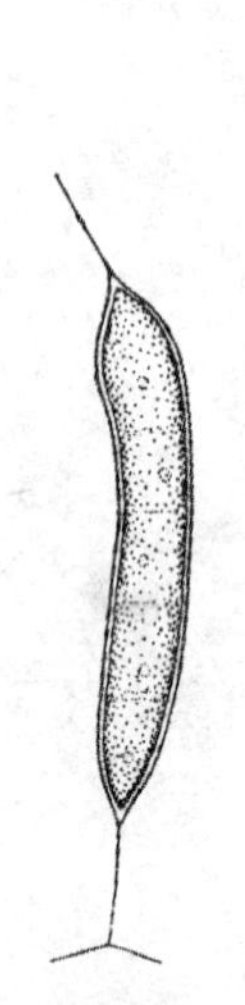

附图 1-53　分叉弓形藻

(*S. judayi*)

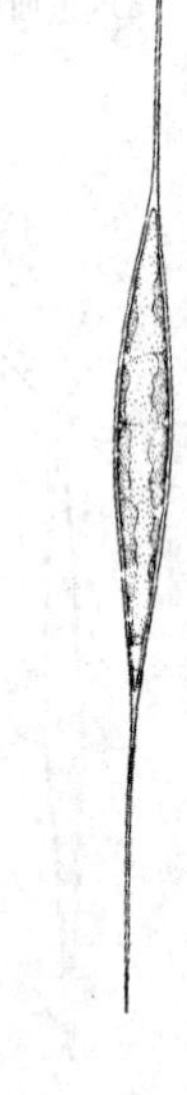

附图 1-54　拟菱形弓形藻

(*S. nitzschioides*)

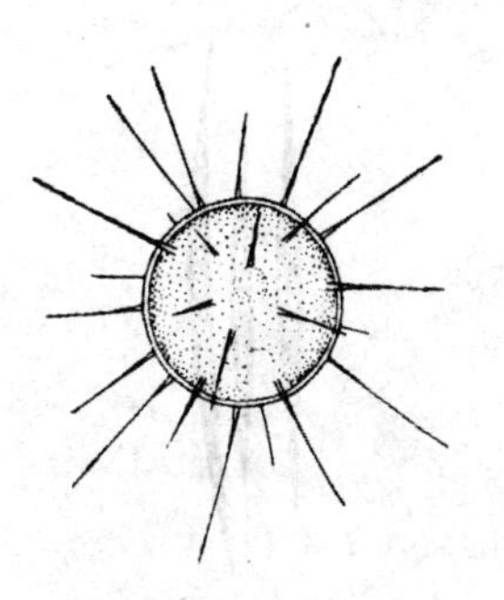

附图 1-55　疏刺多芒藻
(*Golenkinia paucispina*)

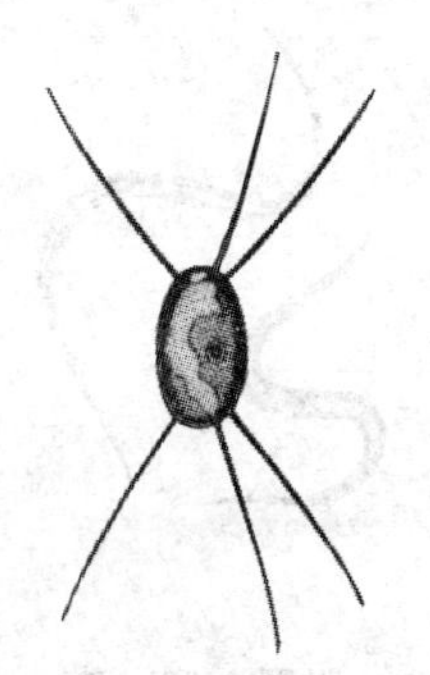

附图 1-56　盐生顶棘藻
(*Chodatella subsalsa*)

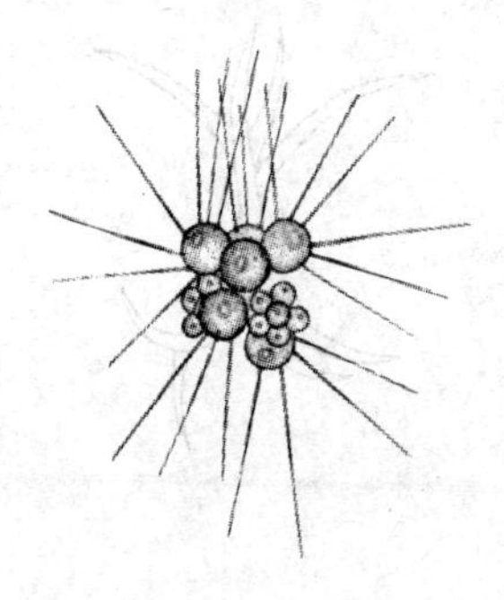

附图 1-57　微芒藻
(*Micractinium pusillum*)

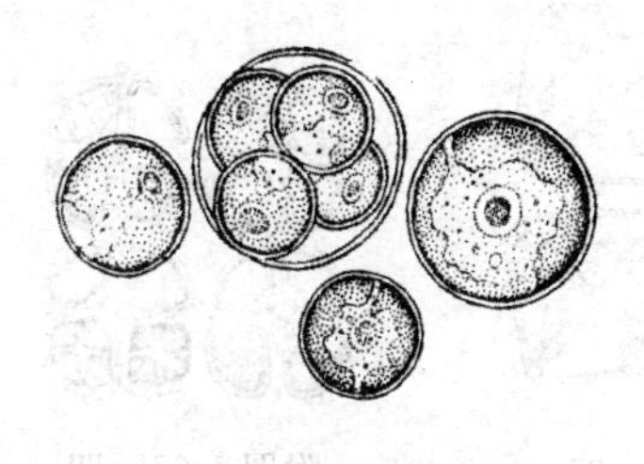

附图 1-58　小球藻
(*Chlorella vulgaris*)

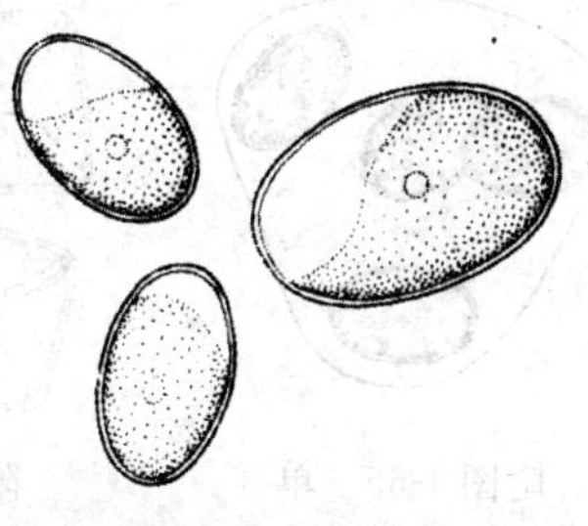

附图 1-59　椭圆小球藻
(*C. ellipsoidea*)

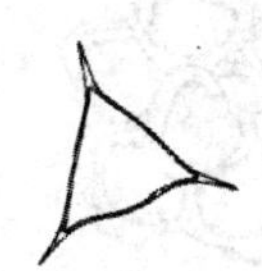

附图 1-60　三角四角藻
(*Tetraedron trigonum*)

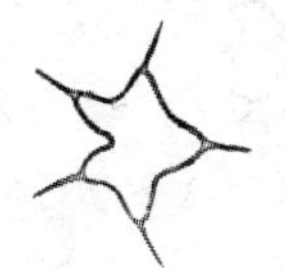

附图 1-61　具尾四角藻
(*T. caudatum*)

附图 1-62　螺旋纤维藻（*Ankistrodesmus spiralis*）

附图 1-63　狭形纤维藻（*A. angustus*）

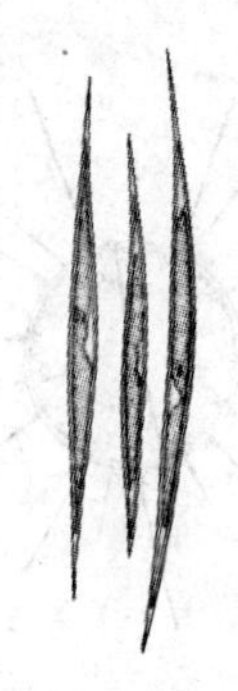

附图 1-64　针形纤维藻（*A. acicularis*）

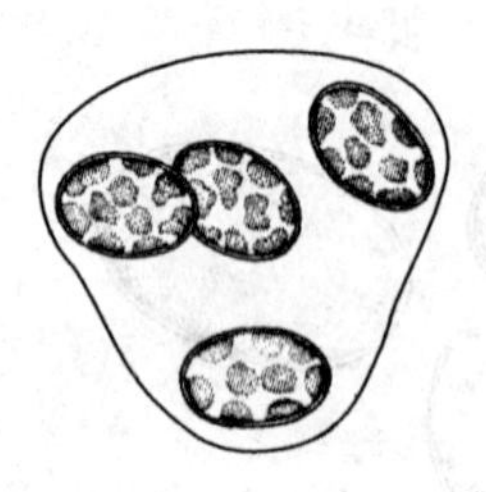

附图 1-65　单生卵囊藻（*Oocystis elliptica*）

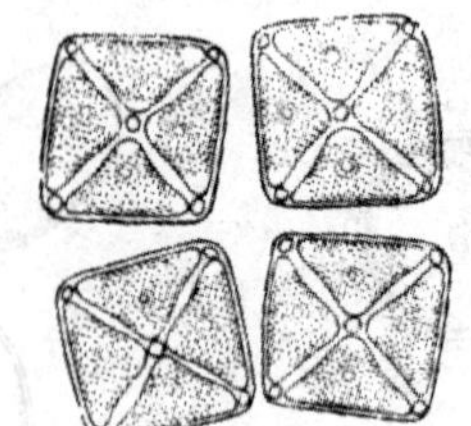

附图 1-66　四足十字藻（ *Crucigenia tetrapedia*）

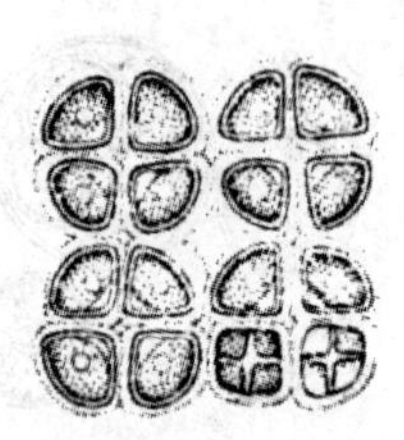

附图 1-67　四角十字藻（*C. quadrata*）

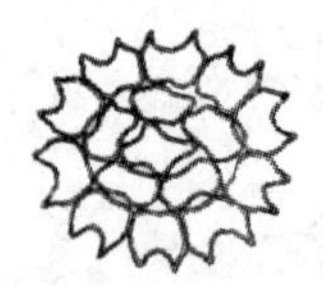

附图 1-68　二角盘星藻（*Pediastrum duplex*）

附图 1-69　四角盘星藻（*P. tetras*）

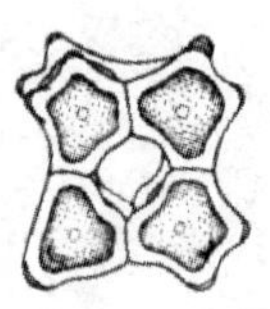

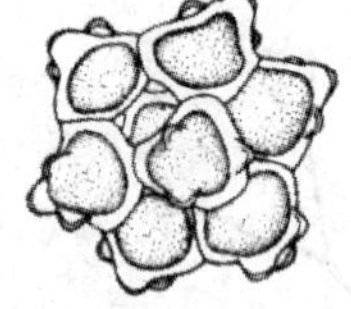

附图 1-70　空星藻（*Coelastrum sphaericum*）

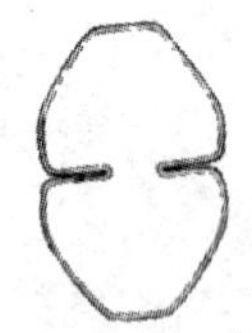

附图 1-71　颗粒鼓藻（*Cosmarium granatumda*）

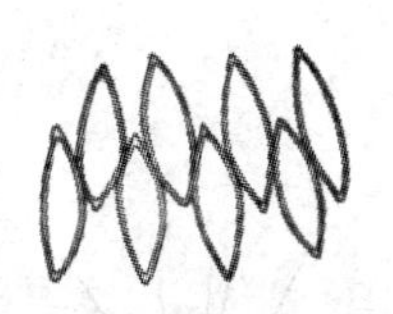

附图 1-72　斜生栅藻

(*Scenedesmus oblipuus*)

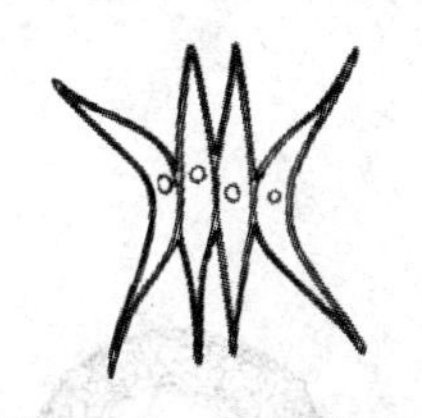

附图 1-73　二形栅藻

(*S. dimotpluws*)

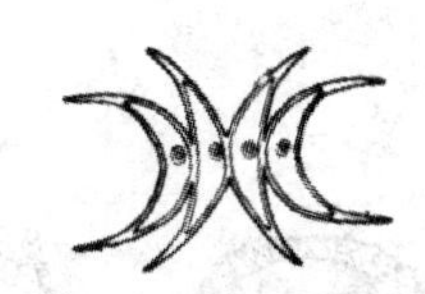

附图 1-74　尖细栅藻

(*S. acuminatus*)

附图 1-75　爪哇栅藻

(*S. javaensis*)

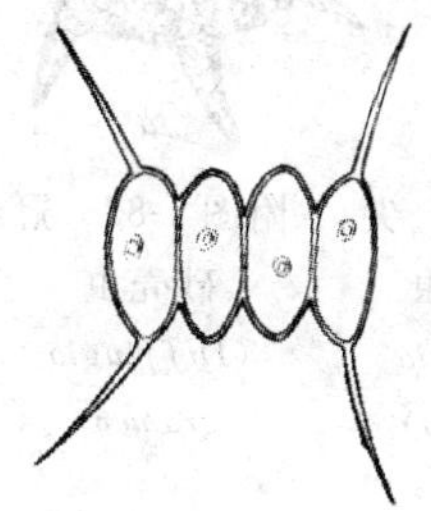

附图 1-76　四尾栅藻

(*S. quadricauda*)

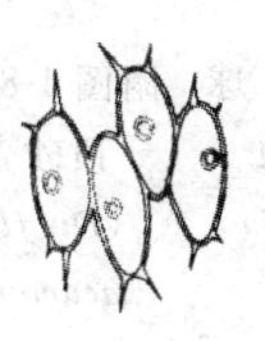

附图 1-77　齿牙栅藻

(*S. denticulatus*)

附图 1-78　蹄形藻

(*Kirchneriella lunaris*)

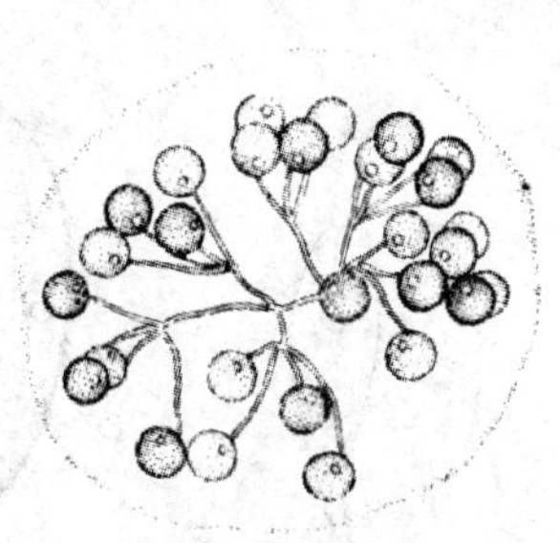

附图 1-79　美丽胶网藻

(*Dictyosphaerium pulchellum*)

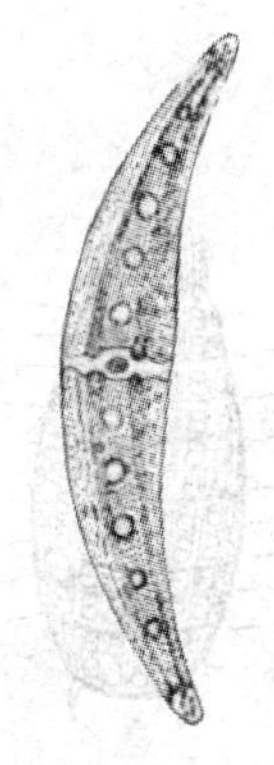

附图 1-80　念珠新月藻

(*Closterium moniliferum*)

八、原生动物门

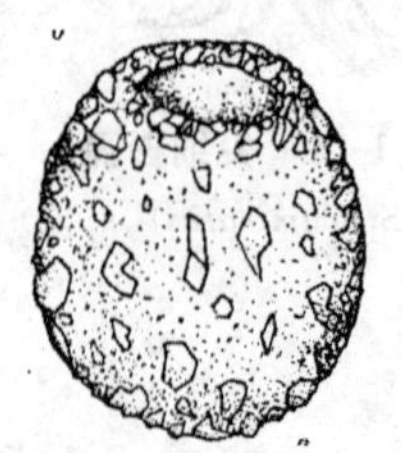

附图 1-81　球形砂壳虫（*Difflugia globulosa*）

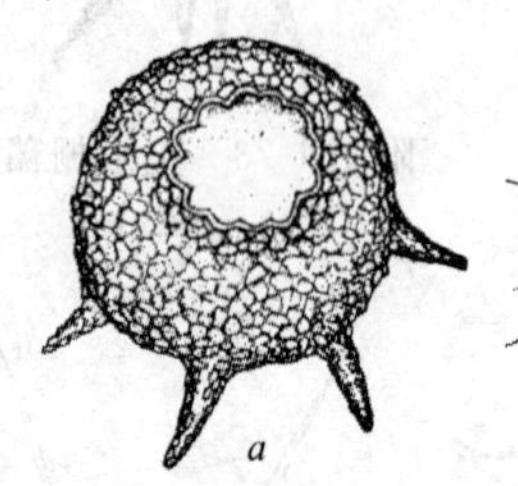

附图 1-82　尖顶砂壳虫（*Difflugia acuminata*）

附图 1-83　冠砂壳虫（*Difflugia gramen*）

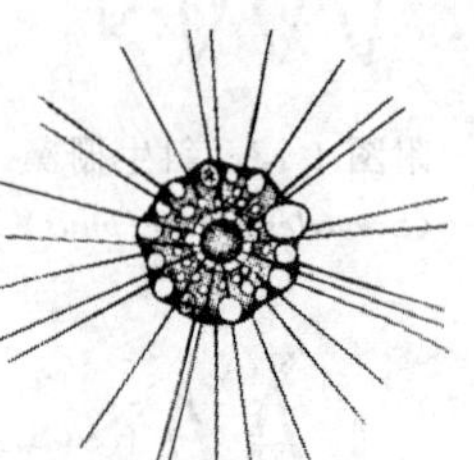

附图 1-84　放射太阳虫（*Actinnophrys sol*）

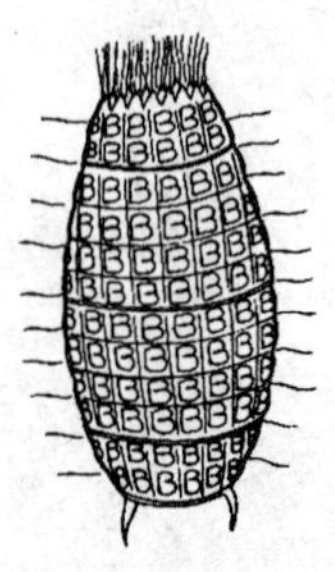

附图 1-85　双刺板壳虫（*Coleps bicuspis*）

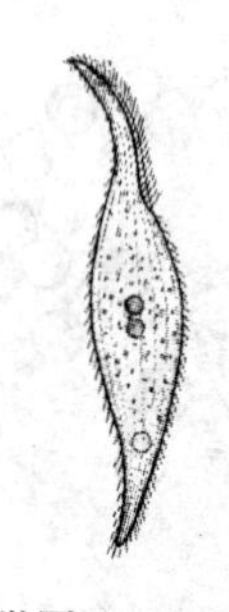

附图 1-86　片状漫游虫（*Litonotus fasciola*）

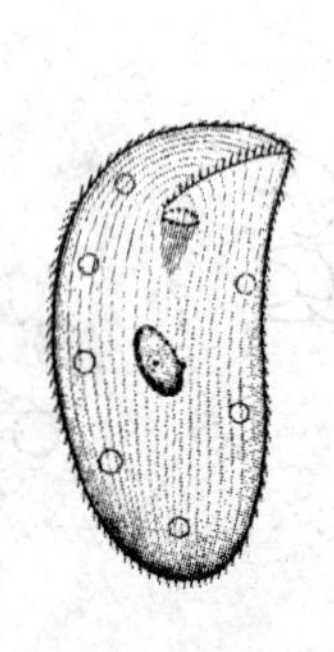

附图 1-87　僧帽斜管虫（*Chilodonella cucullulus*）

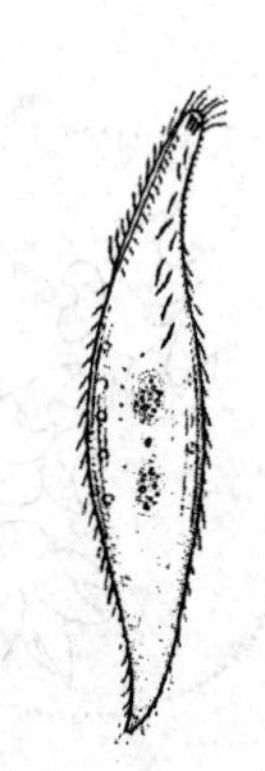

附图 1-88　肋状半眉虫（*Hemiophrys pectinata*）

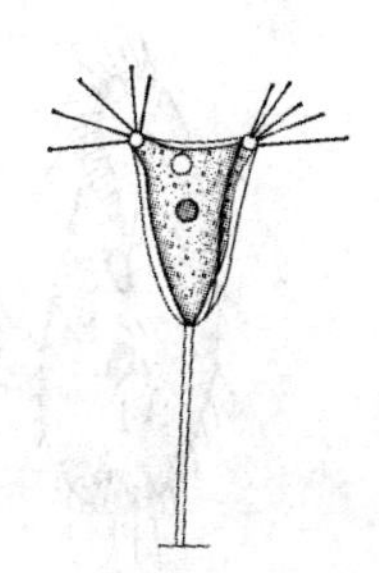

附图 1-89 结节壳吸管虫
(*Acineta tuberosa*)

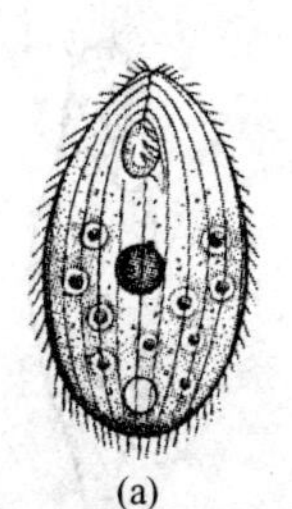

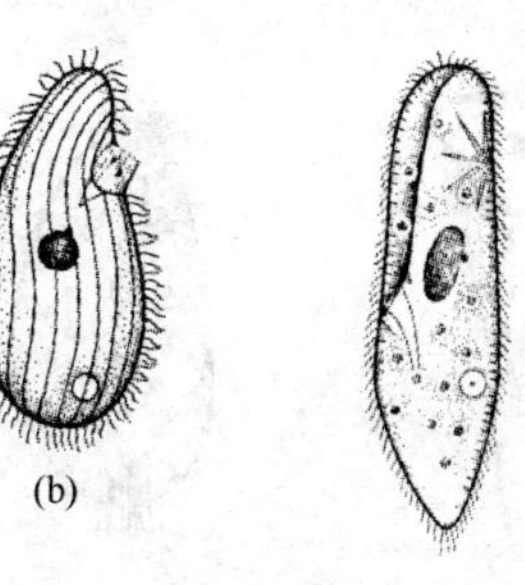

附图 1-90 梨形四膜虫
(*Tetrahymena priformis*)
(a) 正面观；(b) 侧面观

附图 1-91 尾草履虫
(*Paramecium caudatum*)

附图 1-92 领钟虫
(*Vorticella aequilata*)

附图 1-93 小口钟虫
(*V. microstoma*)

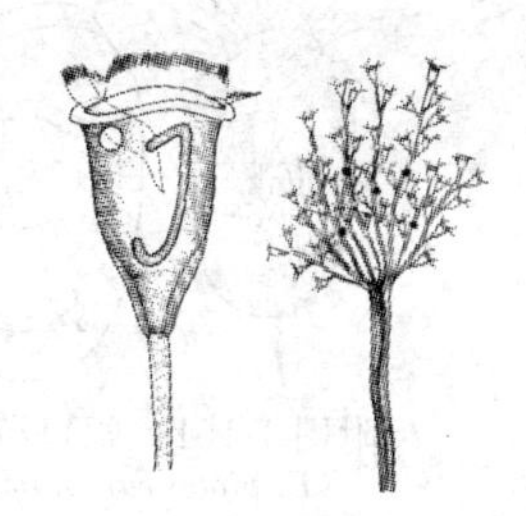

附图 1-94 树状聚缩虫
(*Zoothamnium arbuscula*)

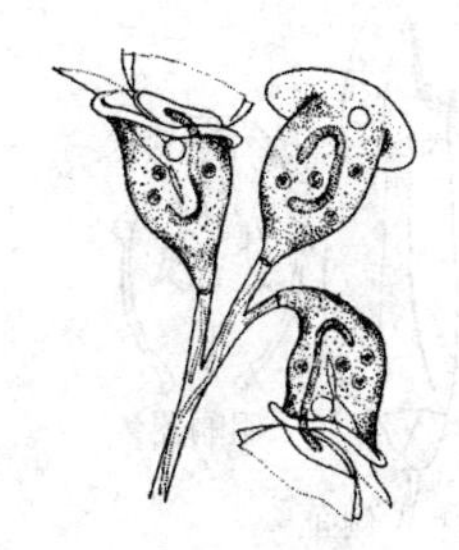

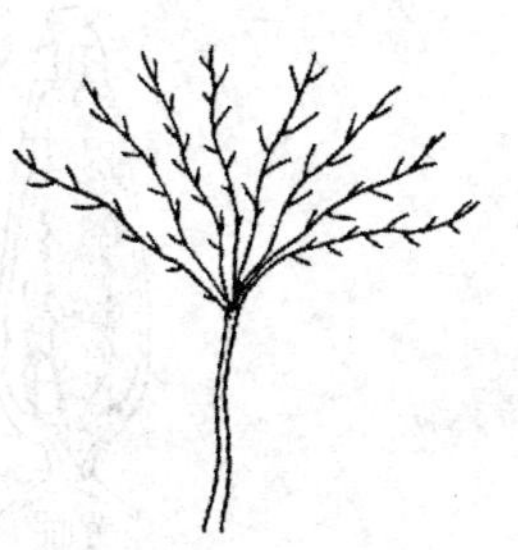

附图 1-95 螅状独缩虫
(*Carchesium polypinum*)

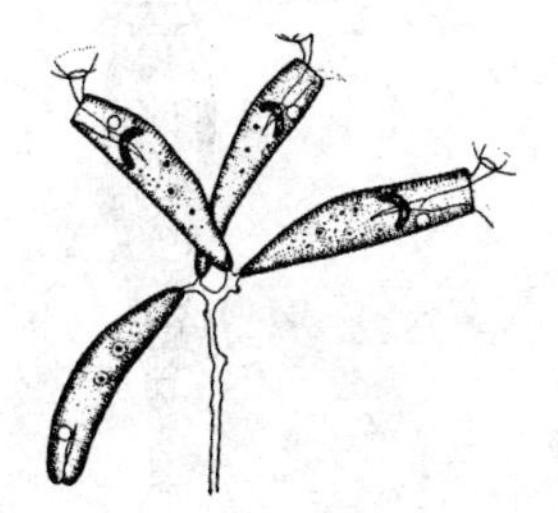

附图 1-96 长盖虫
(*Opercularis elongata*)

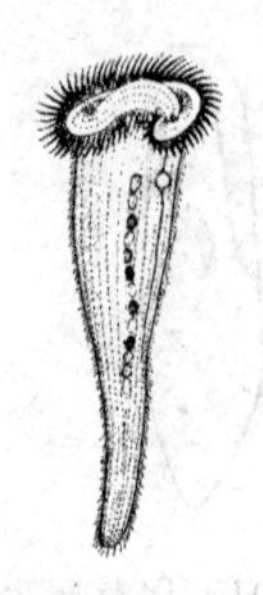

附图 1-97 天蓝喇叭虫
(*Stentor coeruleus*)

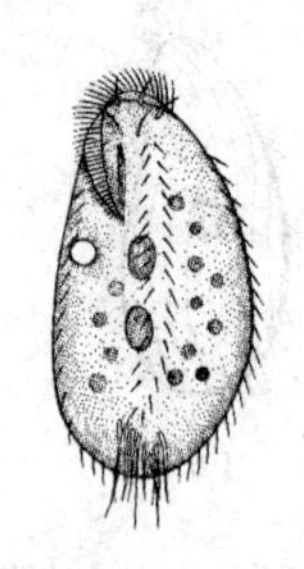

附图 1-98 绿全列虫
(*Holosticha viridis*)

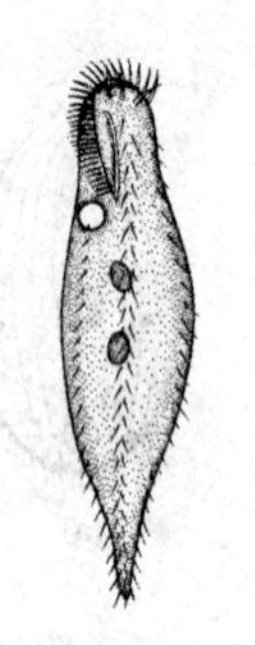

附图 1-99 尾瘦尾虫
(*Uroleptus caudatus*)

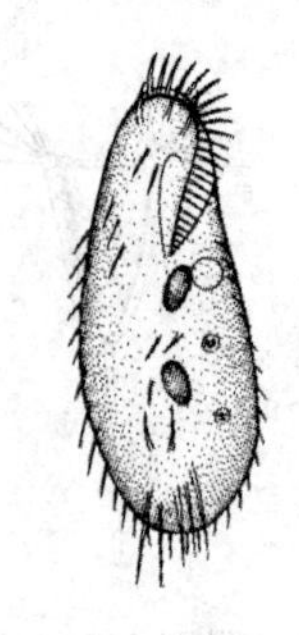

附图 1-100 伪尖毛虫
(*Oxytricha fallax*)

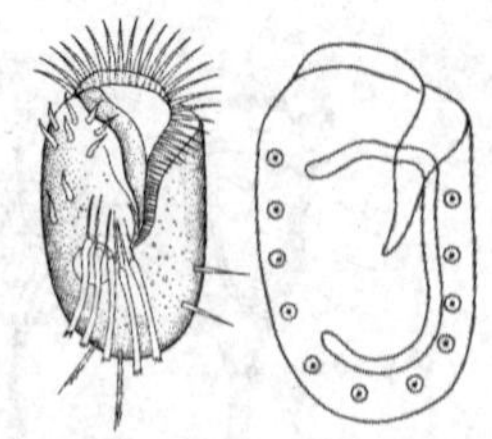

附图 1-101 阔口游仆虫
(*Euplotes eurystomus*)

附图 1-102 有肋楯纤虫
(*Aspidisca costata*)

九、轮虫纲

附图 1-103 红眼旋轮虫
(*Philodina erythrophthalma*)

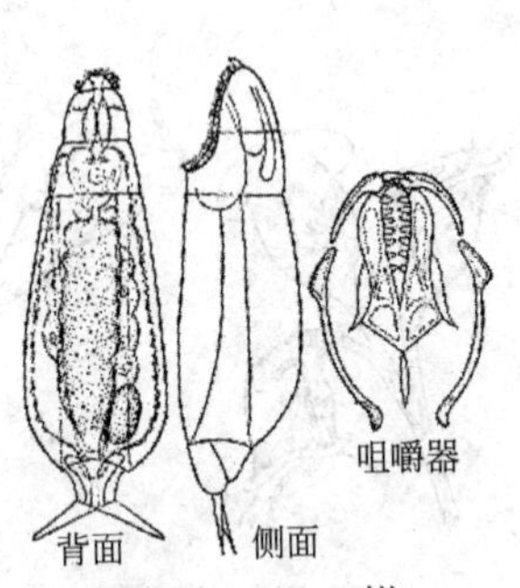

附图 1-104 钳形猪吻轮虫
(*Dicranophorus forcipatus*)

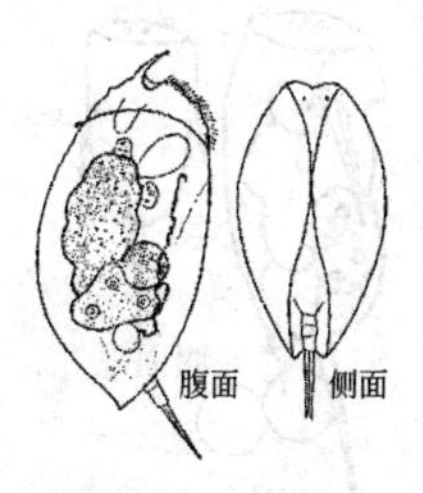

附图 1-105 钩状狭甲轮虫（*Colurella uncinata*）

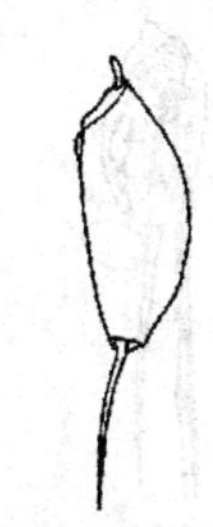

附图 1-106 暗小异尾轮虫（*Trichocerca pusilla*）

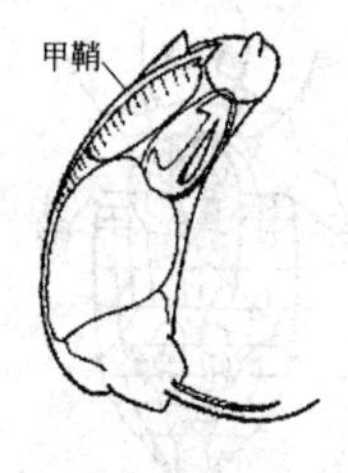

附图 1-107 磁甲异尾轮虫（*Trichocerca porcellus*）

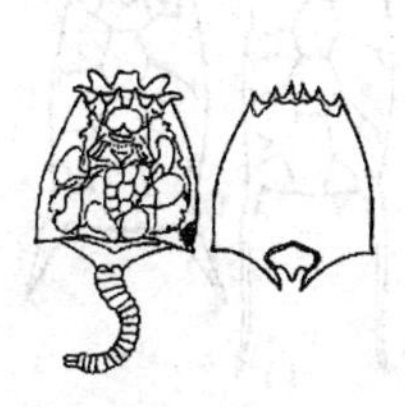

附图 1-108 矩形臂尾轮虫（*Brachionus leydigi*）

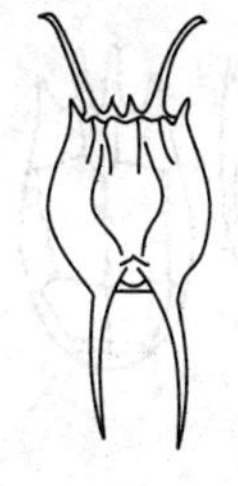

附图 1-109 镰形臂尾轮虫（*Brachionus falcatus*）

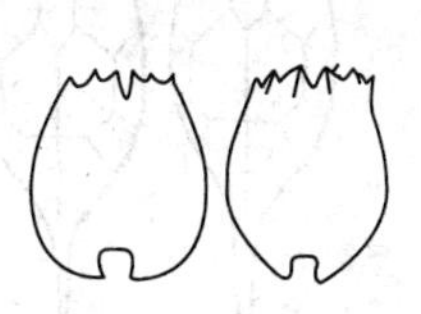

附图 1-110 壶状臂尾轮虫（*Brachionus urceus*）

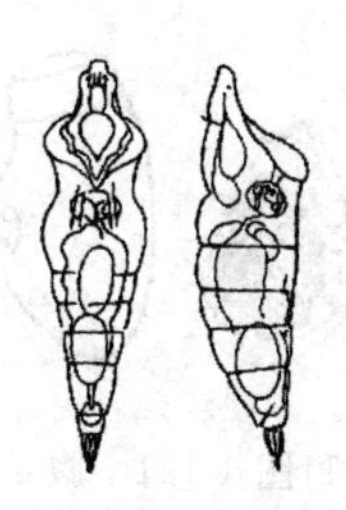

附图 1-111 前额犀轮虫（*Rhinoglena frontalis*）

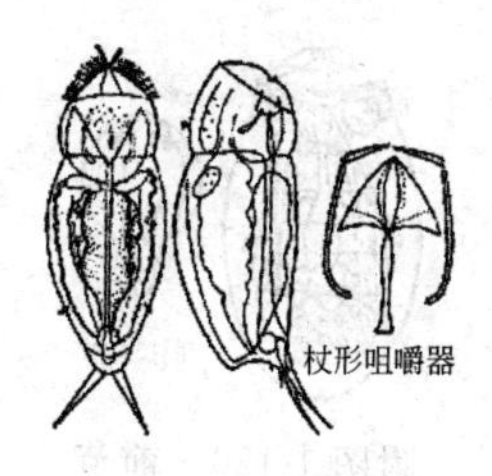

附图 1-112 小巨头轮虫（*Cephalodella exigua*）

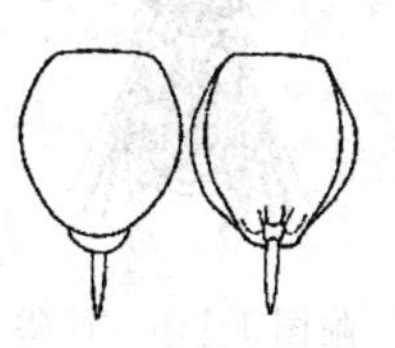

附图 1-113 梨形单趾轮虫（*Monostyla pyriformis*）

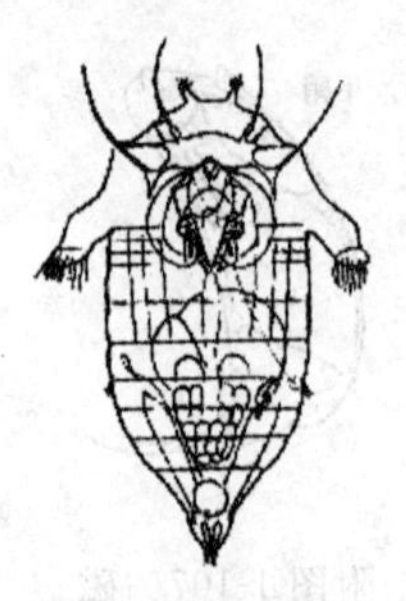
附图 1-114 梳状疣毛轮虫（*Synchaeta pectinata*）

附图 1-115 迈氏三肢轮虫（*Filinia maior*）

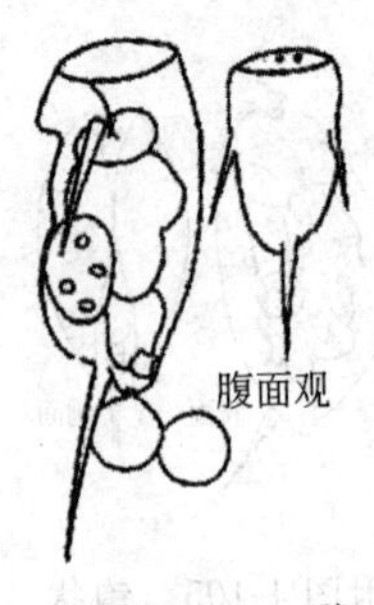

附图 1-116 臂三肢轮虫（*Filinia brachiata*）

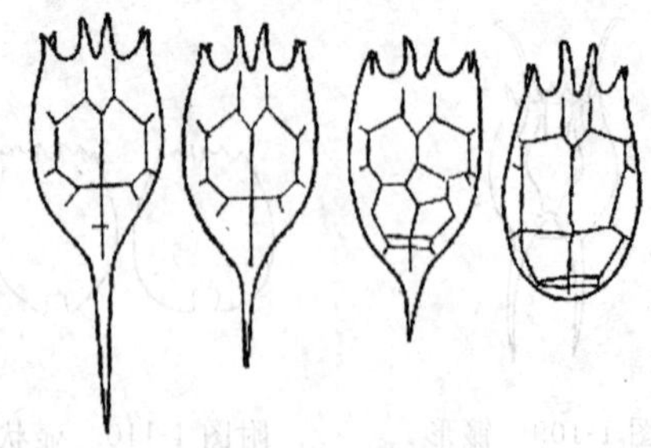
附图 1-117 不同形状的螺形龟甲轮虫（*Keratella cochlearis*）

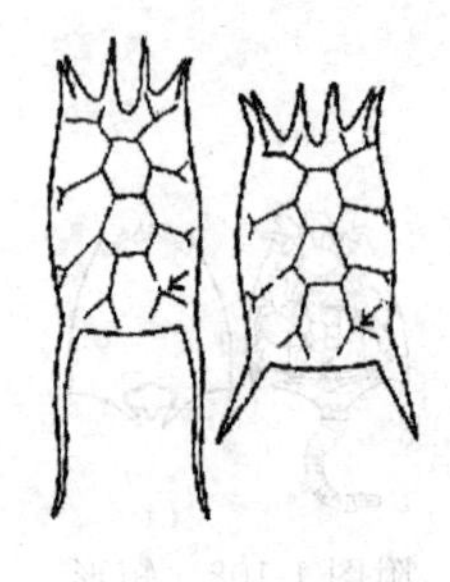
附图 1-118 矩形龟甲轮虫（*Keratella quadrata*）

附图 1-119 针簇多肢轮虫（*Polyarthra trigla*）

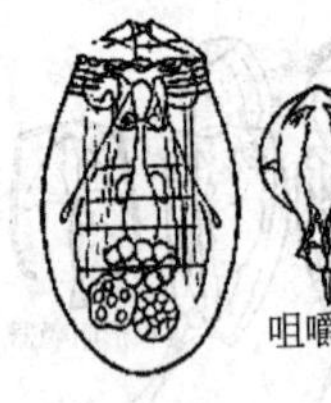

附图 1-120 前节晶囊轮虫（*Asplanchna priodonta*）

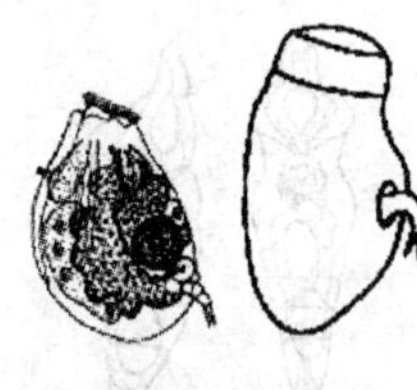
附图 1-121 腹足腹尾轮虫（*Gastropus hyptopus*）

十、枝角类

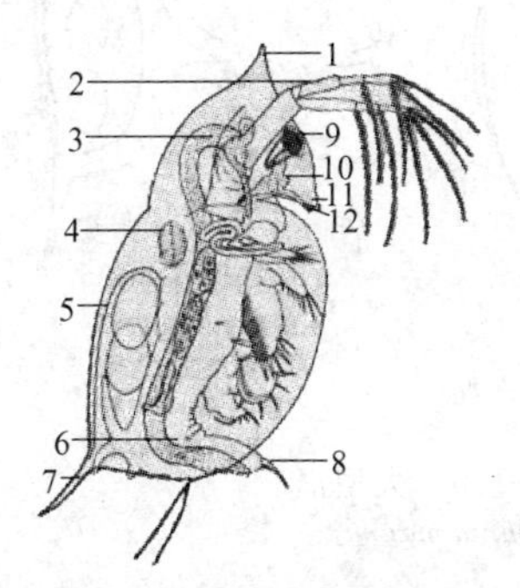

附图 1-122　枝角类雌体模式图

1—头盔；2—第二触角；3—肠；4—心脏；5—孵育囊；6—后腹部；7—壳刺；8—尾爪；9—复眼；10—单眼；11—吻；12—第一触角

附图 1-123　多刺秀体满山溞

(*Diaphanosoma sarsi*)

附图 1-124　粗刺大尾溞

(*Leydigia leydigia*)

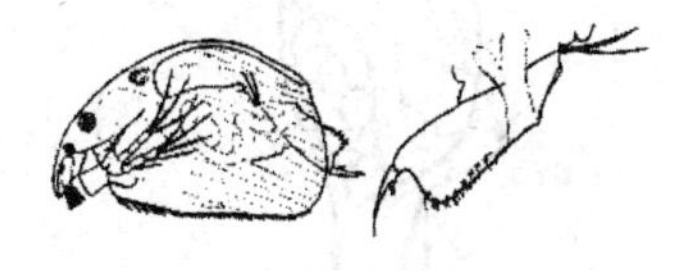

附图 1-125　中型尖额溞

(*Alona intermedia*)

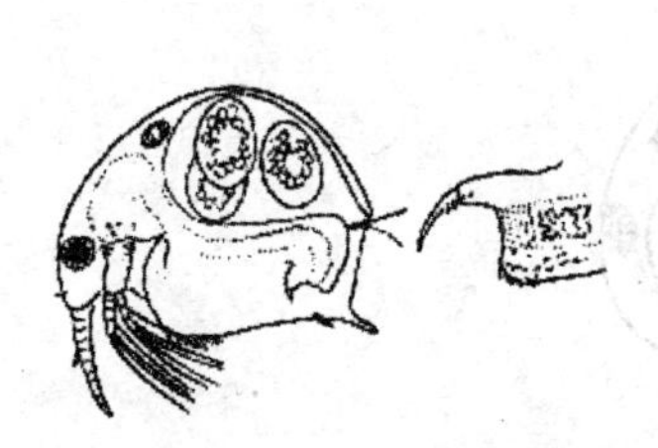

附图 1-126　长额象鼻溞

(*Bosmina longirostris*)

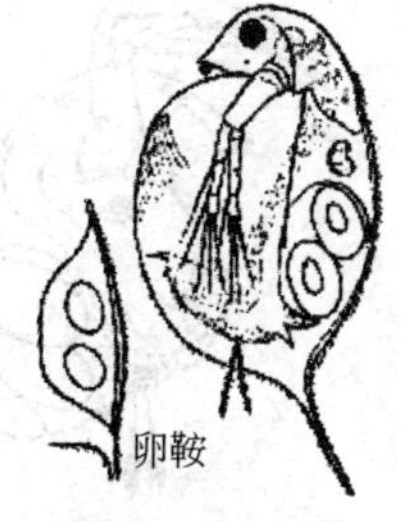

附图 1-127　隆线溞

(*Daphnia carinata*)

附图 1-128　蚤状溞

(*Daphnia pulex*)

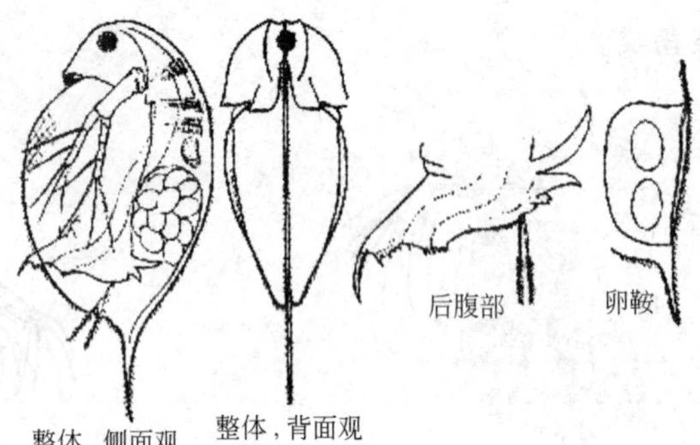

附图 1-129　大型溞
(*Daphnia magna*)

附图 1-130　长刺溞
(*Daphnia longispina*)

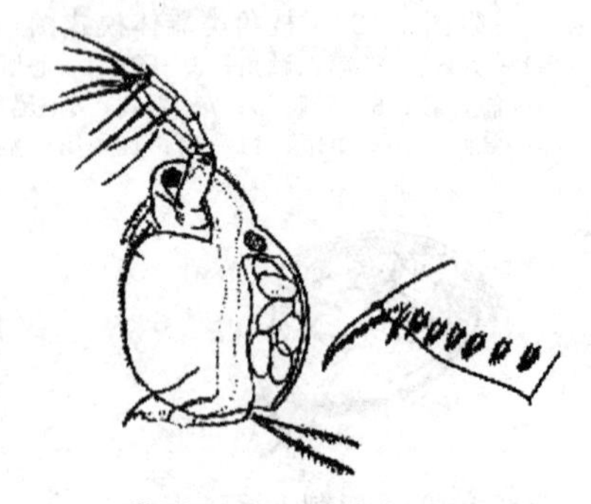

附图 1-131　发头裸腹溞
(*Moina irrasa*)

附图 1-132　宽角粗毛溞
(*Macrothrix laticornis*)

十一、桡足类

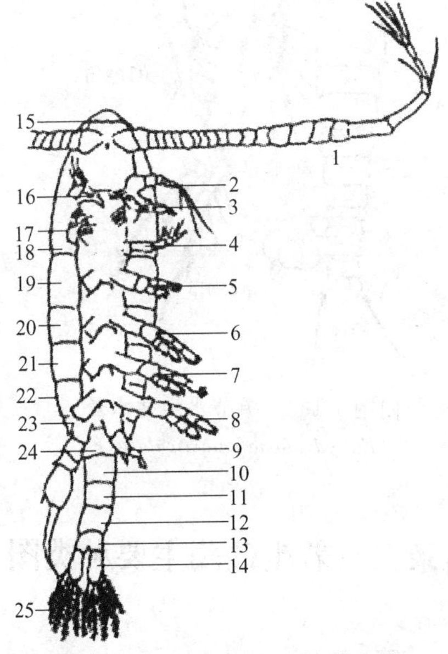

附图 1-133 哲水蚤雄体模式图

1—第一触角；2—第二触角；3—第一小颚；4—颚足；5—第一胸足；6—第二胸足；7—第三胸足；8—第四胸足；9—第五胸足；10—第二腹节；11—第三腹节；12—第四腹节；13—第五腹节；14—尾叉；15—额角；16—大颚；17—第二小颚；18—头节；19—第一胸节；20—第二胸节；21—第三胸节；22—第四胸节；23—第五胸节；24—生殖节；25—尾刚毛

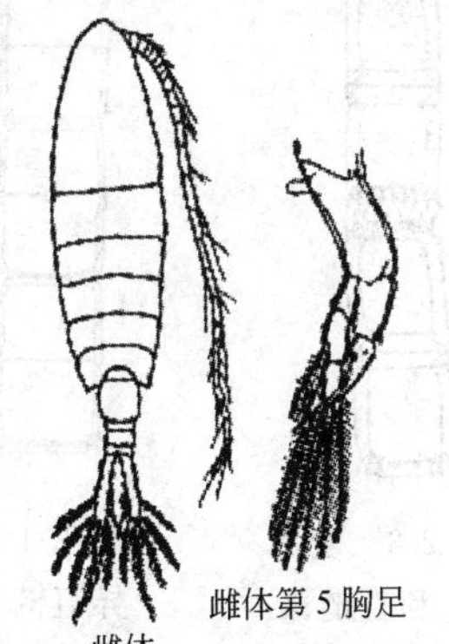

附图 1-134 汤匙华哲水蚤

(*Sinocalanus dorrii*)

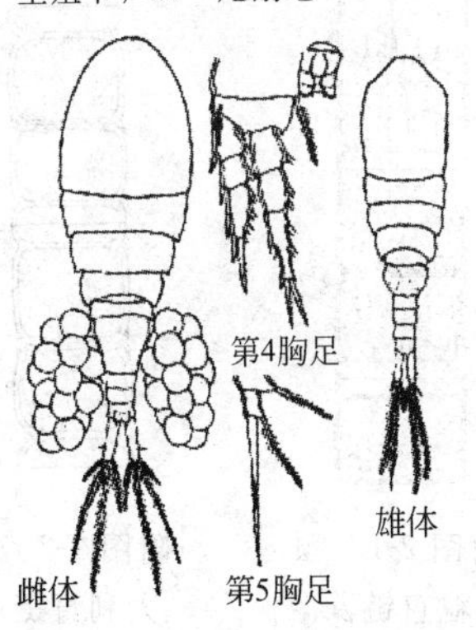

附图 1-135 等刺温剑水蚤

(*Thermocyclops kawamurai*)

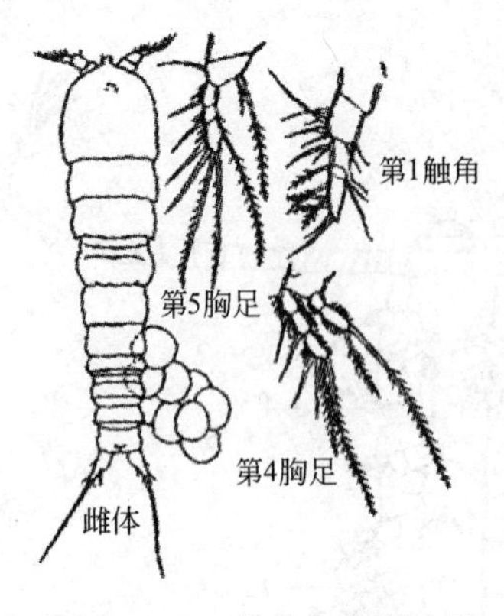

附图 1-136　单节水生猛水蚤
(*Enhydrosoma uniarticulatus*)

附录二　着生硅藻主要种类图

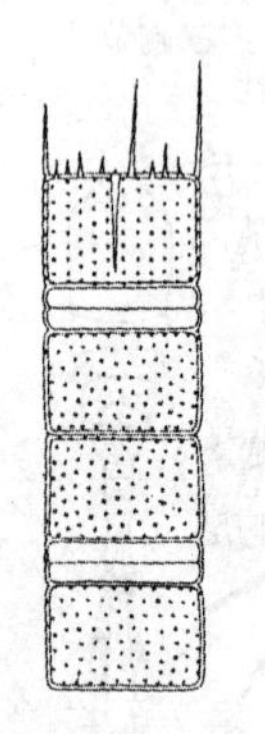

附图 2-1　颗粒直链藻
(*Melosira granulata*)

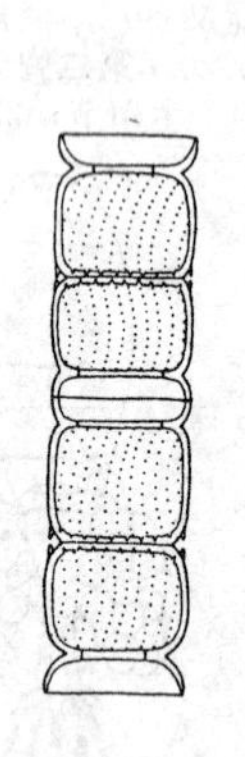

附图 2-2　意大利直链藻
(*M. italica*)

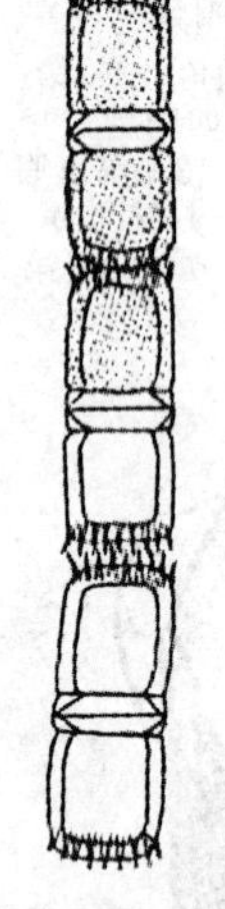

附图 2-3　变形意大利直链藻
(*M. italica* var. *varida*)

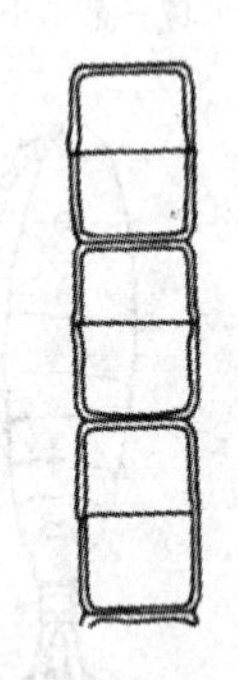

附图 2-4　变异直链藻
(*M. varians*)

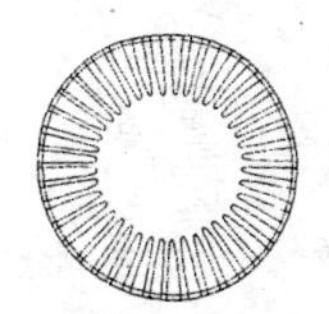

附图 2-5　梅尼小环藻（*Cyclotella meneghiniana*）

附图 2-6　具星小环藻（*C. stelligera*）

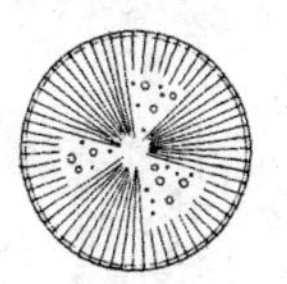

附图 2-7　科曼小环藻（*C. comensis*）

附图 2-8　中型脆杆藻（*Fragilaria intermidia*）

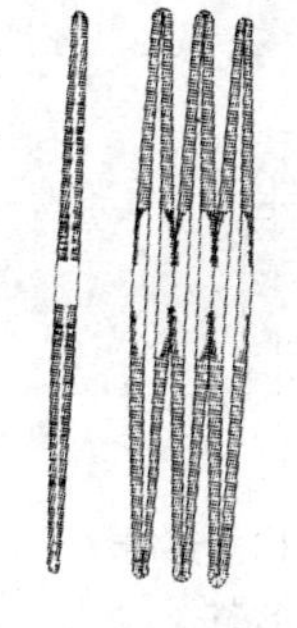

附图 2-9　克洛脆杆藻（*F. crotomensis*）

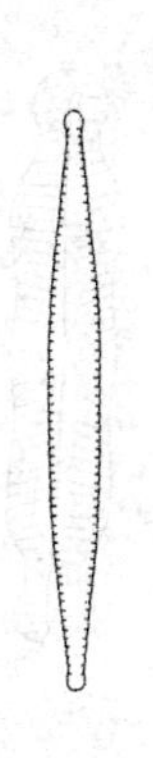

附图 2-10　近缘针杆藻（*S. affinis*）

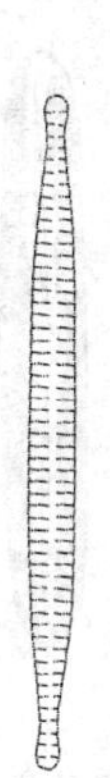

附图 2-11　双头针杆藻（*S. amphicephala*）

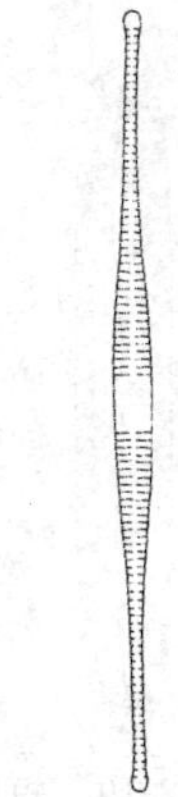

附图 2-12　尖针杆藻（*S. acus*）

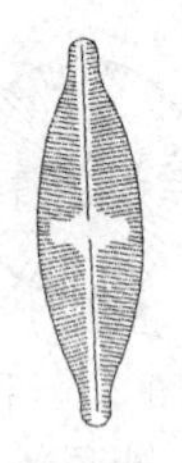

附图 2-13 双头辐节藻
(*S. anceps*)

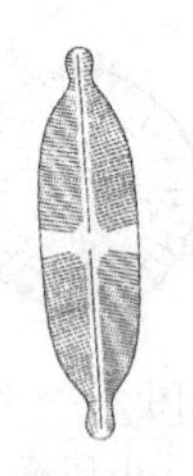

附图 2-14 双头辐节藻线形变种
(*S. anceps* f. *linearis*)

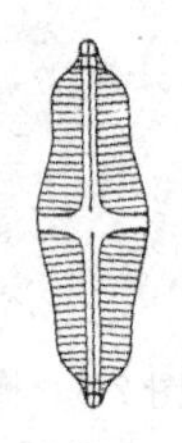

附图 2-15 窄缝辐节藻
(*S. smithii*)

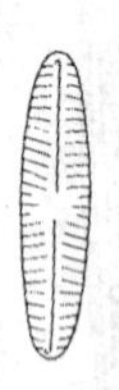

附图 2-16 系带舟形藻
(*Navicula cincta*)

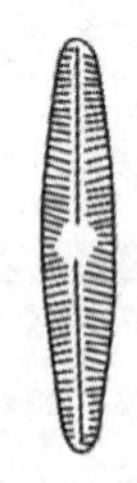

附图 2-17 系带舟形藻细头变种
(*N. cincta* var. *leptocephala*)

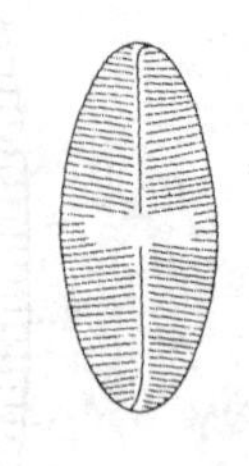

附图 2-18 罗泰舟形藻
(*N. rotaeana*)

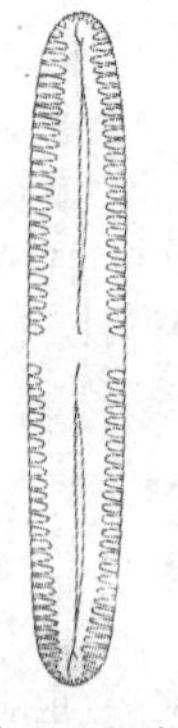

附图 2-19 短肋羽纹藻
(*Pinnularia brevicostata*)

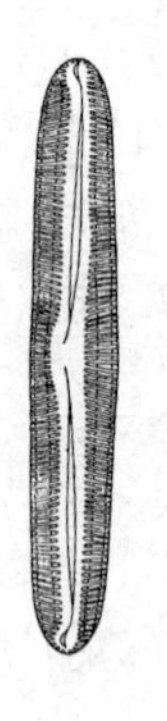

附图 2-20 大羽纹藻
(*P. maior*)

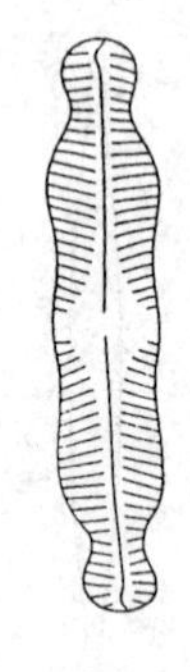

附图 2-21 中突羽纹藻
(*P. mesolepta*)

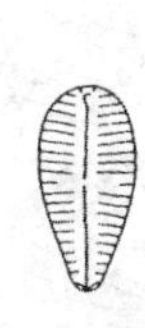

附图 2-22　橄榄形异极藻（*Gomphonema olivaceum*）

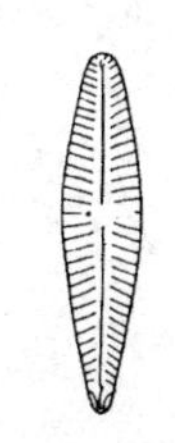

附图 2-23　窄异极藻（*G. angustatum*）

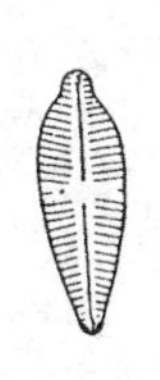

附图 2-24　窄异极藻延长变种（*G. angustatum* var. *producta*）

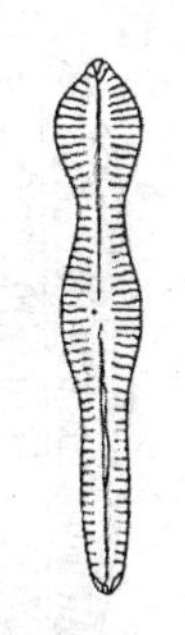

附图 2-25　尖异极藻（*G. acuminatum*）

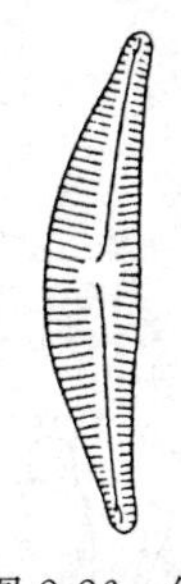

附图 2-26　细小桥弯藻（*C. pusilla*）

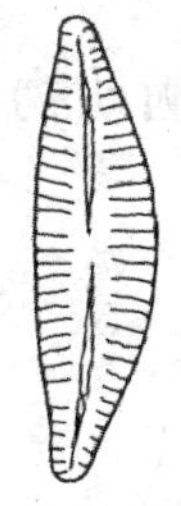

附图 2-27　近缘桥弯藻（*C. affinis*）

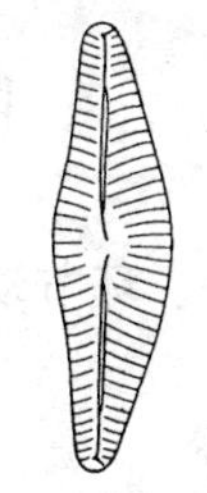

附图 2-28　小桥弯藻（*C. loevis*）

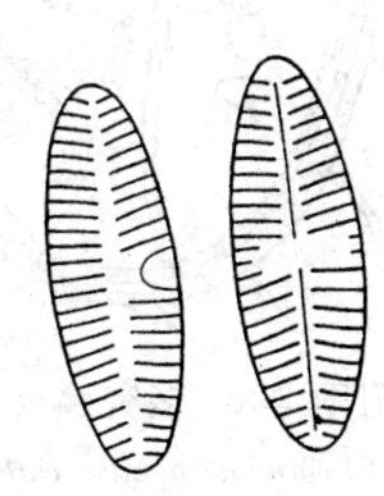

附图 2-29　披针曲壳藻（*Achnanthes lanceolata*）

附图 2-30　披针曲壳藻喙头变种（*A. lanceolata* var. *rostrata*）

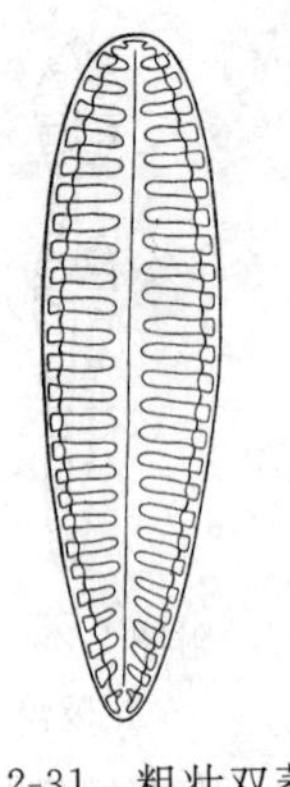

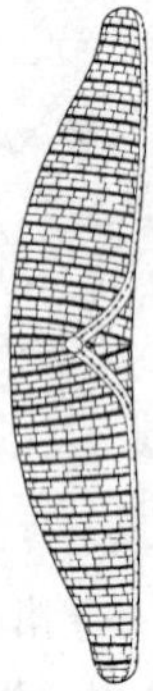

附图 2-31　粗壮双菱藻

(*Surirella robusta*)

附图 2-32　膨大窗纹藻

(*E. turgida*)

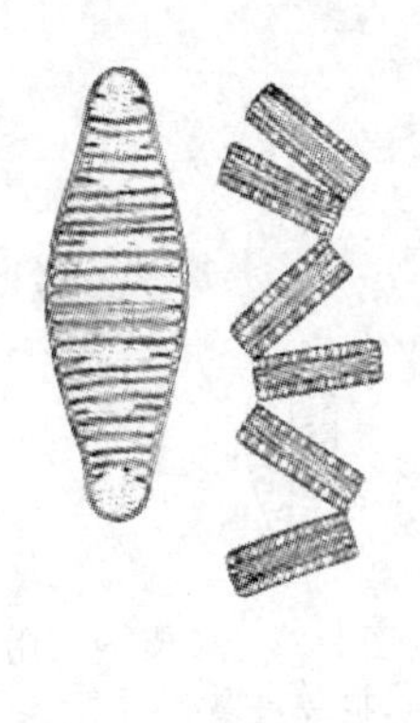

附图 2-33　普通等片藻

(*Diatoma vulgare*)

附录三　底栖动物主要类群图

一、环节动物门

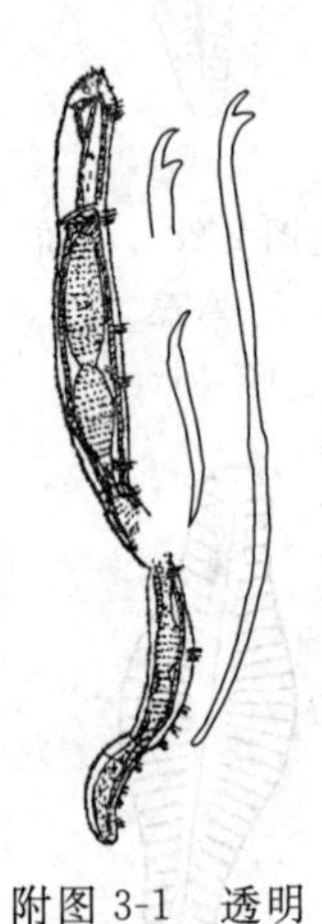

附图 3-1　透明毛腹虫

(*Chaocogaster diaphanous*)

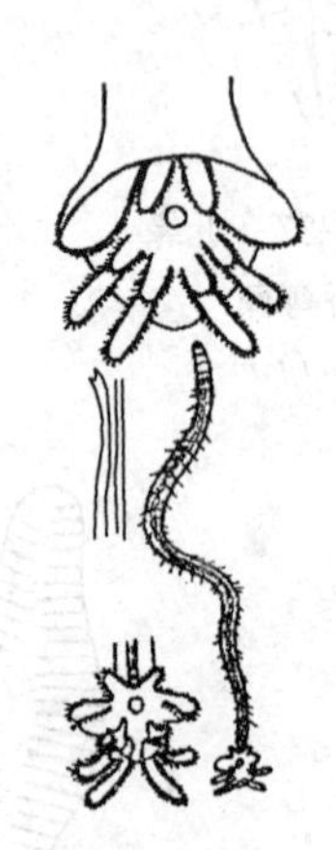

附图 3-2　指鳃尾盘虫

(*Darodigiiavr*)

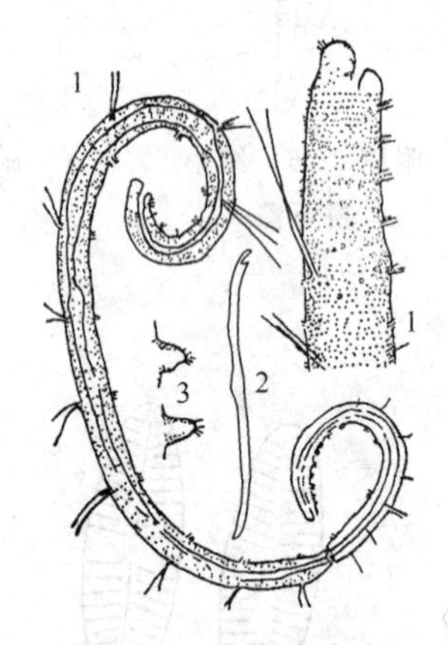

附图 3-3　多突癞皮虫

(*Slavina appendvcuiatn*)

1—整体与前端侧面观；2—腹刚毛；3—乳突侧面观

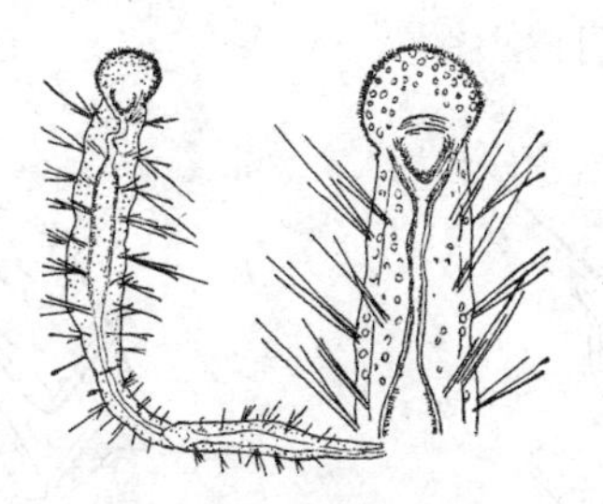

附图 3-4　点缀颗体虫

(*Aeciosoma variegatum*)

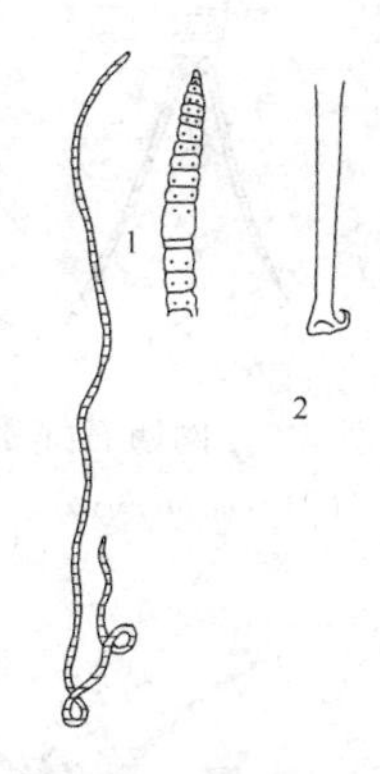

附图 3-5　霍甫水丝蚓

(*Limnodiius hoflmeiatori*)

1—整体与前端；2—阴茎鞘

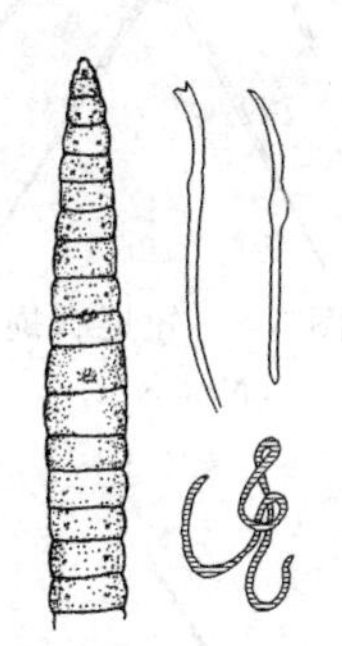

附图 3-6　淡水单孔蚓

(*Monopytephorus limosus*)

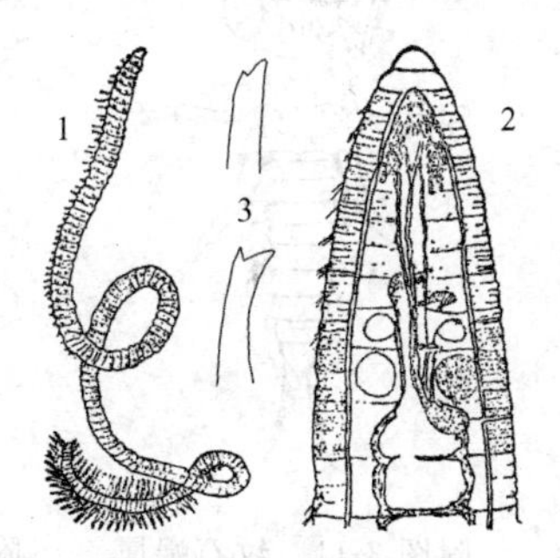

附图 3-7　苏氏尾鳃蚓

(*Branchiura*)

1—整体；2—解剖图；3—刚毛

二、节肢动物门

1. 襀翅目稚虫

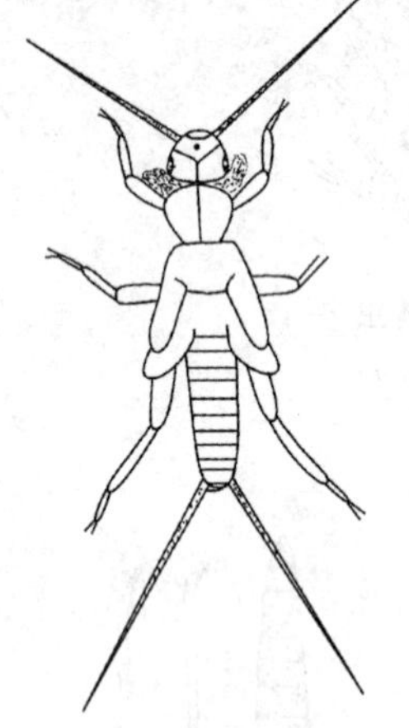

附图 3-8　短尾石蝇属
（*Nemoura*）

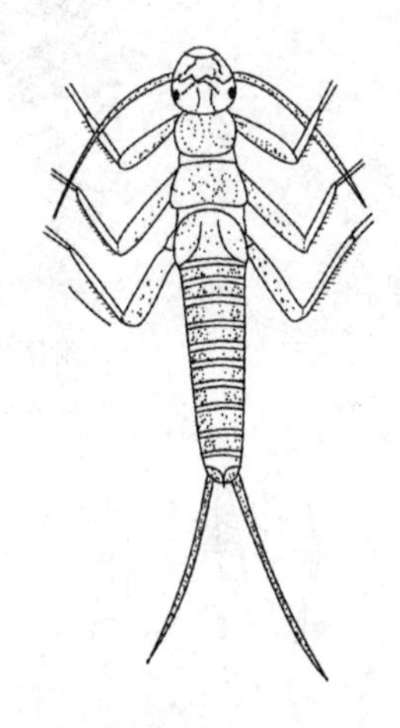

附图 3-9　网翅石蝇属
（*Arcynopteryx*）

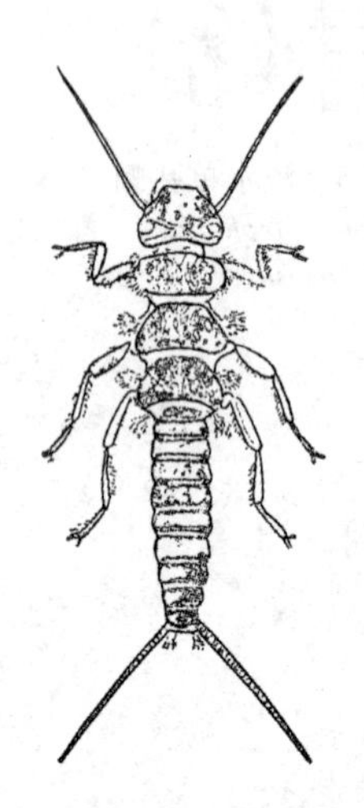

附图 3-10　石蝇属
（*Peria*）

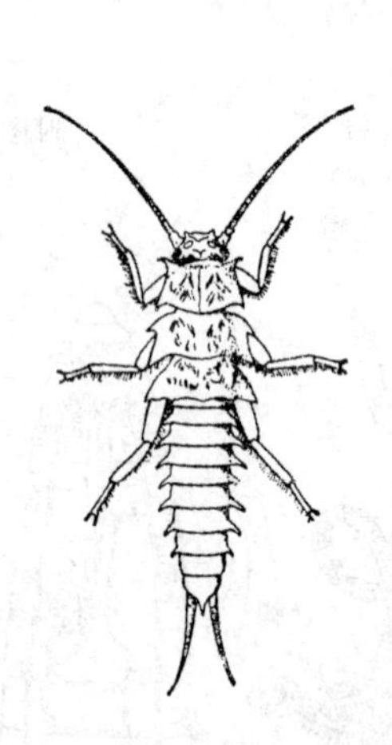

附图 3-11　纹石蝇属
（*Paragnetina*）

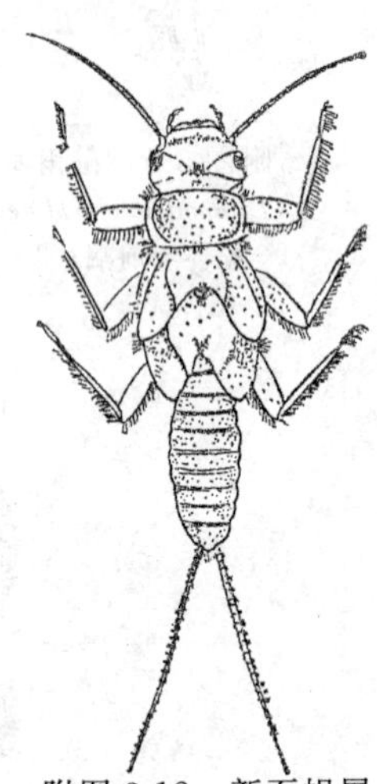

附图 3-12　新石蝇属
（*Neoperla*）

2. 蜉蝣目稚虫

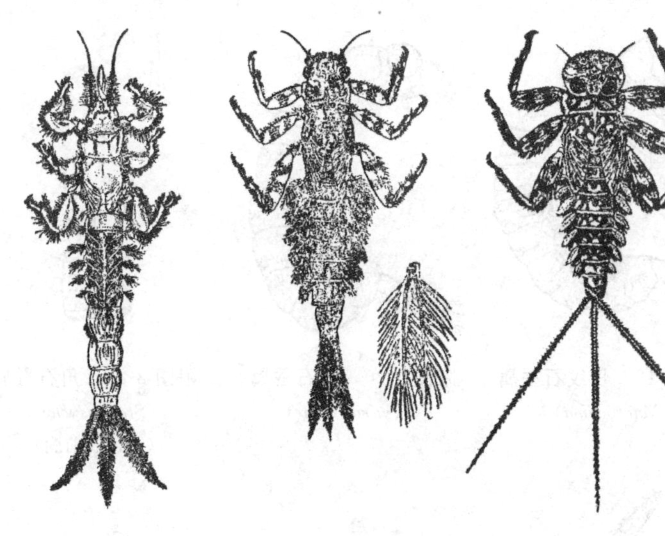

附图 3-13　蜉蝣属
(*Ephemera*)

附图 3-14　花鳃蜉属
(*Potamanthus*)

附图 3-15　扁蜉属
(*Ecdyrus*)

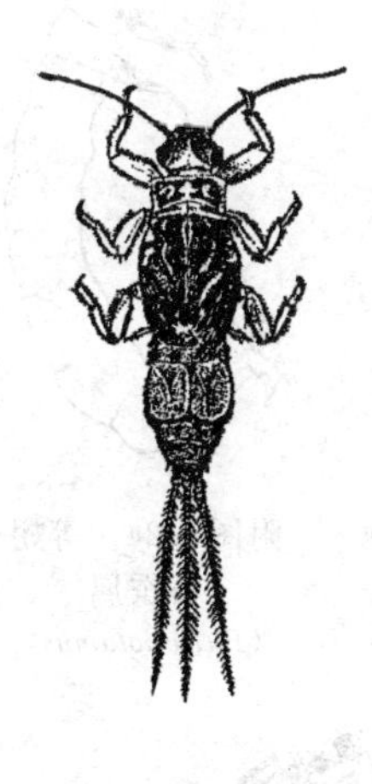

附图 3-16　细蜉属
(*Caenis*)

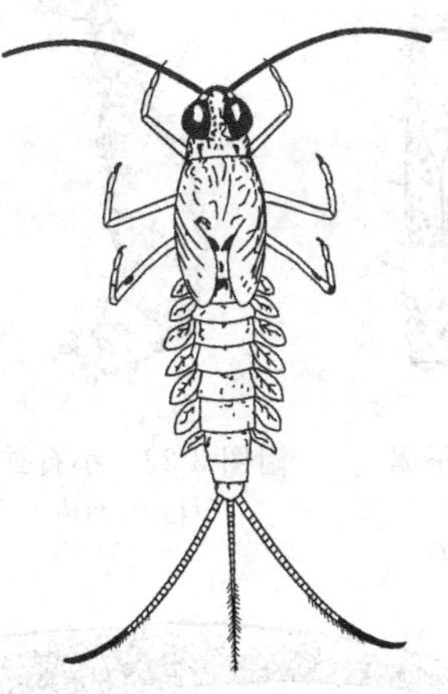

附图 3-17　四节蜉属
(*Baetis*)

附图 3-18　小蜉属
(*Ephemerella*)

3. 毛翅目幼虫

附图 3-19　长纹石蚕属
(*Macronema*)

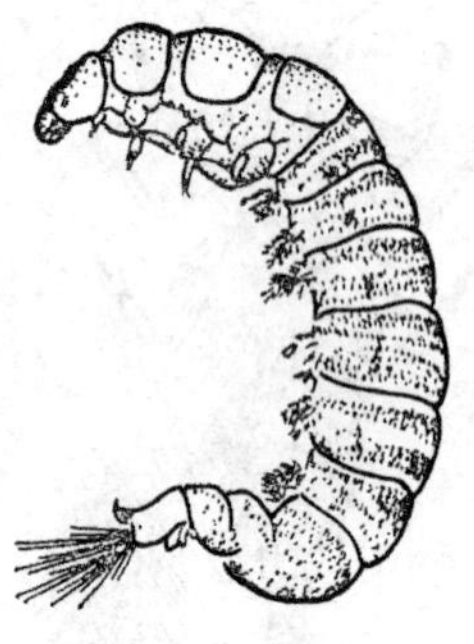

附图 3-20　纹石蚕属
(*Hydropsyche*)

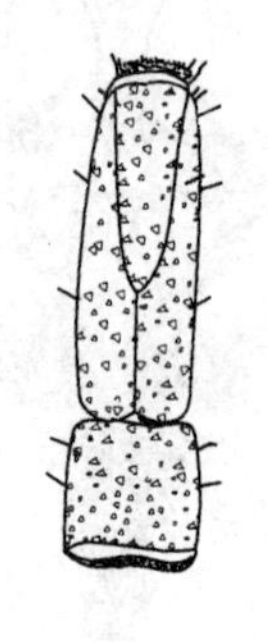

附图 3-21　角石蚕属
(*Stenopsyche*)
(头部和前胸)

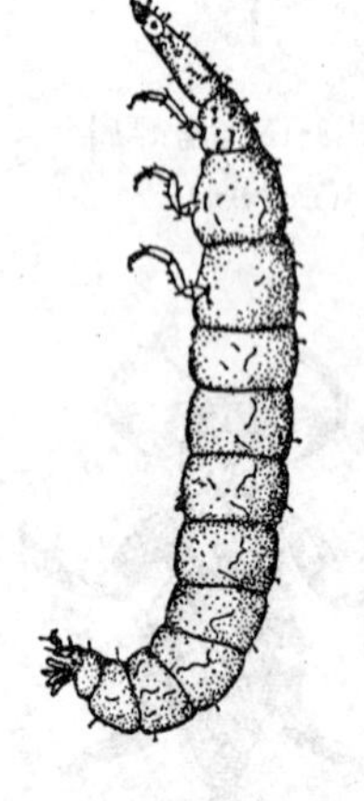

附图 3-22　拟角石蚕属
(*Parastenopsyche*)
(全体及头部和前胸)

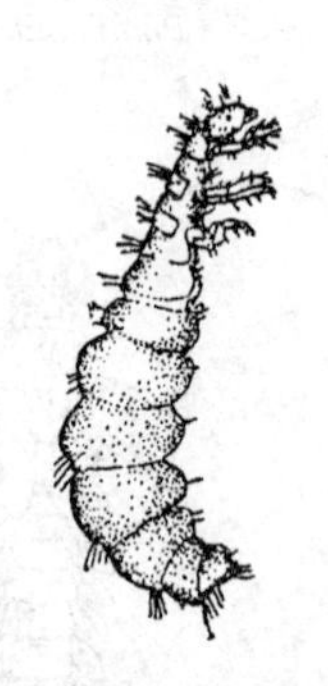

附图 3-23　小石蚕属
(*Hydroptila*)

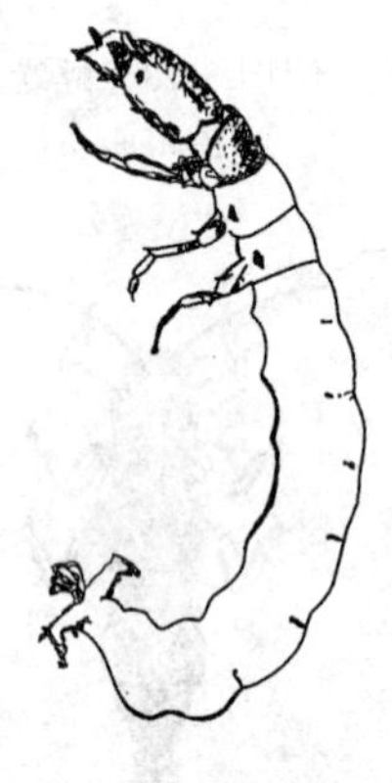

附图 3-24　等翅石蚕属
(*Philopotamus*)

附图 3-25　细角石蚕属
(*Leptocella*)

附图 3-26　三结石蚕属

(*Triaenodes*)

4. 双翅目幼虫

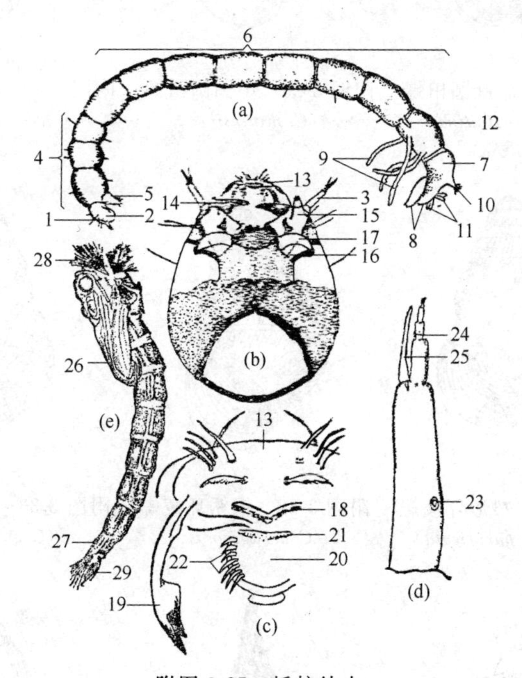

附图 3-27　摇蚊幼虫

(*Chrionomus*)

(a) 幼虫全貌；(b) 头部腹面部；(c) 上唇及内唇；(d) 大触角；(e) 蛹

1—头部；2—眼；3—大触角；4—胸部；5—前原足；6—腹部；

7—肛节；8—后原足；9—腹鳃；10—尾刚毛；11—肛鳃；12—侧鳃；

13—上唇；14—大颚；15—小颚；16—下唇；17—副下唇域片（亚颏片）；

18—上唇栉（上唇的边缘）；19—前上颚；20—内唇；21—内

唇栉；22—内唇钩；23—环器；24—劳氏器；25—触角刚毛；

26—翅芽；27—肛前节；28—丝束（呼吸角）；29—腹鳃（尾鳍）

三、软体动物门

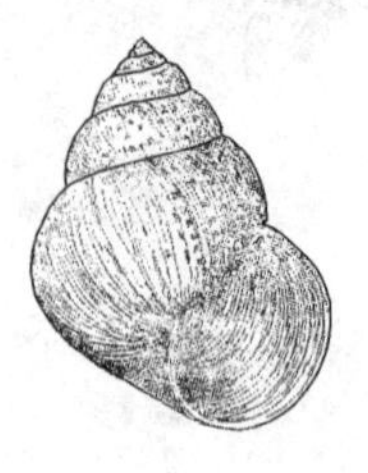

附图 3-28　胀肚圆田螺
(*Cipangopaludina ventricosa*)

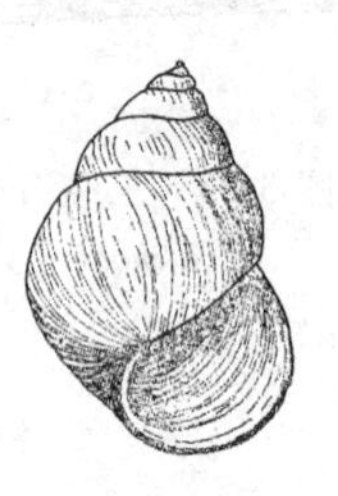

附图 3-29　中国圆田螺
(*C. chinensis*)

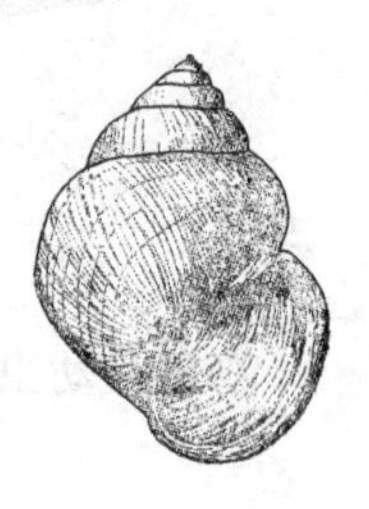

附图 3-30　中华圆田螺
(*C. cathayensis*)

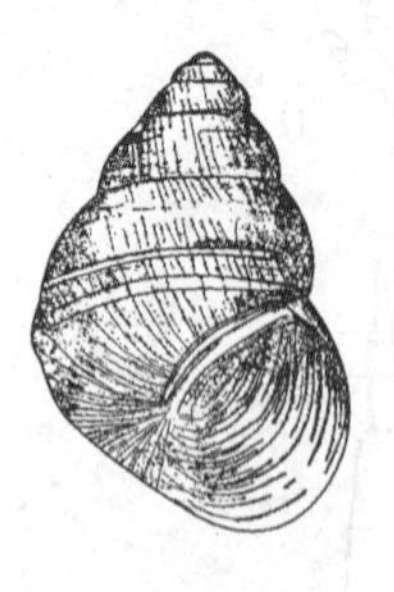

附图 3-31　梨形环棱螺
(*Bellamya purificata*)

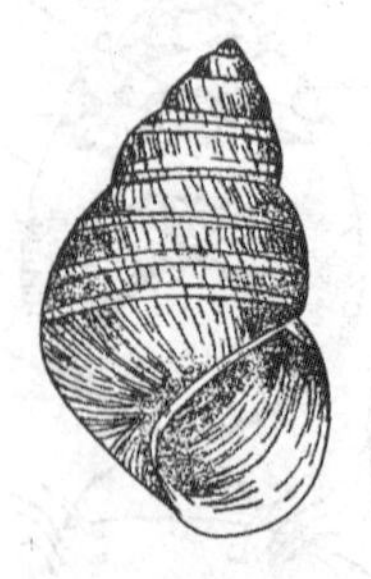

附图 3-32　铜锈环棱螺
(*C. aeruginosa*)

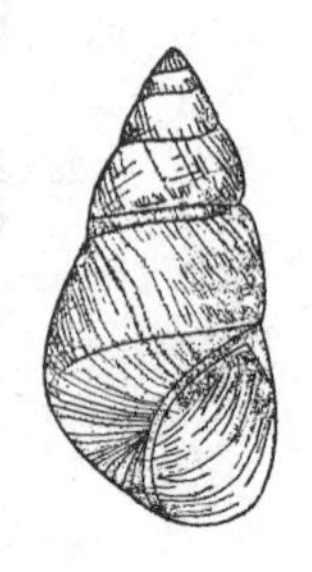

附图 3-33　方形环棱螺
(*C. quadrata*)

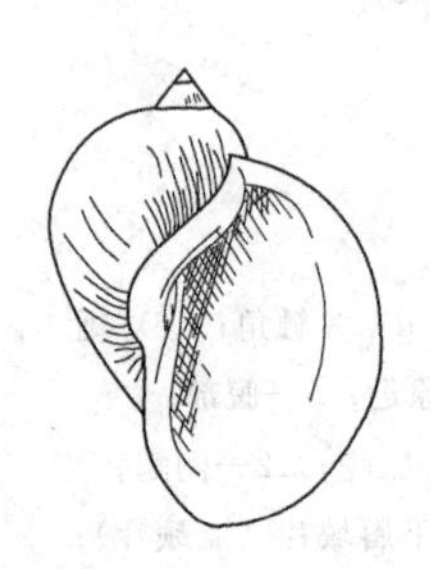

附图 3-34　耳萝卜螺
(*Radix auricularia*)

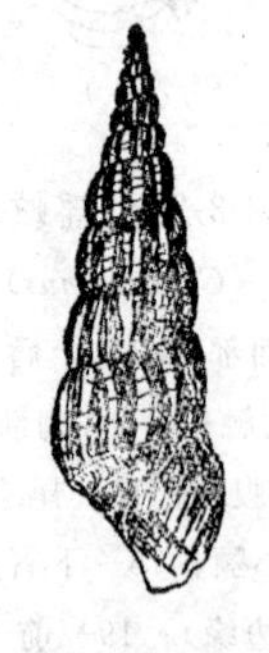

附图 3-35　方格甜美沟蜷
(*Semisulcospira cancellata*)

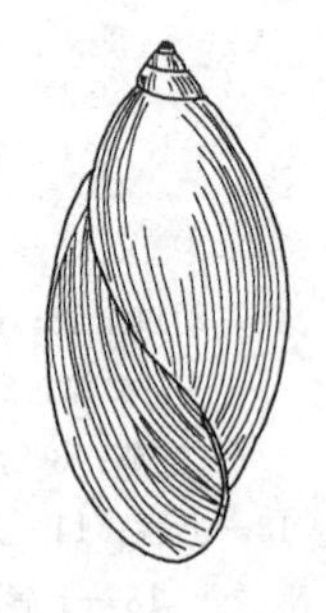

附图 3-36　泉膀胱螺
(*Physa fontinalis*)

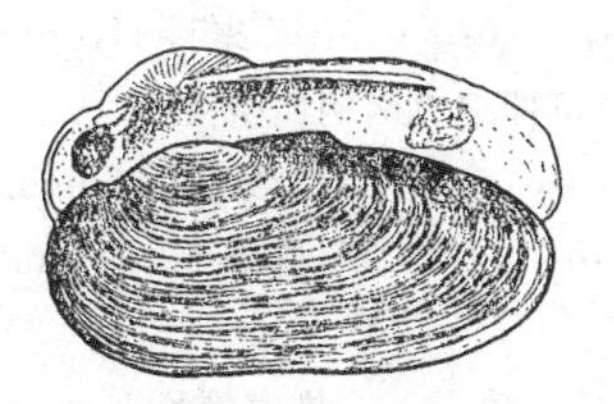

附图 3-37 圆顶珠蚌
(*Unio douglasiae*)

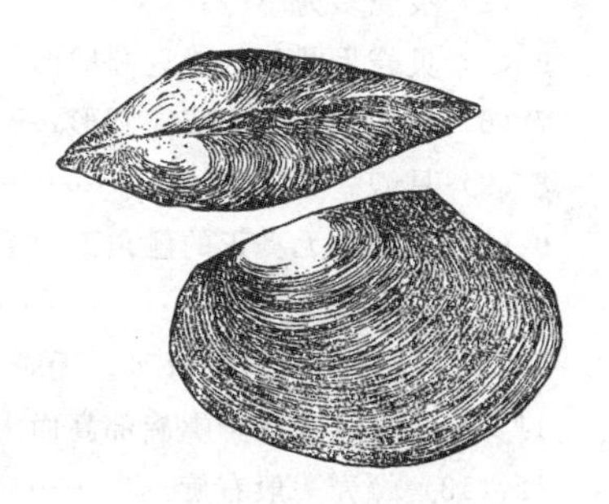

附图 3-38 背角无齿蚌
(*Anodonta woodiana*)

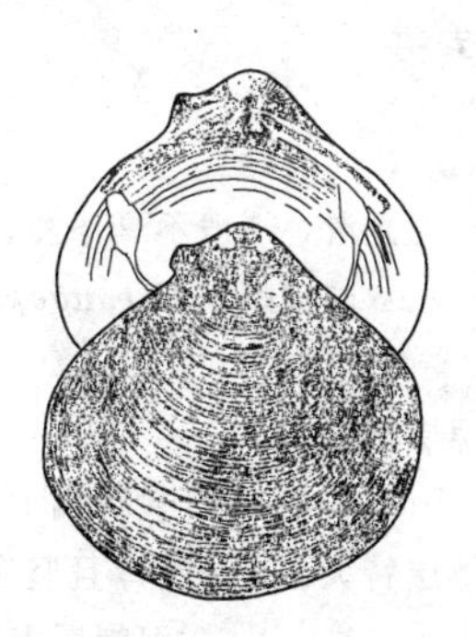

附图 3-39 河蚬
(*Corbicula fluminea*)

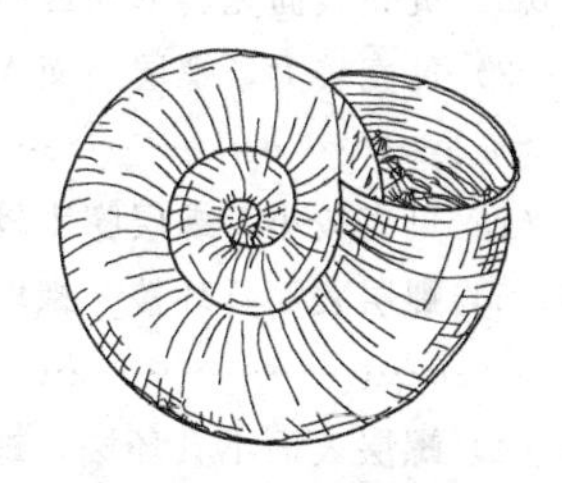

附图 3-40 凸旋螺
(*Gyraulus convexiusculus*)

附录四 淡水腹足纲分亚纲和科的检索表

1 (10) 动物用鳃呼吸。有厣。 ………………… 前鳃亚纲 Prosobranchia

2 (5) 贝壳多为大型或中等大小。

3 (4) 贝壳呈陀螺形或圆锥形。雄性右触角变为交接器官。卵胎生。
………………………………………………………… 田螺科 Viviparidae

4 (3) 贝壳呈塔形或尖圆锥形，雄性右触角不变为交接器官。卵生。
………………………………………………………… 黑螺科 Melaniidae

5（2）贝壳多为小型。

6（7）贝壳呈圆盘状或近圆球形。 …………………… 盘螺科 Valvatidae

7（6）贝壳呈圆锥形或卵圆形，不呈圆盘状。

8（9）具鳃。具触角。 ………………………………… 螺科 Hydrobiidae

9（8）无鳃，无真正的触角。眼柄长，可伸缩。两栖性生活。

…………………………………………………… 拟沼螺科 Assimineidae

10（1）动物以“肺”呼吸。无厣。 ……………… 肺螺亚纲 Pulmonata

11（14）壳卵圆形，螺旋部高而尖。

12（13）螺壳一般右旋。 ……………………… 椎实螺科 Lymnaeidae

13（12）螺壳左旋。 …………………………………… 膀胱螺科 Physidae

14（11）壳平旋形，螺旋部扁平或略上凸。

…………………………………………………… 扁卷螺科 Planorbidae

田螺科分属检索表

1（6）贝壳表面无旋形肋或棘。

2（3）贝壳较大，螺层表面膨胀较明显，壳光滑，一般不具环棱。

…………………………………………… 圆田螺属 *Cipangopaludina*

3（2）贝壳较小，螺层膨胀较小。

4（5）螺层表面具环棱，螺塔较高，体螺层略膨大。

…………………………………………………… 环棱螺属 *Bellamya*

5（4）螺层表面不具环棱，螺塔低，体螺层特大。壳质特厚且坚实。

…………………………………………………… 河螺属 *Rivularia*

6（1）贝壳表面具有粗壮螺肋和棘突。 ……………… 螺蛳属 *Margarya*

圆田螺属习见种检索表

1（2）螺层表面有螺旋形色带。 ………… 乌苏里圆田螺 *C. ussuriensis*

2（1）螺层表面不具螺旋形色带。

3（4）螺层表面有密集的方形小凹陷。 ……… 胀肚圆田螺 *C. ventricosa*

4（3）无上述小凹陷。

5（6）壳质较厚，壳口周围无显著的黑色边缘。

…………………………………………… 中国圆田螺 *C. chinensis*

6（5）壳质较薄，壳周围有显著的黑色边缘。

……………………………………… 中华圆田螺 *C. cathayensis*

环棱螺属习见种检索表

1（2）贝壳瘦长，体螺层不膨胀，螺旋部较高。

……………………………………………………… 方形环棱螺 *B. quadrata*

2（1）贝壳较短，体螺层略膨胀，螺旋部较短。

3（4）螺层表面平，体螺层不大膨胀。……… 铜锈环棱螺 *B. aeruginosa*

4（3）螺层表面凸，体螺层膨胀。 …………… 梨形环棱螺 *B. purificata*

椎实螺科习见属检索表

1（2）贝壳较大，壳高可达 6cm。螺旋部的高度大于壳口高度。

……………………………………………………… 椎实螺属 *Lymnaea*

2（1）贝壳较小，壳高一般在 3cm 以下。螺旋部高度不大于壳口高度。

3（4）螺旋部高度明显小于壳口高度（螺旋部短小）。

……………………………………………………… 萝卜螺属 *Radix*

4（3）螺旋部高度略小于或等于壳口高度。 …………… 土蜗属 *Galba*

萝卜螺属习见种检索表

1（8）贝壳较大。壳高一般可达 2～3cm。

2（5）体螺层极膨大。壳口内缘螺轴处皱褶明显。

3（4）壳口极大，扩张呈耳状。壳口内缘螺轴略扭转。

……………………………………………………… 耳萝卜螺 *R. auricularia*

4（3）壳口扩大程度较小，壳口内缘壳轴处具强烈扭转的皱褶。

……………………………………………………… 折叠萝卜螺 *R. plicatula*

5（2）体螺层膨大。壳口内缘呈直形或略有皱褶。

6（7）壳口内缘略有皱褶。体螺层上部缩小，形成削肩状，中下部特别膨大。……………………………… 椭圆萝卜螺 *R. swinhoei*

7（6）壳口内缘螺轴一般呈直形或有微弱的皱褶。体螺层上部不呈削状。

……………………………………………………… 直缘萝卜螺 *R. clessini*

8（1）贝壳小。壳高不足 2cm。

9（10）贝壳卵圆形。螺旋部短，螺层膨胀，呈梯形排列。

……………………………………………………… 卵萝卜螺 *R. ovata*

10（9）贝壳呈长椭圆形。螺旋部伸长，体螺层不甚膨胀。

……………………………………………………… 狭萝卜螺 *R. lagotis*

附录五　百分率与概率单位换算表

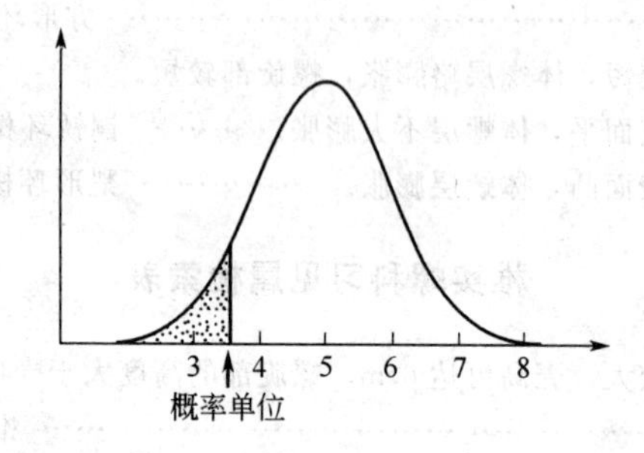

%	0.0	0.1	0.2	0.3	0.4	0.5	0.6	0.7	0.8	0.9
0	—	1.9093	2.1218	2.2522	2.3479	2.4242	2.4879	2.5427	2.5911	2.6344
1	2.6737	2.7096	2.7429	2.7738	2.8027	2.8299	2.8556	2.8799	2.9031	2.9251
2	2.9463	2.9665	2.9859	3.0046	3.0226	3.0400	3.0569	3.0732	3.0890	3.1043
3	3.1192	3.1337	3.1478	3.1616	3.1750	3.1881	3.2009	3.2134	3.2255	3.2376
4	3.2493	3.2608	3.2721	3.2831	3.2940	3.3046	3.3151	3.3253	3.3354	3.3454
5	3.3551	3.3648	3.3742	3.3836	3.3928	3.4018	3.4107	3.4195	3.4282	3.4368
6	3.4452	3.4536	3.4618	3.4699	3.4780	3.4859	3.4937	3.5015	3.5091	3.5167
7	3.5242	3.5316	3.5389	3.5462	3.5534	3.5605	3.5675	3.5745	3.5813	3.5882
8	3.5949	3.6016	3.6083	3.6148	3.6213	3.6278	3.6342	3.6405	3.6468	3.6531
9	3.6592	3.6654	3.6715	3.6775	3.6835	3.6894	3.6953	3.7012	3.7070	3.7127
10	3.7184	3.7241	3.7298	3.7354	3.7409	3.7464	3.7519	3.7574	3.7628	3.7681
11	3.7735	3.7788	3.7840	3.7893	3.7945	3.7996	3.8048	3.8099	3.8150	3.8200
12	3.8250	3.8300	3.8350	3.8399	3.8448	3.8497	3.8545	3.8593	3.8641	3.8689
13	3.8736	3.8783	3.8830	3.8877	3.8923	3.8969	3.9015	3.9061	3.9107	3.9152
14	3.9197	3.9424	3.9286	3.9331	3.9375	3.9419	3.9463	3.9506	3.9550	3.9593
15	3.9636	3.9678	3.9721	3.9763	3.9806	3.9848	3.9890	3.9931	3.9973	4.0014
16	4.0055	4.0096	4.0137	4.0178	4.0218	4.0259	4.0299	4.0339	4.0379	4.0419
17	4.0458	4.0498	4.0537	4.0576	4.0615	4.0654	4.0693	4.0731	4.0770	4.0808
18	4.0846	4.0884	4.0922	4.0960	4.0998	4.1035	4.1073	4.1110	4.1147	4.1184
19	4.1221	4.1258	4.1295	4.1331	4.1367	4.1404	4.1440	4.1476	4.1512	4.1548
20	4.1584	4.1619	4.1655	4.1690	4.1726	4.1761	4.1796	4.1831	4.1866	4.1901
21	4.1936	4.1970	4.2005	4.2039	4.2074	4.2108	4.2142	4.2176	4.2210	4.2244
22	4.2278	4.2312	4.2345	4.2379	4.2412	4.2446	4.2479	4.2512	4.2546	4.2579

续表

%	0.0	0.1	0.2	0.3	0.4	0.5	0.6	0.7	0.8	0.9
23	4.2612	4.2644	4.2677	4.2710	4.2743	4.2775	4.2808	4.2840	4.2872	4.2905
24	4.2937	4.2969	4.3001	4.3033	4.3065	4.3097	4.3129	4.3160	4.3192	4.3224
25	4.3255	4.3287	4.3318	4.3349	4.3380	4.3412	4.3443	4.3474	4.3505	4.3536
26	4.3567	4.3597	4.3628	4.3659	4.3689	4.3720	4.3750	4.3781	4.3811	4.3842
27	4.3872	4.3902	4.3932	4.3962	4.3992	4.4022	4.4052	4.4082	4.4112	4.4142
28	4.4172	4.4201	4.4231	4.4260	4.4290	4.4319	4.4349	4.4378	4.4408	4.4437
29	4.4466	4.4495	4.4524	4.4554	4.4583	4.4612	4.4641	4.4670	4.4698	4.4727
30	4.4756	4.4785	4.4813	4.4842	4.4871	4.4899	4.4928	4.4956	4.4985	4.5013
31	4.5041	4.5070	4.5098	4.5126	4.5155	4.5183	4.5211	4.5239	4.5267	4.5295
32	4.5323	4.5351	4.5379	4.5407	4.5435	4.5462	4.5490	4.5518	4.5546	4.5573
33	4.5601	4.5628	4.5656	4.5684	4.5711	4.5739	4.5766	4.5793	4.5821	4.5848
34	4.5875	4.5903	4.5930	4.5957	4.5984	4.6011	4.6039	4.6066	4.6093	4.6120
35	4.6147	4.6174	4.6201	4.6228	4.6255	4.6281	4.6308	4.6335	4.6362	4.6389
36	4.6415	4.6442	4.6469	4.6495	4.6522	4.6549	4.6575	4.6602	4.6628	4.6655
37	4.6631	4.6708	4.6734	4.6761	4.6787	4.6814	4.6840	4.6866	4.6893	4.6919
38	4.6945	4.6971	4.6998	4.7024	4.7050	4.7076	4.7102	4.7129	4.7155	4.7181
39	4.7207	4.7233	4.7259	4.7285	4.7311	4.7337	4.7363	4.7389	4.7415	4.7441
40	4.7467	4.7492	4.7518	4.7544	4.7570	4.7596	4.7622	4.7647	4.7673	4.7699
41	4.7725	4.7750	4.7776	4.7802	4.7827	4.7853	4.7879	4.7904	4.7930	4.7955
42	4.7981	4.8007	4.8032	4.8058	4.8083	4.8109	4.8134	4.8160	4.8185	4.8211
43	4.8236	4.8262	4.8287	4.8313	4.8338	4.8363	4.8389	4.8414	4.8440	4.8465
44	4.8490	4.8516	4.8541	4.8566	4.8592	4.8617	4.8642	4.8668	4.8693	4.8718
45	4.8743	4.8769	4.8794	4.8819	4.8844	4.8870	4.8895	4.8920	4.8945	4.8970
46	4.8996	4.9021	4.9046	4.9071	4.9096	4.9122	4.9147	4.9172	4.9197	4.9222
47	4.9247	4.9272	4.9298	4.9323	4.9348	4.9373	4.9398	4.9423	4.9448	4.9473
48	4.9498	4.9524	4.9549	4.9574	4.9599	4.9624	4.9649	4.9674	4.9699	4.9724
49	4.9749	4.9774	4.9799	4.9825	4.9850	4.9875	4.9900	4.9925	4.9950	4.9975
50	5.0000	5.0025	5.0050	5.0075	5.0100	5.0125	5.0150	5.0175	5.0201	5.0226
51	5.0251	5.0276	5.0301	5.0326	5.0351	5.0376	5.0401	5.0426	5.0451	5.0476
52	5.0502	5.0527	5.0552	5.0577	5.0602	5.0627	5.0652	5.0677	5.0702	5.0728
53	5.0753	5.0778	5.0803	5.0828	5.0853	5.0878	5.0904	5.0929	5.0954	5.0979
54	5.1004	5.1030	5.1055	5.1080	5.1105	5.1130	5.1156	5.1181	5.1206	5.1231
55	5.1257	5.1282	5.1307	5.1332	5.1358	5.1383	5.1408	5.1434	5.1459	5.1484
56	5.1510	5.1535	5.1560	5.1586	5.1611	5.1637	5.1662	5.1687	5.1713	5.1738
57	5.1764	5.1789	5.1815	5.1840	5.1866	5.1891	5.1917	5.1942	5.1968	5.1993
58	5.2019	5.2045	5.2070	5.2096	5.2121	5.2147	5.2173	5.2198	5.2224	5.2250

续表

%	0.0	0.1	0.2	0.3	0.4	0.5	0.6	0.7	0.8	0.9
59	5.2275	5.2301	5.2327	5.2353	5.2378	5.2404	5.2430	5.2456	5.2482	5.2508
60	5.2533	5.2559	5.2585	5.2611	5.2637	5.2663	5.2689	5.2715	5.2741	5.2767
61	5.2793	5.2819	5.2845	5.2871	5.2898	5.2924	5.2950	5.2976	5.3002	5.3029
62	5.3055	5.3081	5.3107	5.3134	5.3160	5.3186	5.3213	5.3239	5.3266	5.3292
63	5.3319	5.3345	5.3372	5.3398	5.3425	5.3451	5.3478	5.3505	5.3531	5.3558
64	5.3385	5.3611	5.3638	5.3665	5.3692	5.3719	5.3745	5.3772	5.3799	5.3826
65	5.3853	5.3880	5.3907	5.3934	5.3961	5.3989	5.4016	5.4043	5.4070	5.4097
66	5.4125	5.4152	5.4179	5.4207	5.4234	5.4261	5.4289	4.4316	5.4344	5.4372
67	5.4399	5.4427	5.4454	5.4482	5.4510	5.4538	5.4565	5.4593	5.4621	5.4649
68	5.4677	5.4705	5.4733	5.4761	5.4789	5.4817	5.4845	5.4874	5.4902	5.4930
69	5.4959	5.4987	5.5015	5.5044	5.5072	5.5101	5.5129	5.5158	5.5187	5.5215
70	5.5244	5.5273	5.5302	5.5330	5.5359	5.5388	5.5417	5.5446	5.5476	5.5505
71	5.5534	5.5563	5.5592	5.5622	5.5651	5.5681	5.5710	5.5740	5.5769	5.5799
72	5.5828	5.5858	5.5888	5.5918	5.5984	5.5978	5.6008	5.6038	5.6068	5.6098
73	5.6128	5.6158	5.6189	5.6219	5.6250	5.6280	5.6311	5.6341	5.6372	5.6403
74	5.6433	5.6464	5.6495	5.6526	5.6557	5.6588	5.6620	5.6651	5.6682	5.6713
75	5.6745	5.6776	5.6808	5.6840	5.6871	5.6903	5.6935	5.6967	5.6999	5.7031
76	5.7063	5.7095	5.7128	5.7160	5.7192	5.7225	5.7257	5.7290	5.7323	5.7356
77	5.7388	5.7421	5.7454	5.7488	5.7521	5.7554	5.7588	5.7621	5.7655	5.7688
78	5.7722	5.7756	5.7790	5.7824	5.7858	5.7892	5.7926	5.7961	5.7995	5.8030
79	5.8064	5.8099	5.8134	5.8169	5.8204	5.8239	5.8274	5.8310	5.8345	5.8381
80	5.8416	5.8452	5.8488	5.8524	5.8560	5.8596	5.8633	5.8669	5.8705	5.8742
81	5.8779	5.8816	5.8853	5.8890	5.8927	5.8965	5.9002	5.9040	5.9078	5.9116
82	5.9154	5.9192	5.9230	5.9269	5.9307	5.9346	5.9385	5.9424	5.9463	5.9502
83	5.9542	5.9581	5.9621	5.9661	5.9701	5.9741	5.9782	5.9822	5.9863	5.9904
84	5.9945	5.9986	6.0027	6.0069	6.0110	6.0152	6.0194	6.0237	6.0279	6.0322
85	6.0364	6.0407	6.0450	6.0494	6.0537	6.0581	6.0625	6.0669	6.0714	6.0758
86	6.0803	6.0848	6.0893	6.0939	6.0985	6.1031	6.1077	6.1123	6.1170	6.1217
87	6.1264	6.1311	6.1359	6.1407	6.1455	6.1503	6.1552	6.1601	6.1650	6.1700
88	6.1750	6.1800	6.1850	6.1901	6.1952	6.2004	6.2055	6.2107	6.2160	6.2212
89	6.2265	6.2319	6.2372	6.2426	6.2481	6.2536	6.2591	6.2646	6.2702	6.2759
90	6.2816	6.2873	6.2930	6.2988	6.3047	6.3106	6.3165	6.3225	6.3285	6.3346
91	6.3408	6.3469	6.3532	6.3595	6.3658	6.3722	6.3787	6.3852	6.3917	6.3984
92	6.4051	6.4118	6.4187	6.4255	6.4325	6.4395	6.4466	6.4538	6.4611	6.4684
93	6.4758	6.4833	6.4909	6.4985	6.5063	6.5141	6.5220	6.5301	6.5382	6.5464
94	6.5548	6.5632	6.5718	6.5805	6.5893	6.5982	6.6072	6.6164	6.6258	6.6352

续表

%	0.0	0.1	0.2	0.3	0.4	0.5	0.6	0.7	0.8	0.9
95	6.6449	6.6546	6.6646	6.6747	6.6849	6.6954	6.7060	6.7169	6.7279	6.7392
96	6.7507	6.7624	6.7744	6.7866	6.7991	6.8119	6.8250	6.8384	6.8522	6.8863
97	6.8808	6.8957	6.9110	6.9268	6.9431	6.9600	6.9774	6.9954	7.0141	7.0335
98	7.0537	7.0749	7.0969	7.1201	7.1444	7.1701	7.1973	7.2262	7.2571	7.2904
99	7.3263	7.3656	7.4089	7.4573	7.5121	7.5758	7.6521	7.7478	7.8782	8.0902

参 考 文 献

[1] 国家环境保护总局《水和废水监测分析方法》编委会. 水和废水监测分析方法. 第4版. 北京：中国环境科学出版社，2002.
[2] 王焕校. 污染生态学. 北京：高等教育出版社，2000.
[3] 吴邦灿，费龙. 现代环境监测技术. 北京：中国环境科学出版社，1999.
[4] 蒋志学，邓士谨. 环境生物学. 北京：高等教育出版社，1989.
[5] 万本太等. 中国环境监测. 长沙：湖南科学技术出版社，2003.
[6] 刘德生. 环境监测. 北京：化学工业出版社，2001.
[7] 孔繁翔. 环境生物学. 北京：高等教育出版社，2000.
[8] 熊治廷. 环境生物学. 武昌：武汉大学出版社，2000.
[9] 陆雍森，陈惠兴，陈建华，陈若敦. 环境监测. 北京：中国环境科学出版社，1995.
[10] 国家环境保护总局《水和废水监测分析方法》编委会. 水和废水监测分析方法. 第3版. 北京：中国环境科学出版社，1989.
[11] 国家环境保护总局《环境监测技术规范》编委会. 环境监测技术规范：第4册——生物监测（水环境）部分. 北京：中国环境科学出版社，1986.
[12] 周群英，高廷耀编著. 环境工程微生物学. 第2版. 北京：高等教育出版社，2001.
[13] 惠秀娟. 环境毒理学. 北京：化学工业出版社，2003.
[14] 日本生态学会环境问题专门委员会编. 环境和指示生物：水域分册. 北京：中国环境科学出版社，1987.
[15] 日本生态学会环境问题专门委员会编. 环境和指示生物：陆地分册. 北京：中国环境科学出版社，1989.
[16] 马德 J B，科兹洛夫斯基 T T. 植物对空气污染的反应. 北京：科学出版社，1984.
[17] [日]卡田宏. 环境污染与指示植物. 北京：科学出版社，1984.
[18] 中国科学院植物研究所二室. 环境污染与植物. 北京：科学出版社，1983.
[19] 国家环境保护总局编. 环境监测技术规范：第4册. 北京：中国环境科学出版社，1986.
[20] 杨彬然，罗声绮，关莉. 环境生物学：下册. 北京：中国环境科学出版社，1990.
[21] 沈韫芬，章宗涉，龚循矩，顾曼如等. 微型生物监测新技术. 北京：中国建筑工业出版社，1990.
[22] Cairns J，Jr Collaborators. Biological Monitoring in Water Pollution. Pergamon Press，1982.
[23] William J Manning，William A Feder. Biomonitoring Air Pountants with Plants. Applied Science Publishers Ltd，1980.
[24] 张志杰. 环境生物监测. 北京：冶金工业出版社，1990.

[25] 林碧琴，谢淑绮. 水生藻类与水体污染监测. 沈阳：辽宁大学出版社，1988.
[26] 章宗涉，黄祥飞. 淡水浮游生物研究方法. 北京：科学出版社，1991.
[27] 大连水产学院编. 淡水生物学：上册. 北京：农业出版社，1982.
[28] 吴邦灿. 环境监测技术. 北京：中国环境科学出版社，1995.
[29] 张志杰，张维平. 环境污染生物监测与评价. 北京：中国环境科学出版社，1991.
[30] 张志杰. 环境污染生物监测. 北京：中国环境科学出版社，1990.
[31] 邱郁春. 水污染鱼类毒性试验方法. 北京：中国环境科学出版社，1992.
[32] W J 曼宁等，大气污染物的植物监测. 北京：中国环境科学出版社，1987.
[33] GB/T 5750.12—2006. 生活饮用水标准检验方法——微生物指标.
[34] 周凤霞，陈剑虹. 淡水微型生物和底栖动物图谱. 北京：化学工业出版社，2011.